建筑信息模型（BIM）技术应用系列新形态教材

BIM 建模基础
及施工管理应用

史艾嘉　朱　平　主编

清华大学出版社
北　京

内容简介

本书根据《国家职业教育改革实施方案的通知》编写，能够结合专业特点，满足“1+X”BIM证书培训要求，快速适应企业需求，对编写内容做了精心的选择和编排。本书内容涵盖标高轴网创建、墙与门窗创建、楼板创建、楼梯创建、屋顶创建、族与体量创建以及BIM施工管理应用，并配合全国BIM技能等级考试及“1+X”BIM证书考试真题讲解。

本书专门为初学者快速入门BIM软件而量身编写，内容紧贴“1+X”BIM证书等级标准，可作为工程管理专业、工程造价、土木工程类学生教材，还可作为监理单位、建设单位、施工单位和各类相关人员的学习参考用书，也可作为BIM等级考试培训教材使用。

图书在版编目（CIP）数据

BIM建模基础及施工管理应用／史艾嘉，朱平主编．—北京：清华大学出版社，2021.8（2024.7重印）
建筑信息模型（BIM）技术应用系列新形态教材
ISBN 978-7-302-57491-0

Ⅰ．①B…　Ⅱ．①史…　②朱…　Ⅲ．①建筑设计－计算机辅助设计－应用软件－高等学校－教材
Ⅳ．①TU201.4

中国版本图书馆CIP数据核字（2021）第021557号

责任编辑： 杜　晓
封面设计： 曹　来
责任校对： 赵琳爽
责任印制： 宋　林

出版发行： 清华大学出版社
网　　址： https://www.tup.com.cn, https://www.wqxuetang.com
地　　址： 北京清华大学学研大厦A座　　**邮　　编：** 100084
社 总 机： 010-83470000　　**邮　　购：** 010-62786544
投稿与读者服务： 010-62776969, c-service@tup.tsinghua.edu.cn
质量反馈： 010-62772015, zhiliang@tup.tsinghua.edu.cn
课件下载： https://www.tup.com.cn, 010-83470410
印 装 者： 三河市天利华印刷装订有限公司
经　　销： 全国新华书店
开　　本： 185mm×260mm　　**印　　张：** 12　　**字　　数：** 241千字
版　　次： 2021年9月第1版　　**印　　次：** 2024年7月第3次印刷
定　　价： 49.00元

产品编号：091165-01

丛书编写指导委员会名单

序

BIM（Building Information Modeling，建筑信息模型）源于欧美国家，21世纪初进入中国。它通过参数模型整合项目的各种相关信息，在项目策划、设计、施工、运行和维护的全生命周期过程中进行共享和传递，为各方建设主体提供协同工作的基础，在提高生产效率、节约成本和缩短工期方面发挥着重要的作用，在设计、施工、运维方面很大程度上改变了传统模式和方法。目前，我国已成为全球BIM技术发展最快的国家之一。

建筑业信息化是建筑业发展战略的重要组成部分，也是建筑业转变发展方式、提质增效、节能减排的必然要求。为了增强建筑业信息化的发展能力，优化建筑信息化的发展环境，加快推动信息技术与建筑工程管理发展的深度融合，2016年9月，住房和城乡建设部发布了《2016—2020年建筑业信息化发展纲要》，提出："建筑企业应积极探索'互联网+'形势下管理、生产的新模式，深入研究BIM、物联网等技术的创新应用，创新商业模式，增强核心竞争力，实现跨越式发展。"可见，BIM技术被上升到了国家发展战略层面，这必将带来建筑行业广泛而深刻的变革。BIM技术对建筑全生命周期的运营管理是实现建筑业跨越式发展的必然趋势，同时，也是实现项目精细化管理、企业集约化经营的最有效途径。

然而，人才缺乏已经成为制约BIM技术进一步推广应用的瓶颈，培养大批掌握BIM技术的高素质技术技能人才成为工程管理类专业的使命和机遇，这对工程管理类专业教学改革特别是教学内容改革提出了迫切要求。

教材是体现教学内容和教学要求的载体，在人才培养中起着重要的基础性作用，优秀的教材更是提高教学质量、培养优秀人才的重要保证。为了满足土建大类专业教学改革和人才培养的需求，清华大学出版社借助清华大学一流的学科优势，聚集全国优秀师资，启动基于BIM技术应用的专业信息化教材建设工作。该系列教材由胡兴福担任丛书主编，统筹作者团队，确定教材编写原则，并负责审稿等工作。该系列教材具有以下特点。

（1）规范性。本系列教材以专业目录和专业教学标准为依据，同时参照各院校的教学实践。

（2）科学性。教材建设遵循教育的教学规律，开发理实一体化教材，内容选取、结构安排体现职业性和实践性特色。

（3）灵活性。鉴于我国地域辽阔，自然条件和经济发展水平差异很大，本系列教材编写了不同课程体系的教材，以满足各院校的个性化需求。

（4）先进性。教材建设体现新规范、新技术、新方法，以及最新法律、法规及行业相关规定，不仅突出了BIM技术的应用，而且反映了装配式建筑、PPP、营改增等内容。同时，配套开发数字资源（包括但不限于课件、视频、图片、习题库等），80%的图书配套有富媒体素材，通过二维码的形式链接到出版社平台，供学生学习使用。

教材建设是一项浩大而复杂的千秋工程，为培养建筑行业转型升级所需的合格人才贡献力量是我们的夙愿。BIM技术在我国的应用尚处于起步阶段，在教材建设中有许多课题需要探索，本系列教材难免存在不足，恳请专家和读者批评、指正，希望更多的同人与我们共同努力！

丛书主任　胡兴福

2018年1月

前　言

BIM（Building Information Modeling）即建筑信息模型，起源于20世纪70年代，由BIM之父Chuck Eastman教授首先提出相关理念，之后逐渐在新加坡、日本、欧洲等国家或地区广泛应用，目前是我国建筑行业兴起的新技术。BIM具有可视化、模拟性、协调性、优化性和可出图五大特点。近年来，随着我国学者对BIM的进一步研究，BIM的应用频率越来越高，已经深入到工程建设行业的各参与方和各个实施阶段，BIM技术的应用已势不可当。

2015年6月，住房和城乡建设部出台《关于推进建筑信息模型BIM应用的指导意见》，要求到2020年末，建筑行业甲级勘察、设计单位以及特级、一级房屋建筑工程施工企业应掌握并实现BIM。2019年1月国务院印发了《国家职业教育改革实施方案通知》，教育部会同国家发展改革委、财政部、市场监管总局制定了《关于在院校实施“学历证书＋若干职业技能等级证书”制度试点方案》，启动“学历证书＋若干职业技能等级证书”（简称“1+X”证书）制度试点工作。“1+X”建筑信息模型（BIM）证书便是其中的试点证书之一。

本书共有17章，内容涵盖标高轴网创建、墙与门窗创建、楼板创建、楼梯创建、屋顶创建、族创建、体量创建以BIM施工管理应用。配合全国BIM等级考试真题及“1+X”BIM证书考试真题讲解。通过学习本书内容，读者除了会用Revit软件进行基本的建模外，还能学会运用其他BIM软件（如广联达BIM场地布置软件）进行BIM施工管理，因此本书涉及内容具有技术新，知识面广等特点。

本书由江苏城乡建设职业学院史艾嘉、朱平担任主编，江苏城乡建设职业学院杨建华、吴斌、张永强，江苏浩森建筑设计有限公司曹东煜和常州必慕数字技术有限公司刘鸽平参与编写。史艾嘉负责拟定大纲以及统稿、审稿，朱平负责项目启动以及编写人员的组织工作。在编写过程中，本书虽经编写团队反复斟酌修改，但限于编者水平有限，书中难免存在不妥之处，恳请广大读者批评指正。

编　者

2021年1月

目　录

第 1 章　用户界面与基本操作

打开 Autodesk Revit 软件之后，出现的是“最近使用的文件”界面。此时可以打开新建项目和族，如图 1-1 所示。

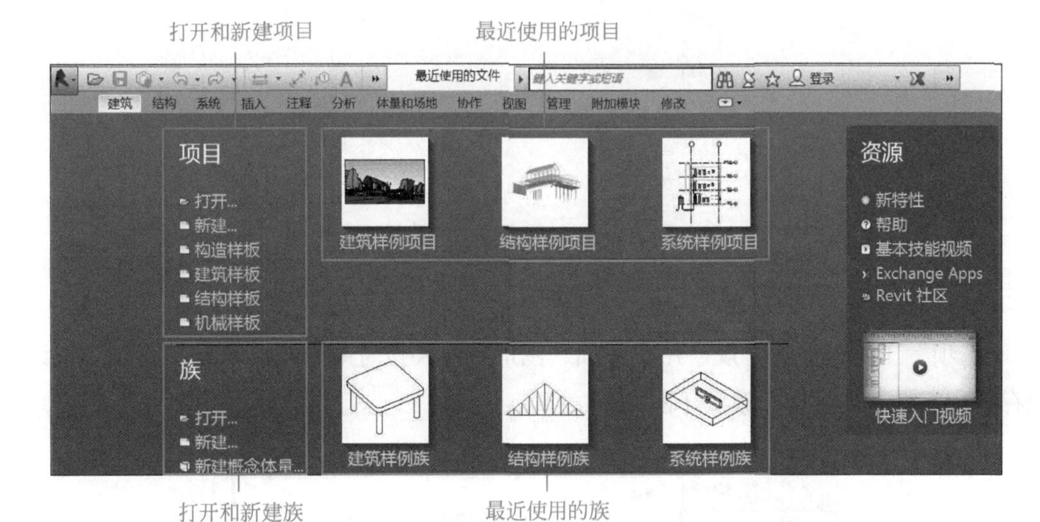

图　1-1

教学视频：revit 界面介绍

1. 项目样板设置

样板文件的后缀名为“.rte”，它是新建 Autodesk Revit 项目中的初始条件，定义了项目中初始参数，如度量单位、标高样式、尺寸标注样式、线型线宽样式等。

（1）运行 Revit。

（2）创建基于样板文件的 Revit 文件。

打开 Revit 后，可以通过界面左上方“项目”中的“打开”“新建”“建筑样板”三种方式，打开建筑样板文件，如图 1-2 所示。

图　1-2

单击“打开”后，界面自动跳到储存样板文件的文件夹中，双击“DefaultCHSCHS”即可打开软件自带的建筑样板文件。

2. 选项设置

单击左上角 Revit 图标，出现如图 1-3 所示对话框，单击“选项”按钮。

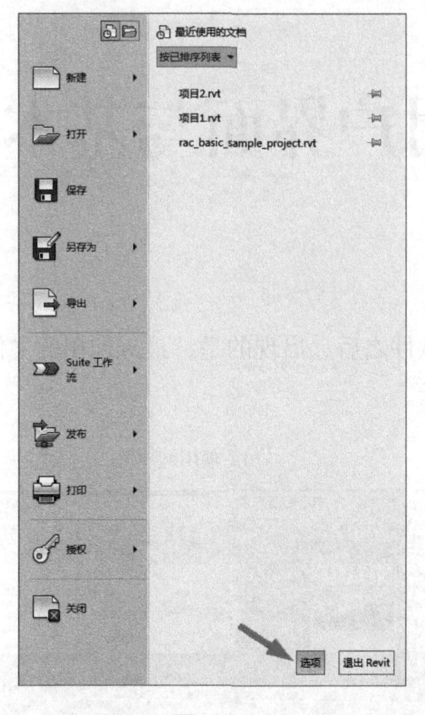

图 1-3

“选项”工作框下有常规、用户界面、图形、文件位置等选项，可在“常规”里设置保存提醒间隔、文件保存数量（图 1-4）。

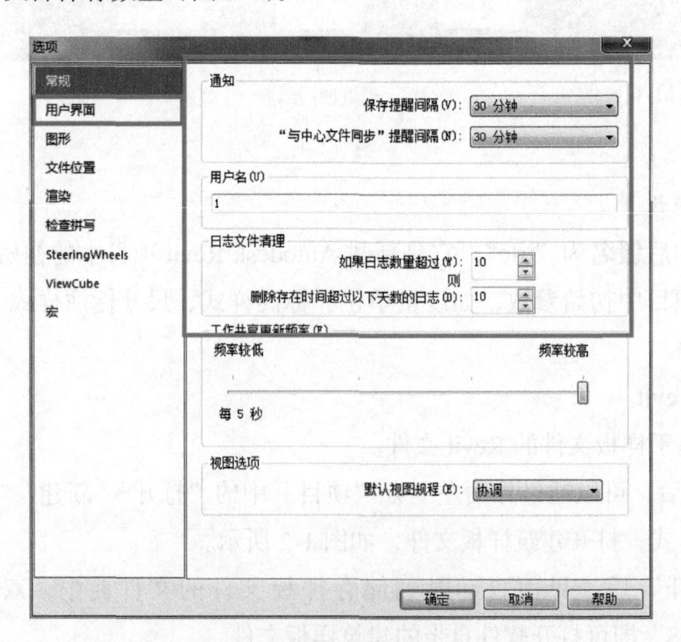

图 1-4

单击“用户界面”，可对快捷操作、活动主题、双击选项等进行个人偏好设置（图 1-5）。

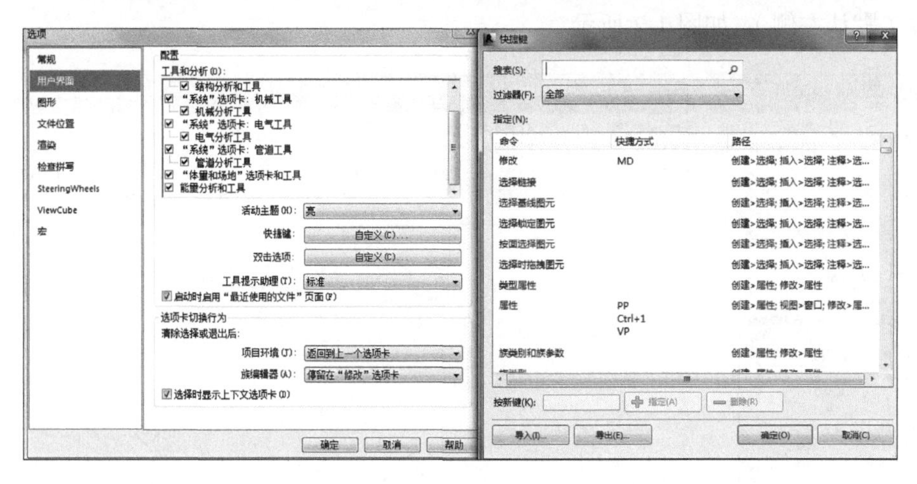

图　1-5

单击“图形”后，单击“反转背景色”，可根据个人喜好来调整绘图区域背景色（黑、白）。

单击“文件位置”，可在窗口内设置项目文件默认保存路径、族样板文件路径、云根路径（图 1-6）。

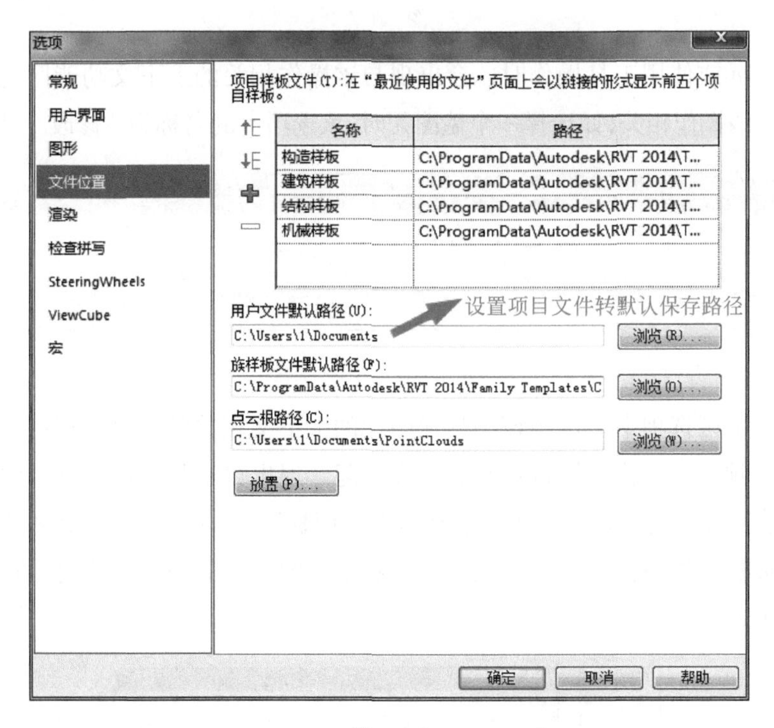

图　1-6

3. 项目操作界面

操作界面主要由以下几部分组成：快速选择栏、菜单栏、工具栏、项目浏览器、绘图区域、视图控制栏、属性对话框。须单击构件后，再单击“属性工具”，则自动弹出“属性”对话框（默认左侧），如图 1-7 所示。

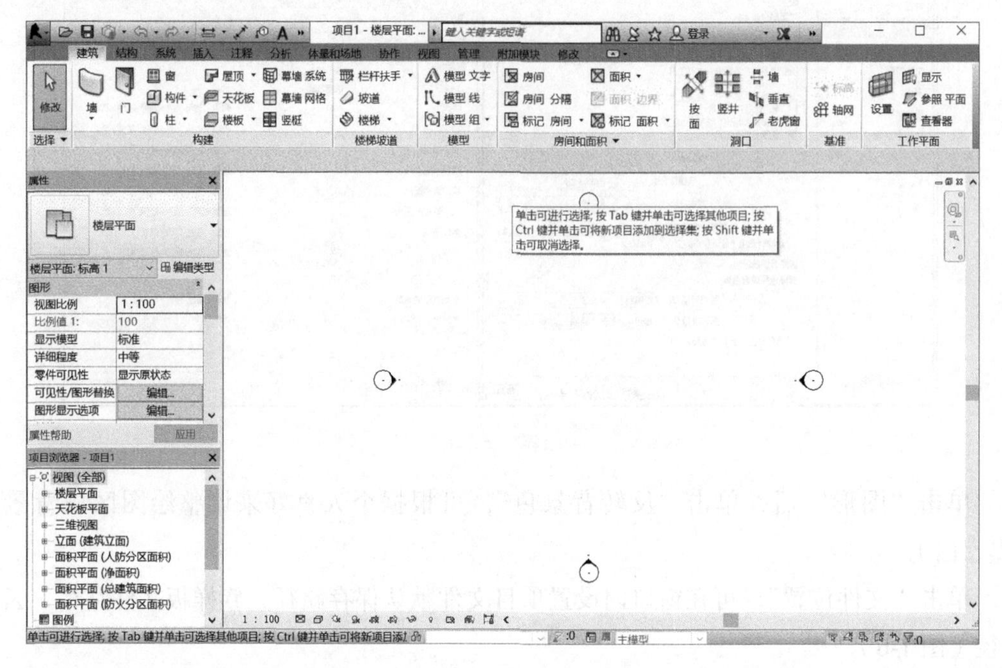

图 1-7

在选择图元或使用工具操作时，会出现与该操作相关的上下文功能区选项卡，该选项卡的名称与该操作相关，如选择一个墙图元时，该选项卡的名称为“修改｜墙”（图 1-8）。

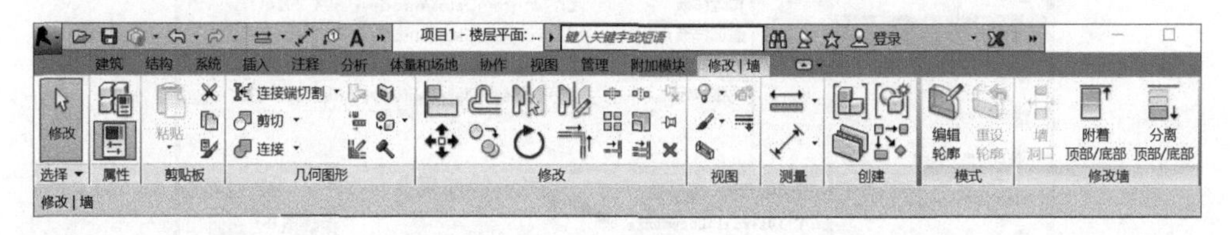

图 1-8

上下文功能区选项卡显示与该工具或图元的上下文相关的工具，在许多情况下，上下文功能区选项卡与“修改”选项卡合并在一起。退出该工具或清除选择时，上下文功能区选项卡会关闭。每个选项卡中都包括多个“面板”，每个面板内有各种工具，面板下方显示该“面板”的名称。下图是“建筑”选项卡下的“构建”面板，内有“墙”“门”“窗”等工具（图 1-9）。

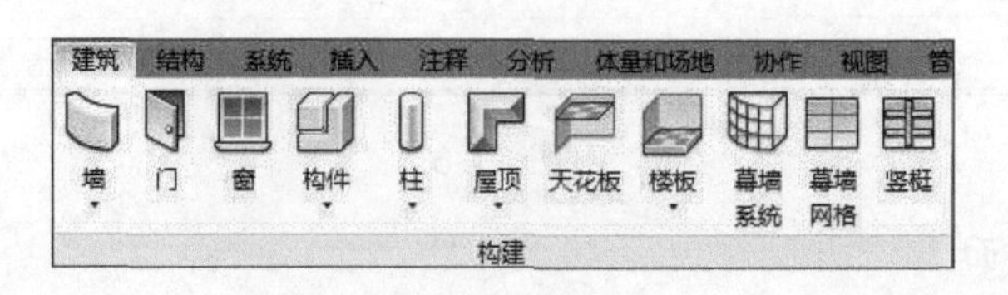

图 1-9

“选项栏”位于“面板”的下方，“属性选项板”“绘图区域”的上方。其内容根据当前命令或选定图元的变化而变化，从中可以选择子命令或设置相关参数。

如单击“建筑”选项卡下“构件”面板中的“墙”工具时，出现的选项栏如图 1-10 所示。

图　1-10

4. 属性选项板

通过“属性”选项板（图 1-11），可以查看和修改用来定义 Revit 中图元属性的参数。“属性面板”包括“类型选择器”“属性过滤器”“编辑类型”“实例属性”4 个部分。

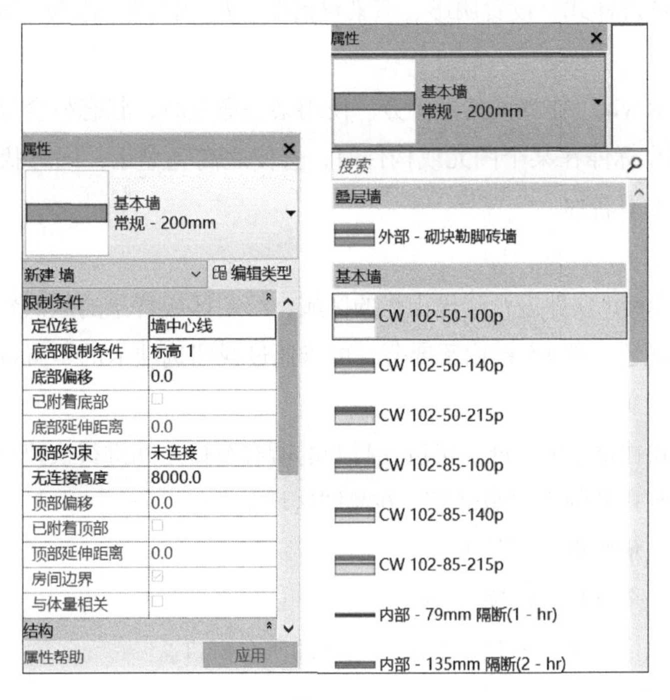

图　1-11

可通过两种方式关闭“属性”面板，一种是单击“修改”选项卡下“属性”面板中的“属性”工具，另一种是单击“视图”选项卡下“窗口”面板中的“用户界面”下拉菜单，将“属性”前的“√”去掉（图 1-12）。

5. 项目浏览器面板

Revit 把所有的楼层平面、天花板平面、三维视图、立面、剖面、图例、明细表、图纸以及明细表、族等分门别类地放在“项目浏览器”中进行统一管理，如图 1-13 所示。双击视图名称即可打开相关视图，选择视图名称后，右击，即可找到复制、重命名、删除等常用命令。

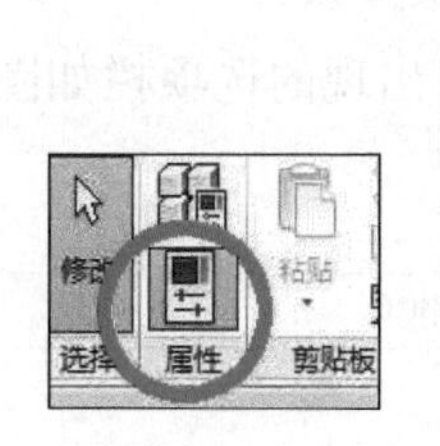

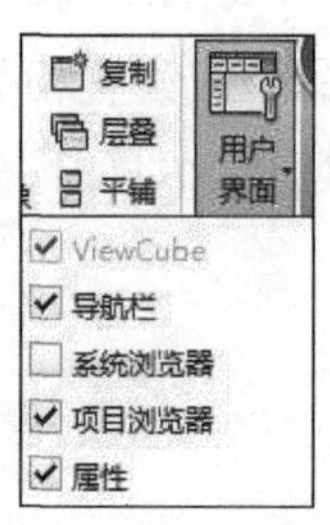

图 1-12

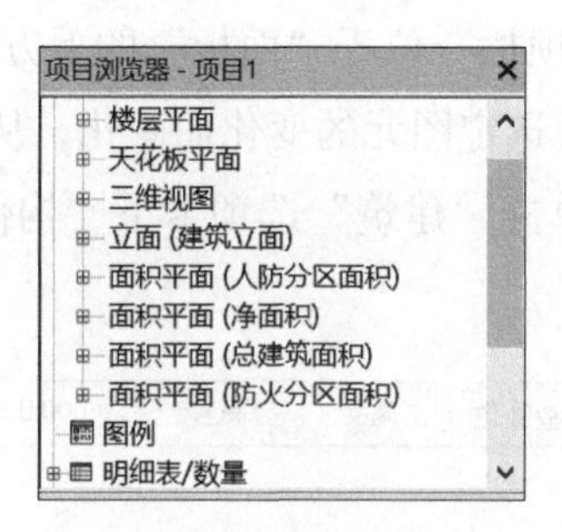

图 1-13

6. 视图控制栏

视图控制栏位于绘图区域下方，单击“视图控制栏”中的按钮，即可设置视图的比例、详细程度、模型图形样式、设置阴影、渲染对话框、裁剪区域、隐藏 / 隔离等。

7. 状态栏

状态栏位于 Revit 工作界面的左下方。使用某一命令时，状态栏会提供有关要执行操作的提示。鼠标光标停在某个图元或构件时，会使之高亮显示，同时状态栏会显示该图元或构件的族及类型名称。

8. 绘图区域

绘图区域是 Revit 软件进行建模操作的区域，绘图区域背景的默认颜色是白色，可通过“选项”设置颜色，按 F5 键刷新屏幕。可以通过视图选项卡的“窗口”面板管理绘图区域窗口（图 1-14）。

切换窗口：快捷键 Ctrl+Tab，可以在打开的所有窗口之间进行快速切换。

平铺：将所有打开的窗口全部显示在绘图区域中。

层叠：层叠显示所有打开的窗口。

复制：复制一个已打开的窗口。

关闭隐藏对象：关闭当前显示的窗口之外的所有窗口。

9. 在平面视图下进行视口导航

在平面视图下进行视口导航，展开“项目浏览器”中的“楼层平面”或“立面”，在某一平面或立面上双击，可打开平面或立面视图。单击“绘图区域”右上角导航栏中的“控制盘”工具（图 1-15），即出现二维控制盘（图 1-16）。可以单击“平移”“缩放”“回放”

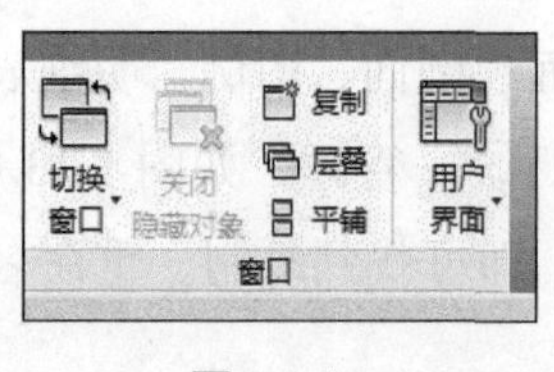

图 1-14

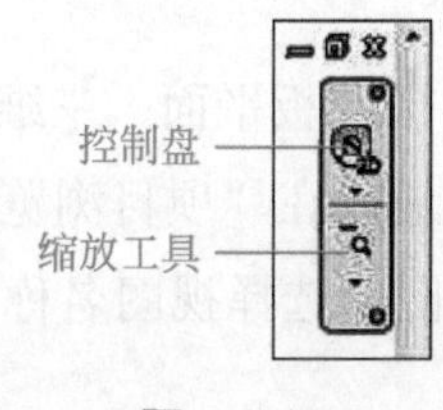

图 1-15

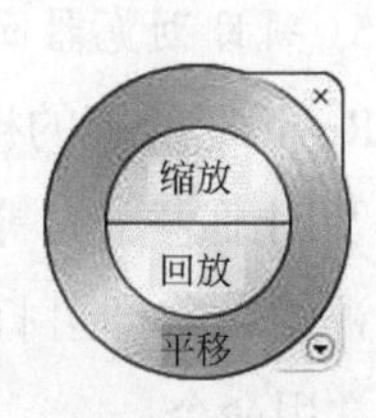

图 1-16

按钮，对图像进行移动、缩放或回放。

10. 在三维视图下进行视口导航

在三维视图下，“绘图区域”右上角会出现 ViewCube 工具。

ViewCube 立方体中各顶点、边、面和指南针的指示方向，代表三维视图中不同的视点方向，单击立方体或指南针的各部位，可以在各方向视图中进行切换显示，按住 ViewCube 或指南针上的任意位置并拖动鼠标，即可旋转视图（图 1-17）。

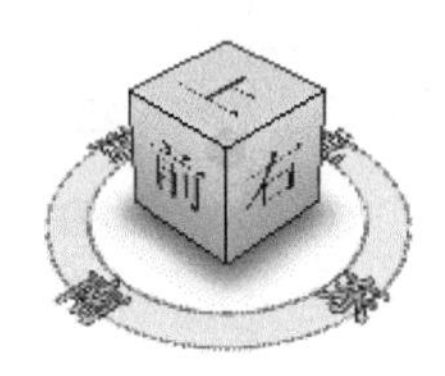

图 1-17

11. 使用视图控制栏

通过“视图控制栏”，可对图元可见性进行控制，视图控制栏位于绘图区域底部，状态栏的上方。视图控制栏内有比例、详细程度、视觉样式、日光路径、阴影、显示渲染对话框、裁剪视图、显示裁剪区域、解锁的三维视图、临时隐藏 / 隔离、显示隐藏的图元、分析模型的可见性等工具。

视觉样式、日光路径、阴影、临时隐藏 / 隔离、显示隐藏的图元是常用的视图显示工具（图 1-18）。

图 1-18

12. 视图与视口控制

要实现图形显示控制，可使用“可见性 / 图形”命令（图 1-19）。

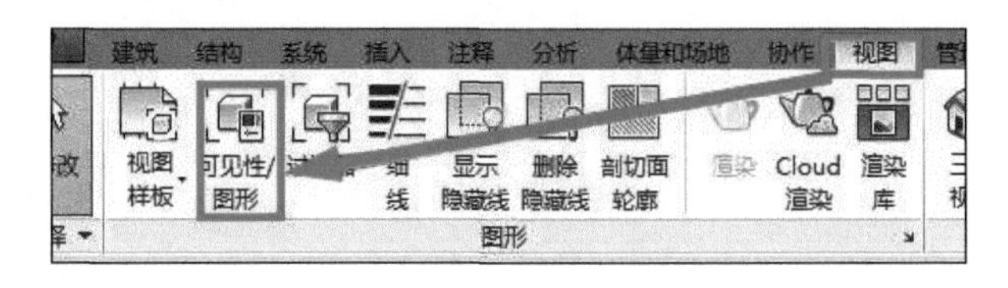

图 1-19

通过快捷键 VV，可打开“可见性 / 图形”，可以控制不同类别的图元在绘图区域中的显示可见性，包括模型类别、注释类别、分析类别等图元。勾选相应的类别，即可在绘图区域中可见，不勾选即为隐藏类别（图 1-20）。

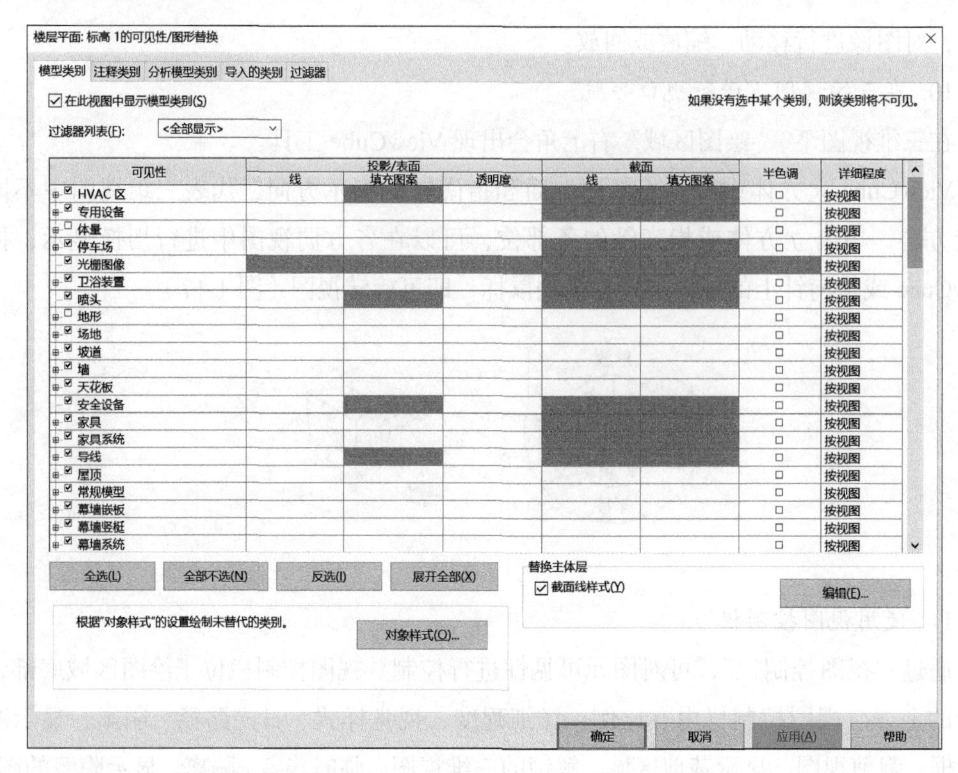
楼层平面: 标高 1的可见性/图形替换
模型类别
注释类别
分析模型类别
导入的类别
过滤器
在此视图中显示模型类别(S)
如果没有选中某个类别，则该类别将不可见。
过滤器列表(F):
<全部显示>
可见性
投影/表面
线
填充图案
透明度
截面
线
填充图案
半色调
详细程度
HVAC 区
专用设备
体量
停车场
光栅图像
卫浴装置
喷头
地形
场地
坡道
墙
天花板
安全设备
家具
家具系统
导线
屋顶
常规模型
幕墙嵌板
幕墙竖梃
幕墙系统
按视图
全选(L)
全部不选(N)
反选(I)
展开全部(X)
替换主体层
截面线样式(Y)
编辑(E)...
根据"对象样式"的设置绘制未替代的类别。
对象样式(O)...
确定
取消
应用(A)
帮助

图 1-20

第 2 章　标高与轴网

2.1　标高

与 CAD 软件不同，用 Revit 建模前，首先要确定的是项目高度方向的信息，即标高。标高作为项目的基础信息，在建模过程中，构件的高度定位大都与标高紧密联系。需要注意的是，在创建或调整标高时，项目必须处于立面或剖面视图。

2.1.1　创建标高

教学视频：
标高与轴网

在项目浏览器中（如果项目中无项目浏览器，可通过单击“视图”选项卡→“窗口”面板中“用户界面”→勾选“项目浏览器”，即可调出项目浏览器），双击“立面”选项下的“东”立面（可选任意立面，本节以东立面为例），进入东立面视图，如图 2-1 所示，项目中默认存在两个标高：标高 1、标高 2。

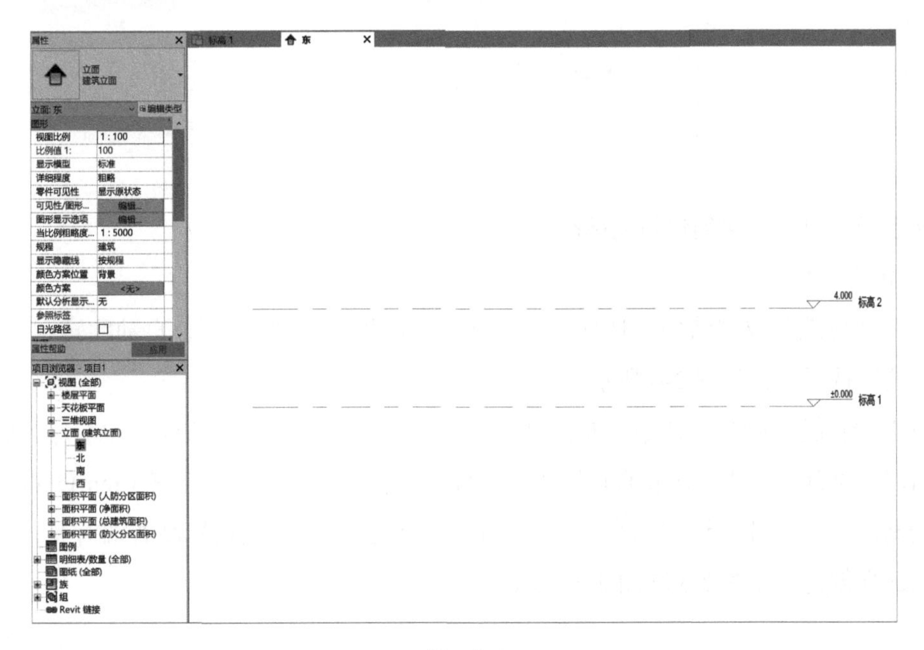

图　2-1

建立项目标高时，首先可修改默认的标高，例如将标高 2 的标高改为 6.100m。

方法一：如图 2-2 所示，单击选中标高 2，该标高蓝色高亮显示时，单击标高值“4.000（此时的标高值单位为 m）”，进入可编辑状态框，输入“6.1”，按 Enter 键或单击空白处即完成高程修改。

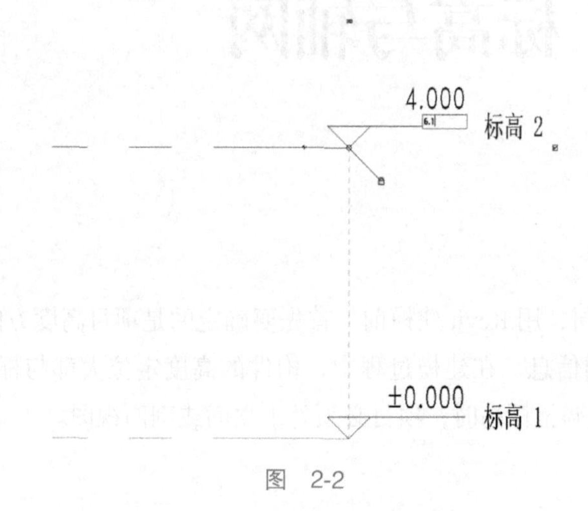

图 2-2

方法二：如图 2-3 所示，单击选中标高 2，该标高蓝色高亮显示时，单击标高 1 与标高 2 之间的尺寸标注“4000.0（此时的标高值单位为 mm）”，进入可编辑状态框，输入“6100”，按 Enter 键或单击空白处即完成高程修改。

图 2-3

接着通过以下方法创建新的标高。

1. 直接绘制

选择“建筑”或“结构”选项卡→“基准”面板里的“标高”，自动跳转到“修改 / 放置标高”选项栏，如图 2-4 所示。

单击“直线”命令，开始绘制标高，当鼠标光标移动到与默认标高左端对齐时，界面会出现垂直蓝色虚线，接着直接输入新建标高与相邻已建标高的距离（mm），即可确定标高的高度，单击开始绘制标高，水平向右拖动鼠标直到与默认标高右端对齐，再次单击完成标高创建，如图 2-5 和图 2-6 所示。

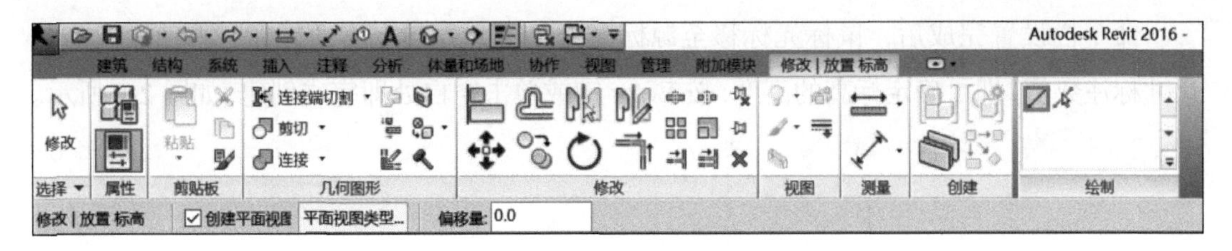

图　2-4

图　2-5

图　2-6

2. 运用“复制”命令创建标高

选中要复制的源标高，单击“修改”选项卡、“修改”面板中的“复制”，如图 2-7 所示，选中约束与多个命令。

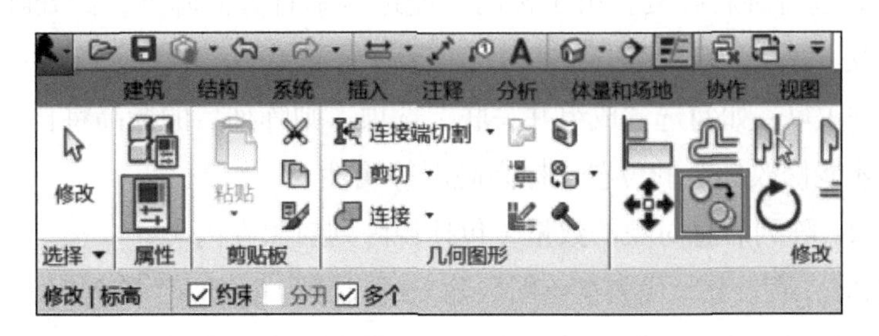

图　2-7

（1）约束：只能沿垂直或者水平方向复制，即正交功能。

（2）多个：可连续进行复制，中间不用再次选择需要复制的标高。

命令栏设置完成后，鼠标光标移至源标高处单击，并向上移动鼠标，手动输入临时尺寸标注数值，即可确定标高的高度，按 Enter 键或单击空白处即完成创建，如图 2-8 所示。

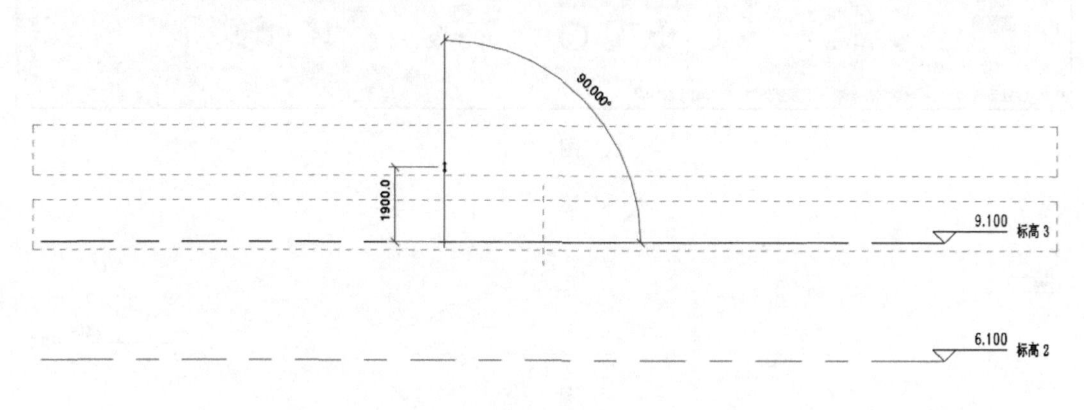

图 2-8

3. 运用“阵列”命令创建标高

“阵列”命令可用于生成多个层高相同的标高，选中要阵列的源标高，单击功能选项卡“修改”下的“阵列”命令，如图 2-9 所示。

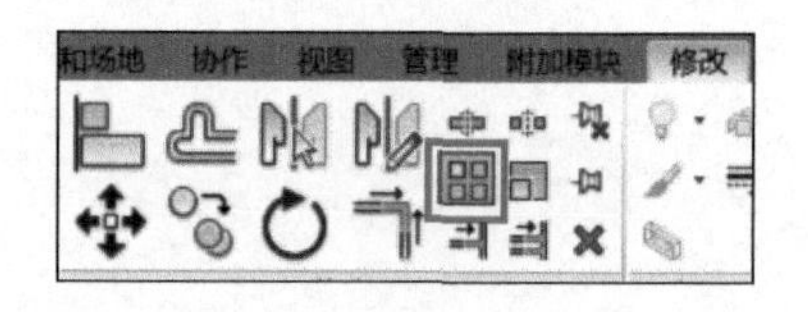

图 2-9

首先进行命令选项设置，如图 2-10 所示。

图 2-10

（1）阵列方式：“线性”代表阵列对象沿者某一直线方向进行阵列，“径向”代表阵列对象沿着某圆心进行旋转阵列，由于标高只能进行垂直方向阵列，此处阵列方式默认为线性且不可更改。

（2）成组并关联：如勾选“成组并关联”选项，则阵列后的标高将自动成组，需要编辑或解除该组才能修改标头的位置、标高高度等属性。

（3）项目数：阵列后总对象的数量（包括源阵列对象在内）。

（4）移动到：“第二个”代表在绘图区输入的尺寸为相邻两个阵列对象的距离，“最后一个”代表输入的尺寸为源阵列对象与最后一个阵列对象的总距离。

（5）约束：同复制命令里约束设置。

命令栏设置完成后，鼠标光标移至源标高处单击，并向上移动鼠标，手动输入临时尺寸标注数值，即可确定阵列距离，按 Enter 键或单击空白处即完成创建，如图 2-11 所示。

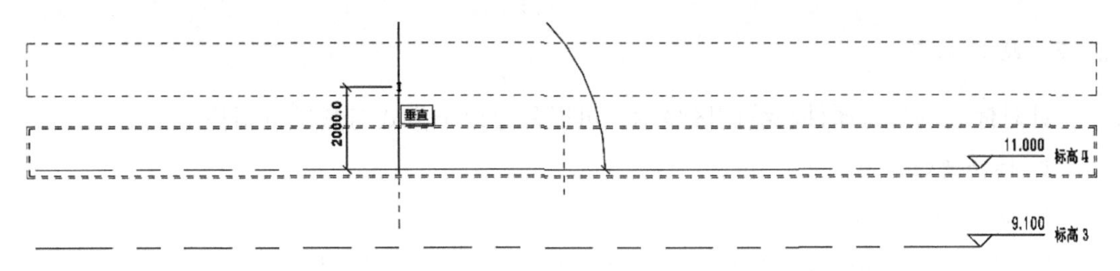

图　2-11

在 Revit 中，楼层平面是和标高符号相关联的，通过直接绘制的新标高（蓝色线），Revit 会在项目浏览器自动生成与之相对应的楼层平面，而通过“复制”和“阵列”创建的新标高（黑色线），Revit 不会在项目浏览器自动生成与之对应的楼层平面，需要选择功能区“视图”选项卡→“平面视图”面板→“楼层平面”命令，如图 2-12 所示。在如图 2-13 所示的对话框中，选中需要创建楼层平面的标高，单击“确定”即可。

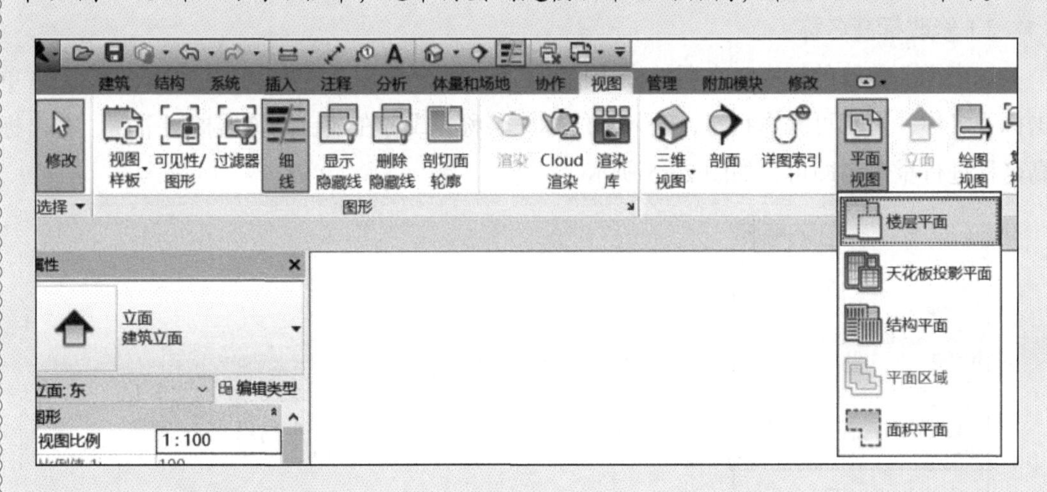

图　2-12

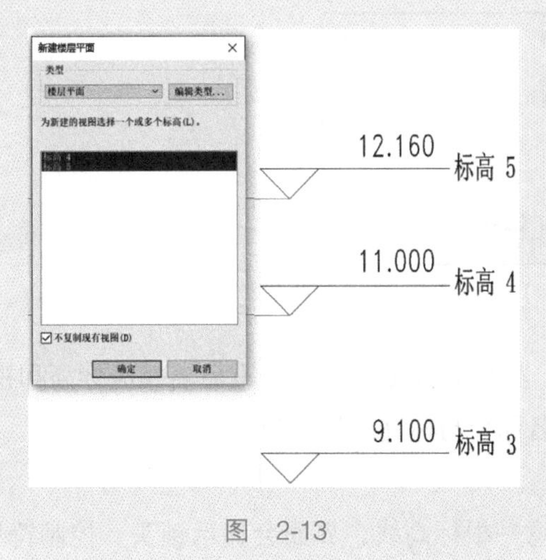

图　2-13

2.1.2 修改标高

针对标高的自身属性和绘图区显示，可以通过以下方式对其进行调整。

1. 标高属性设置

1）修改标头类型

选中需要修改的标高，在属性栏选择“下标头”类型，如图 2-14 所示。

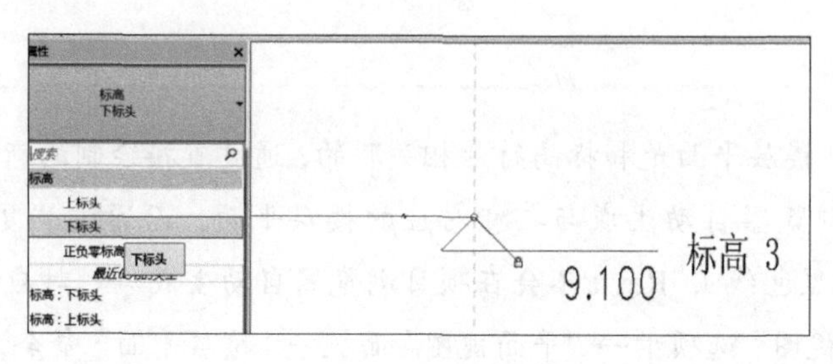

图 2-14

2）修改标高名称

选中需要修改的标高，在属性栏选择“名称”输入标头名称即可；也可以在绘图区单击标头名称，进入可编辑状态，输入新的标头名称；或者在项目浏览器楼层平面，右击标高名称进行重命名即可，如图 2-15 所示。

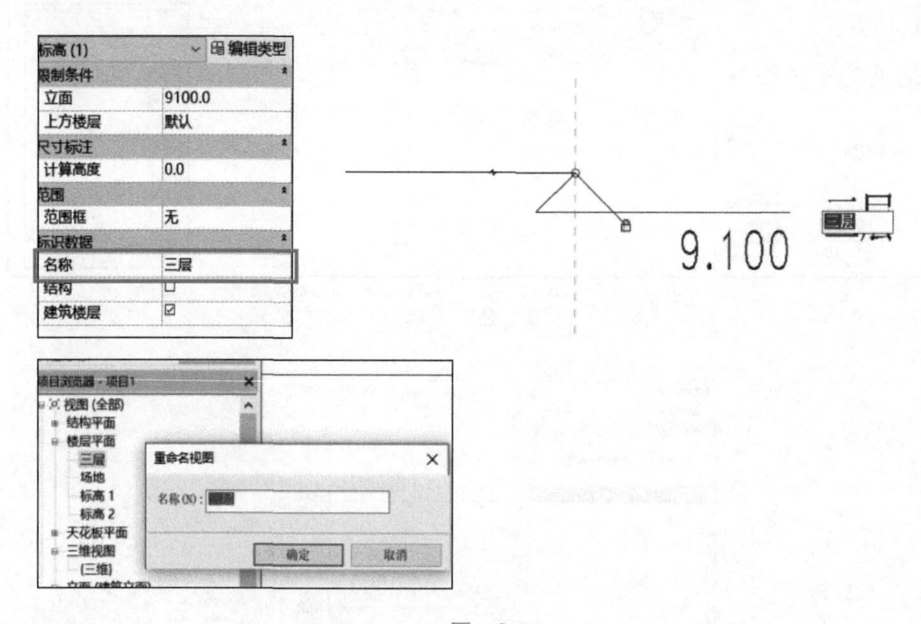

图 2-15

当修改标高名称时，界面会弹出是否希望重命名相应标高和视图的提醒，单击“是”，则对应标高的楼层平面名称会与标高名称一致。

2. 绘图区标高设置

在绘图区域选中任意一根标高线，界面会显示锁头、控制符号、选择框、临时尺寸、虚线，如图 2-16 所示。

图　2-16

（1）3D/2D 切换：3D 指关联与之对齐的标高，移动该标高标头位置，与之相关联的标高也相应移动，2D 指只修改当前视图该标高标头的位置。

（2）隐藏 / 显示标头：当勾选标高端点外侧方框时，即可显示标高名称，不勾选，则不显示标高名称。

（3）添加弯头：单击标头附近的折线符号，偏移标头，鼠标按住蓝色“拖拽点”调整标头位置，主要用于出图时，相邻标头相距过近，不便于观察，可以偏移标头位置。

（4）标头位置调整：单击并同时拖动标头圆圈符号，即可调整标头位置。

（5）标头对齐锁：当锁住锁头时，拖动标头位置，与之对齐的标头也随之移动，不锁住时，只改变该标高标头位置，不影响其他标高。

（6）对齐线：控制标高标头对齐。

（7）临时尺寸：在 Revit 选中一个对象，均会出现临时尺寸，便于查看该对象的相对位置，也可以对临时尺寸值进行修改，从而改变该对象的位置。如果修改某个标高的临时尺寸，则该标高位置根据尺寸值移动，且标高值也相应自动改变。

2.2　轴网

在 Revit2016 中，只需在任意一个平面视图中绘制一次轴网，其他平面、立面和剖面视图中均会自动显示出来。

在项目浏览器中，双击“楼层平面”项下的“标高 1”视图。选择“建筑”选项卡→“基准面板”→“轴网”命令，或快捷键 GR 进行绘制，其绘制方法与绘制标高类似。

1. 单击“建筑”→再单击“轴网”

在平面图上画好一条轴网，可以在修改 / 放置轴网中任意修改轴网，如移动、复制、阵列等，如图 2-17 和图 2-18 所示。

如在楼层平面的标高 1 画条轴线，系统自动编号为“轴线 1”，再画一条则为“轴线 2”。

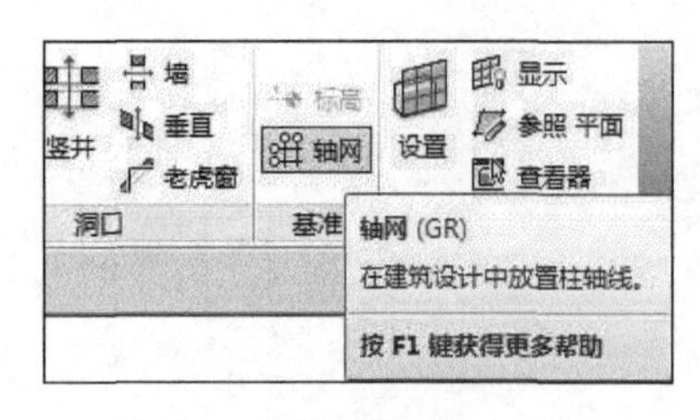

图 2-17

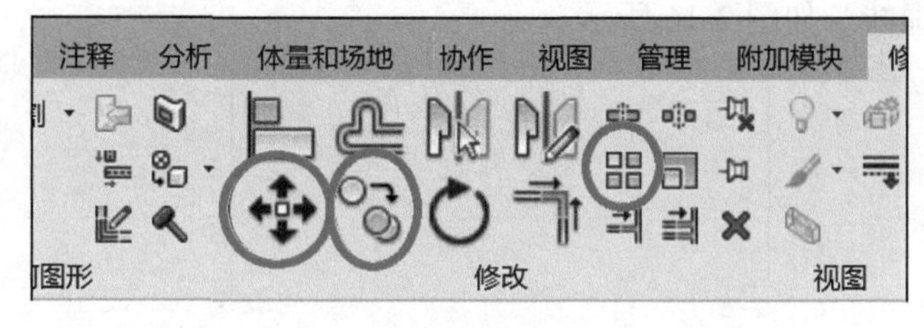

图 2-18

2. 编辑轴网

实例属性：对实例属性进行修改，仅会对当前所选择的轴线有影响。可设置轴线的“名称”和“范围框”。

类型属性：单击“编辑类型”按钮，即弹出“类型属性”对话框。

3. 调整轴线位置

调整轴线位置，如图 2-19 所示。

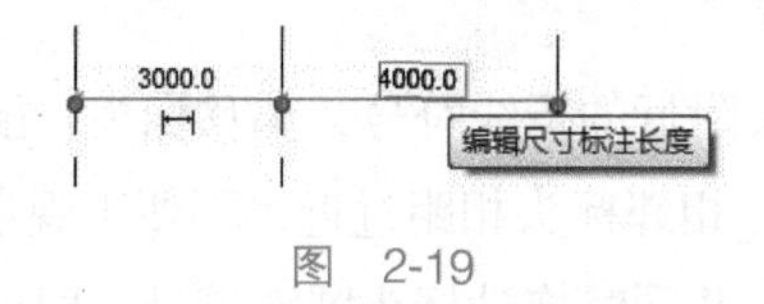

图 2-19

4. 修改轴线编号

单击轴线，然后单击轴线名称，可输入新值（可以是数字或字母）以修改轴线编号。也可以选择轴线，在“属性”选项板上输入其他“名称”属性值来修改轴线编号。

5. 调整轴号位置

有时相邻轴线间隔较近，轴号重合，这时需要将某条轴线的编号位置进行调整。选择现有的轴线，单击“添加弯头”拖曳控制柄，可将编号从轴线中移开。

选择轴线后，可通过拖曳模型端点修改轴网，如图 2-20 所示。

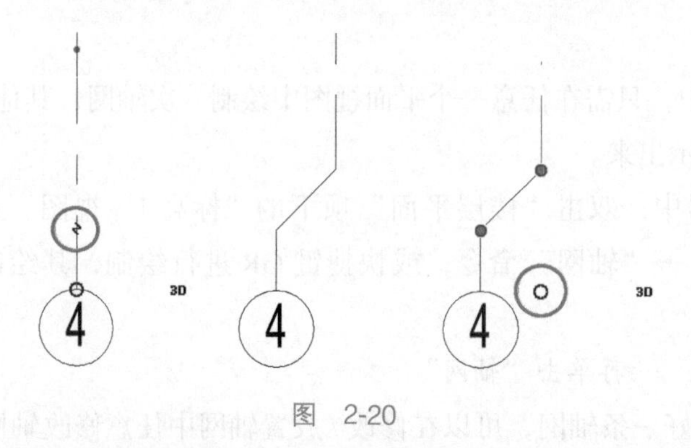

图 2-20

6. 隐藏和显示轴网

选择一条轴线，轴网编号附近会显示一个复选框。单击该复选框，可隐藏 / 显示轴网标号，如图 2-21 所示。也可选择轴线后，单击“属性”选项板上的“编辑类型”，对轴号可见性进行修改，如图 2-22 所示。

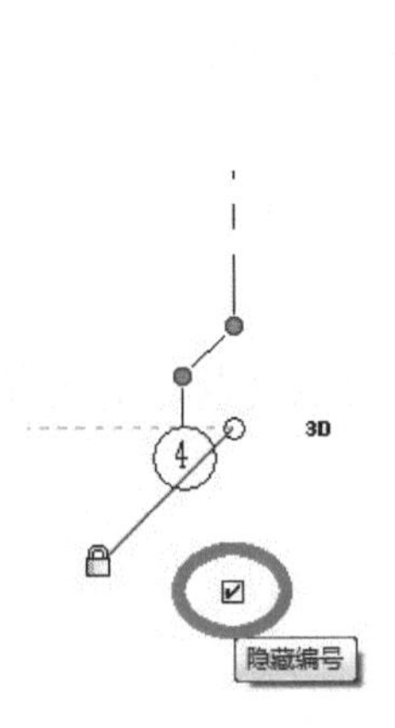

图　2-21

类型属性

族(F)：系统族：轴网　　载入(L)...

类型(T)：6.5mm 编号间隙　　复制(D)...

重命名(R)...

类型参数

参数	值
图形	
符号	符号_单圆轴号：宽度系数 0.65
轴线中段	无
轴线末段宽度	1
轴线末段颜色	黑色
轴线末段填充图案	轴网线
轴线末段长度	25.0
平面视图轴号端点 1 (默认)	☐
平面视图轴号端点 2 (默认)	☑
非平面视图符号(默认)	底

图　2-22

2.3　实例操作

某建筑共 50 层，其标高为 ±0.000，首层层高 6.0 m，第二至第四层层高 4.8 m，第五层及以上均层高 4.2 m。请按要求建立项目标高，并建立每个标高的楼层平面视图。并且，请按照以下平面图中的轴网要求绘制项目轴网，如图 2-23 和图 2-24 所示。最终结果以“标高轴网”为文件名保存为样板文件。

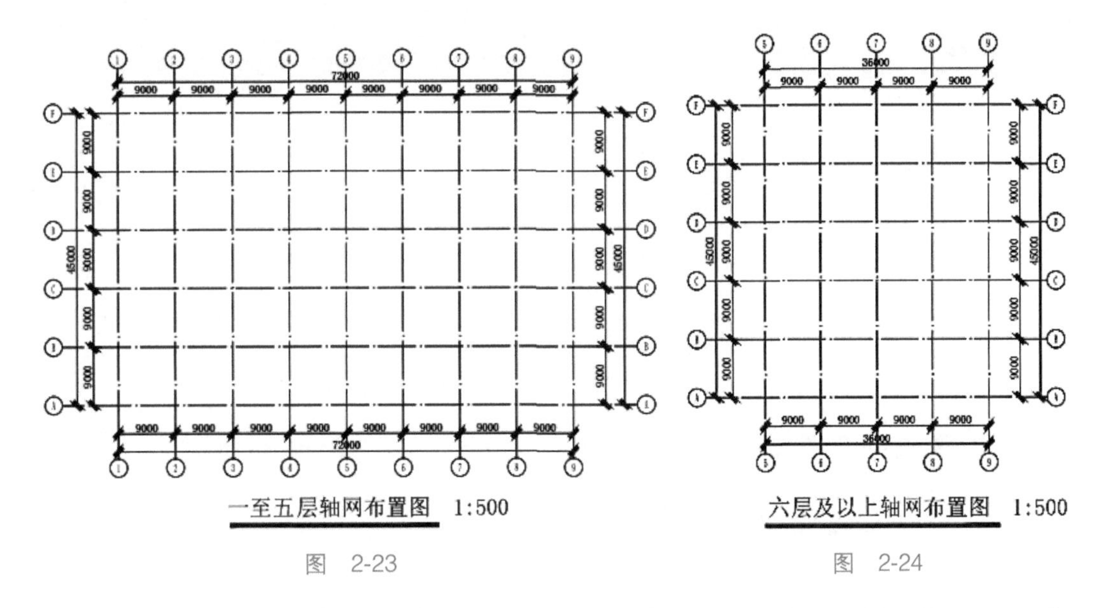

图　2-23　　　　图　2-24

解题思路：本题主要考查轴网的 2D、3D 显示和影响范围的使用，难度中等。通过观察，可以发现六层及以上 1 到 4 号轴网不显示，同时六层及以上 A~F 轴也比一到五层 A~F 轴短。

所以这里就要熟练运用轴网的 2D、3D 显示和影响范围。

操作过程：

（1）新建项目文件，创建图示标高轴网，并建立各楼层的平面视图。

（2）打开南立面，将 1 号轴取消锁定，并将轴头拉到五层到六层之间，2、3、4 号轴处理方法相同。

（3）打开标高 6，将 A 轴切换成 2D 模式，将 A 轴左侧轴头拉到合适的位置，将标高 6 中 B、C、D、E、F 轴用同样的方法进行处理。

（4）框选标高 6 所有轴网，单击右上角“影响范围”，选择标高 7 及以上所有标高，单击确定。

（5）保存文件。

第3章　柱和梁

3.1　柱

单击“建筑”选项卡下“构建”面板中的“柱”下拉列表→“柱：建筑”。在选项栏上指定下列内容。

- 放置后旋转：选择此选项，可以在放置柱后立即将其旋转。
- 标高：（仅限三维视图）为柱的底部选择标高。在平面视图中，该视图的标高即为柱的底部标高。
- 高度：此设置从柱的底部向上绘制。要从柱的底部向下绘制，请选择“深度”。
- 标高 / 未连接：选择柱的顶部标高；或者选择“未连接”，然后指定柱的高度。
- 房间边界：选择此选项可以在放置柱之前将其指定为房间边界。

设置完成后，在绘图区域中单击以放置柱。

通常情况下，通过选择轴线或墙放置柱时，将使柱对齐轴线或墙。如果在随意放置柱之后要将它们对齐，可单击“修改”选项卡下“修改”面板的“对齐”工具（图 3-1），然后根据状态栏提示，选择要对齐的柱。柱的中间是两个可选择用于对齐的垂直参照平面。

图　3-1

3.2　柱子编辑

与其他构件相同，选择柱子，可从“属性”选项板对其类型、底部或顶部位置进行修改。同样，可以通过选择柱对其拖曳，以移动柱。

柱不会自动附着到其顶部的屋顶、楼板和天花板上，需要修改一下。

1. 附着柱

选择一根柱（或多根柱）时，可以将其附着到屋顶、楼板、天花板、参照平面、结构框架构件以及其他参照标高。步骤如下。

在绘图区域中，选择一个或多个柱。单击“修改 | 柱”选项卡下“修改柱”面板中的“附着顶部 / 底部”工具。选项栏如图 3-2 所示。

修改 | 柱　附着柱: ◉ 顶 ○ 底　附着样式: 剪切柱　附着对正: 最小相交　从附着物偏移: 0.0

图 3-2

• 选择“顶”或“底”作为“附着柱”值，以指定要附着柱的哪一部分。

• 选择“剪切柱”“剪切目标”或“不剪切”作为“附着样式”值。

“目标”指的是柱要附着的构件，如屋顶、楼板、天花板等。“目标”可以被柱剪切，柱也可以被目标剪切，或者两者都不可以被剪切。

• 选择“最小相交”“相交柱中线”或“最大相交”作为“附着对正”值。

• 指定“从附着物偏移”。“从附着物偏移”用于设置要从目标偏移的一个值。

在绘图区域中，根据状态栏提示，选择要将柱附着到的目标，如屋顶或楼板。

2. 分离柱

在绘图区域中，选择一个或多个柱。单击“修改 | 柱”选项卡→“修改柱”面板中的“分离顶部 / 底部”命令。单击要从中分离柱的目标。

如果将柱的顶部和底部均与目标分离，单击选项栏上的“全部分离”。

3.3 结构柱

教学视频：柱和梁

（1）结构柱的放置。进入“标高 2”平面视图→结构柱→“属性”选择结构柱类型→选项栏选择“深度”或“高度”→放制结构柱（图 3-3）。放置结构柱有两种方式：一种是直接点取轴线交点；另一种是选定轴线，在轴线交点处创建结构柱（图 3-4）。

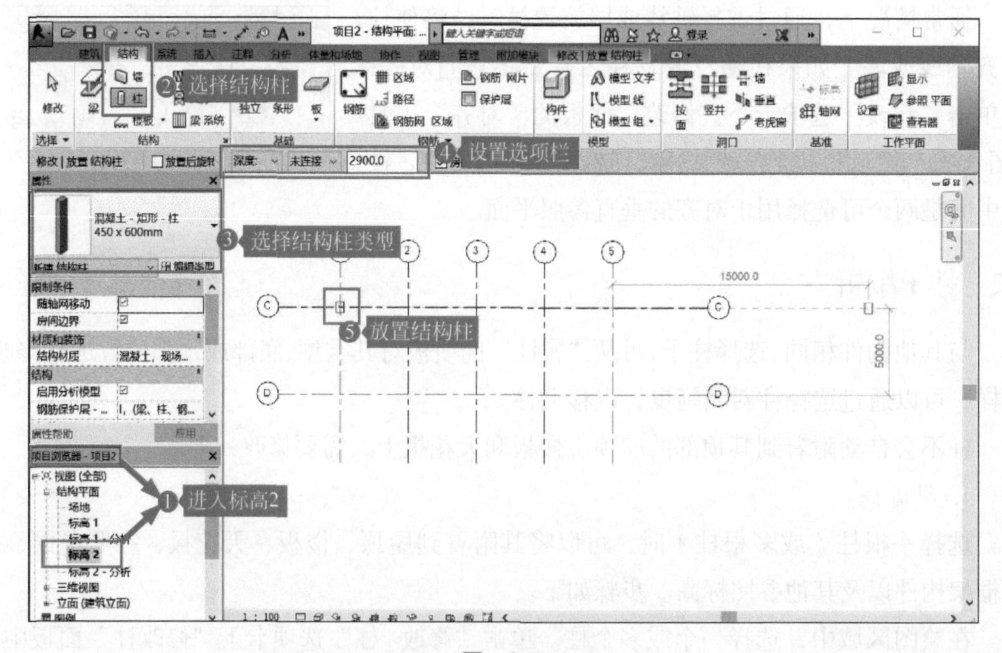

图 3-3

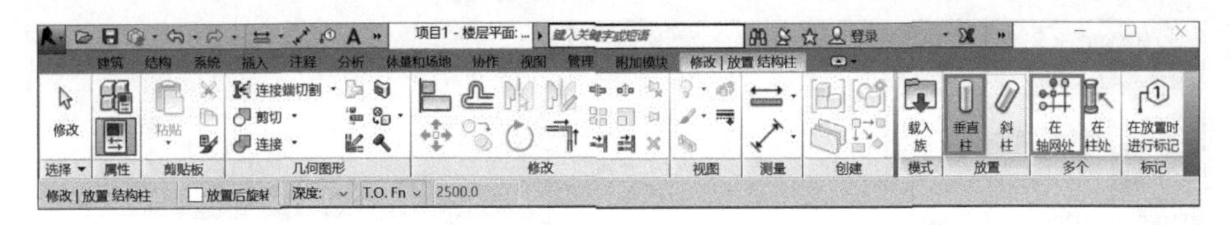

图 3-4

（2）修改结构柱定位参数（图 3-5）。

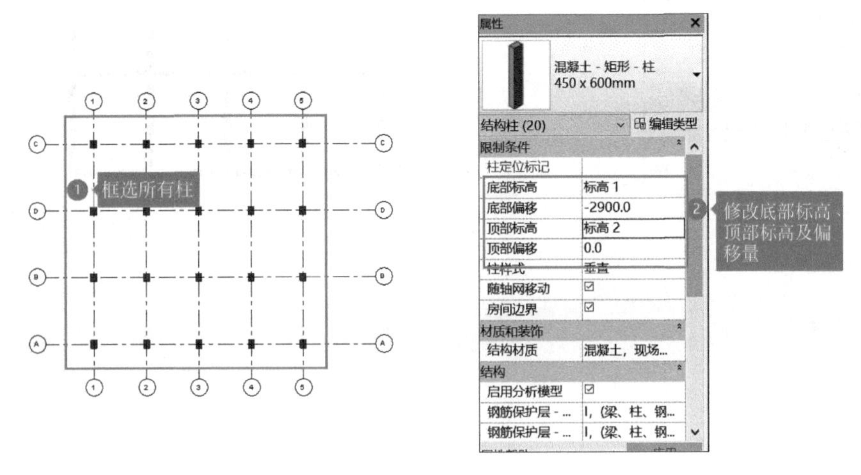

图 3-5

3.4 梁

进入“标高 1”平面视图→选取“梁”命令→选取梁的类型→设置梁的属性（图 3-6）。在“属性”设置起始端、终止端偏移量（图 3-7）。

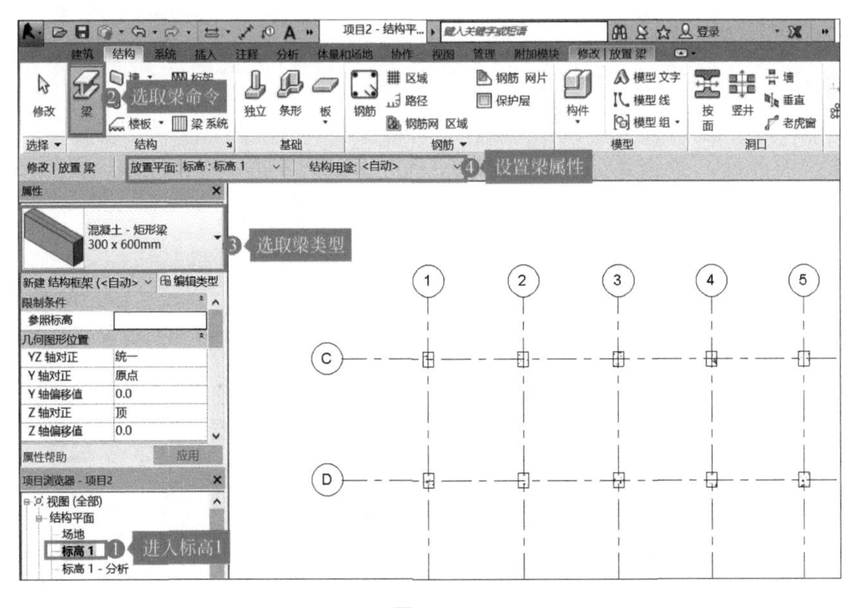

图 3-6

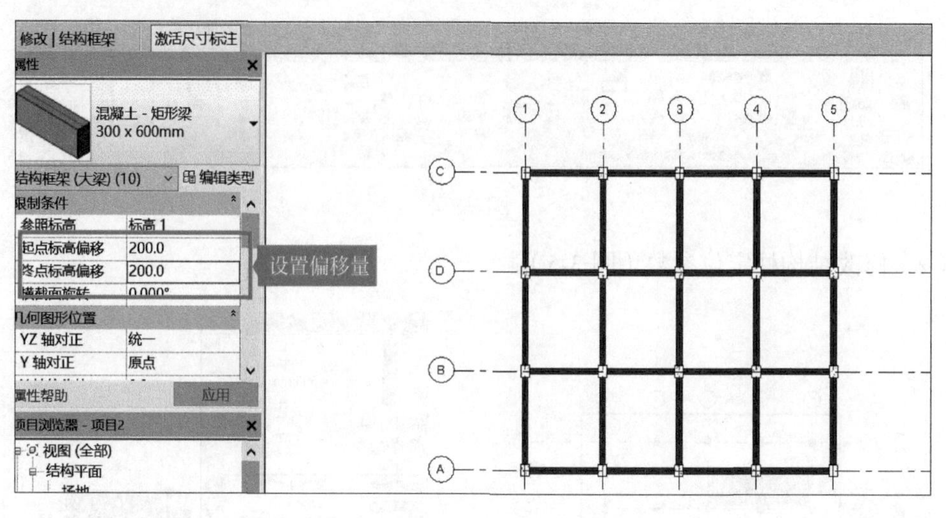
修改 | 结构框架
激活尺寸标注
属性
混凝土 - 矩形梁
300 x 600mm
结构框架 (大梁) (10)
编辑类型
限制条件
参照标高
标高 1
起点标高偏移
200.0
终点标高偏移
200.0
设置偏移量
几何图形位置
YZ 轴对正
统一
Y 轴对正
原点
属性帮助
应用
项目浏览器 - 项目2
视图 (全部)
结构平面
1
2
3
4
5
C
D
B
A

图 3-7

第 4 章　墙体与幕墙

墙体作为建筑设计中的重要组成部分，在实际工程中有多种类型。在绘制时，要综合考虑墙体的高度、厚度、构造做法、内部显示、图纸要求、精细程度的显示等。墙属于系统族，即可以根据指定的墙结构参数定义生成三维墙体模型。

4.1　绘制基本墙墙体

进入平面视图，单击“建筑”选项卡→“构建”面板→“墙”的下拉按钮，如图 4-1 所示。此时界面有“建筑墙”“结构墙”“面墙”“墙饰条”“墙分隔缝”五种选择。其中，“墙饰条”“墙分隔缝”只能在三维视图下才能激活显示。“建筑墙”主要用于分割空间，不承重。“结构墙”用于承重以及抗剪作用，“面墙”主要用于体量。

下面以编辑“建筑墙”为例进行说明。单击“建筑墙”后，“修改 | 放置墙”选项卡下出现墙体的绘制方式，如图 4-2 所示。绘制墙体时，首先要选择绘制方式，如直线、矩形框、多边形、圆形、弧形等。如果有 .dwg 格式的平面图，可将 CAD 图纸导入 Revit 中，通过“拾取线”命令拾取图纸中的墙线，Revit 将自动生成墙体。除此之外，还可利用“拾取面”功能拾取体量的面生成墙。

教学视频：墙体的绘制和编辑

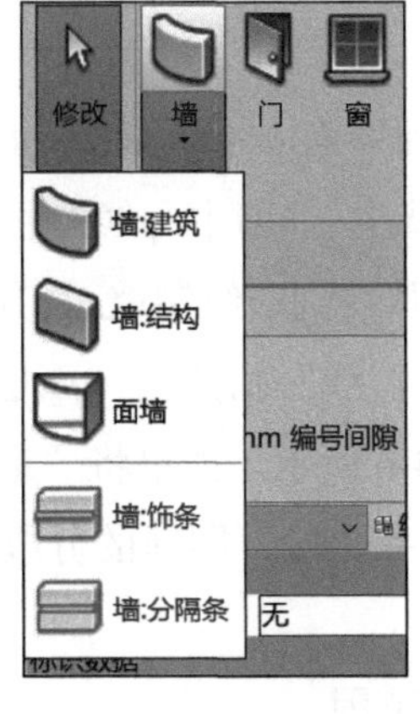

图　4-1

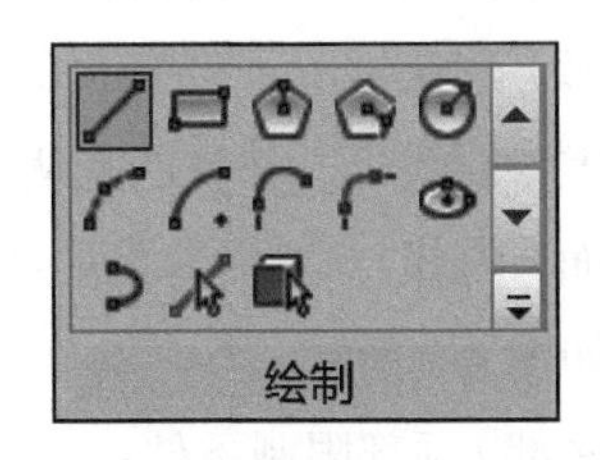

图　4-2

在完成绘制方式的选择后，要设置墙体的参数属性。在选项栏中，如图 4-3 所示，“标高”是指当前绘制墙体所在标高，“高度”与“深度”分别指从当前视图向上还是向下延伸墙体，“定位线”是指定该墙的某一个垂直平面相对于所绘制的路径或在绘图区域中指定的路径来定位墙，勾选“链”后可以连续绘制墙体，“偏移量”表示绘制墙体时，墙体距离捕捉点的距离，“半径”表示两面直墙的端点相连接处不是折线，而是根据设定的半径值自动生成圆弧墙，如图 4-4 所示，设置的半径是 1000mm。

图 4-3

1. 实例属性面板

在实例属性面板中，主要设置墙体的定位线、底部和顶部限制条件、底部和顶部偏移等参数，如图 4-5 所示。

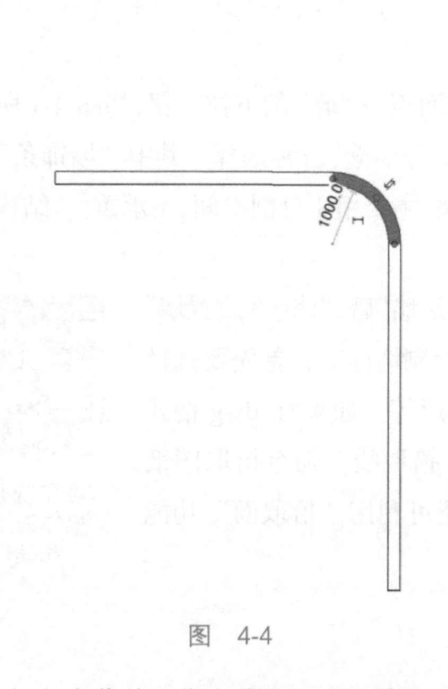

图 4-4

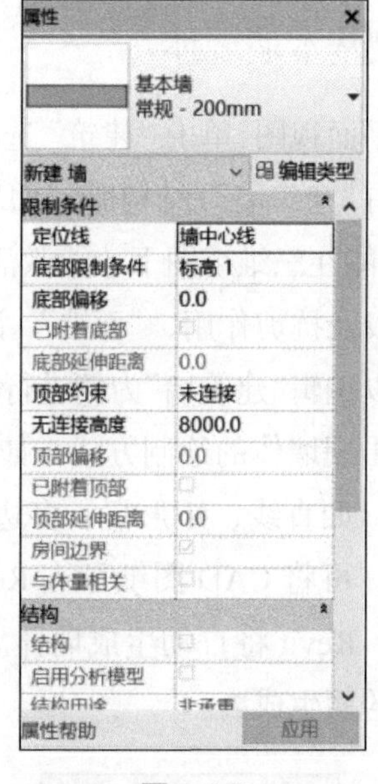

图 4-5

（1）定位线：分为墙中心线（默认）、核心层中心线、面层面 - 外部、面层面 - 内部四种。在 Revit 术语中，墙的核心是指主结构层。在简单的砖墙中，“墙中心线”将会和“核心层中心线”平面重合，然而它们在复合墙中可能会不同。从左到右绘制墙时，其外部面（面层面：外部）默认情况下位于顶部。在以下示例中，“定位线”指定为“面层面 - 外部”，光标位于虚参照线处，并且墙是从左到右绘制的，如图 4-6 所示。如果将“定位线”修改为“面层面 - 内部”，并沿着参照线按照同一方向绘制另一分段，则新的分段将位于参照线上方，如图 4-7 所示。

（2）底部 / 顶部限制条件：规定了墙体的上、下约束范围。

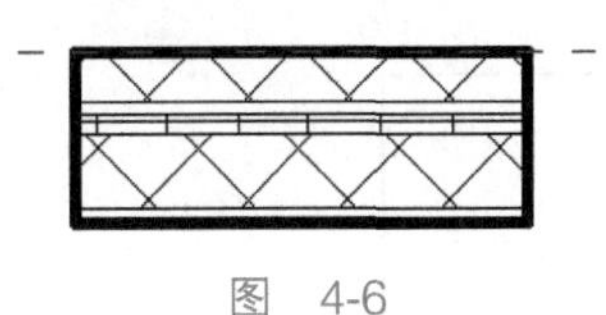

图　4-6

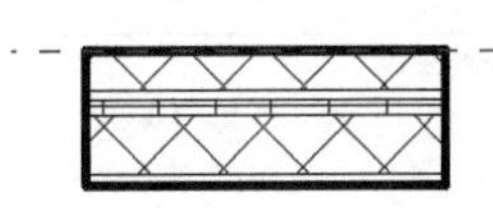
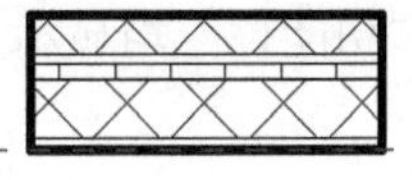

图　4-7

（3）底部偏移 / 顶部偏移：在约束范围的条件下，可上、下微调墙体的高度，如果同时偏移 200mm，则墙体高度不变。若底部偏移 –100mm，顶部偏移 100mm，则墙体上、下高度各增加 100mm。

（4）无连接高度：表示墙体顶部在不选择“顶部约束”时设置的高度。

（5）结构：结构表示该墙是否为结构墙，勾选后则用于做后期受力分析。

在实例属性面板中，单击“编辑类型”按钮进入类型属性对话框，如图 4-8 所示。

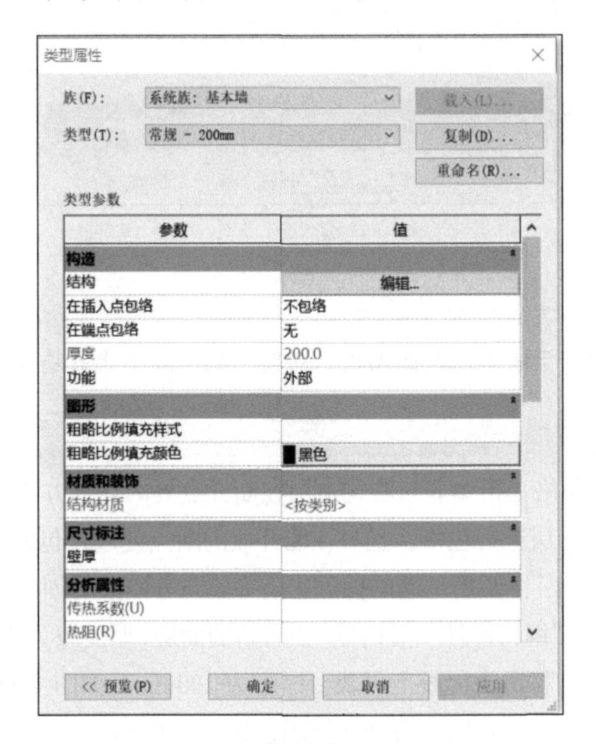

图　4-8

2. 类型属性对话框

类型属性对话框中操作如下。

（1）复制：创建新的墙体，可复制当前系统族墙体，重新修改名称为新的墙体，新的墙体需要重新编辑结构构造。

（2）重命名：可修改“类型”中的墙名称。

（3）结构：用于设置墙体的结构构造，单击“编辑”，进入“编辑部件”对话框，如图 4-9 所示。在“层”列表中，单击“插入”按钮，可添加墙体新层。新插入的层默认情况下“功能栏”均显示为“结构 [1]”，“厚度”栏均为“0.0”，如图 4-10 所示。

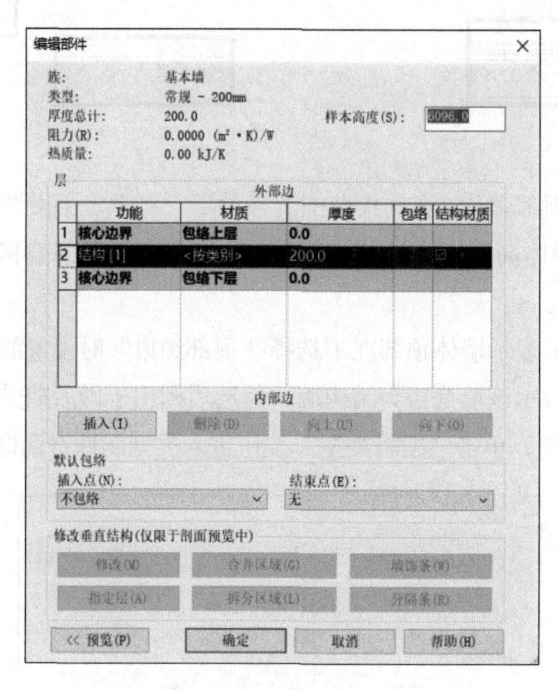

图 4-9

墙体层列表相当于墙体的截面构造，列表中从上到下代表墙构造从外到内的构造顺序。

（4）默认包络：包络是指墙非核心构造层在断开点处的处理方法，仅是对编辑部件中勾选了“包络”的构造层进行包络，且只在墙开放的断点处进行包络。

（5）修改垂直结构：主要用于墙的拆分、墙饰条与分隔条的创建。

① 墙的拆分：在“编辑部件”对话框，插入新的面层，厚度改为 10mm，材质改为“涂料 - 黄色”，结构 [1] 的材质为混凝土砌块，厚度为 200mm，如图 4-11 所示。单击对话框左下“预览（P）”按钮，将视图改为剖面视图，如图 4-12 所示。

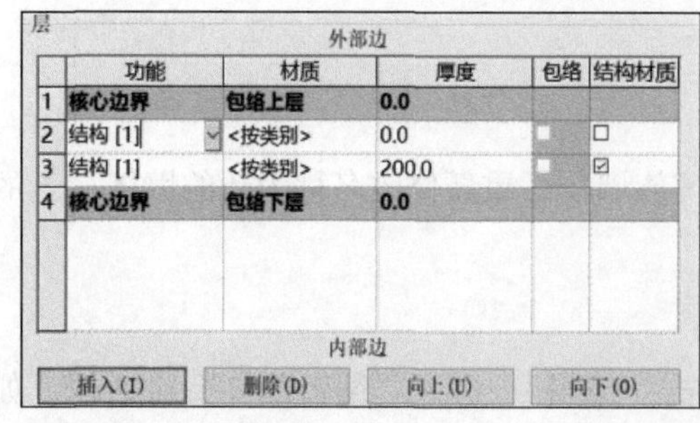

图 4-10

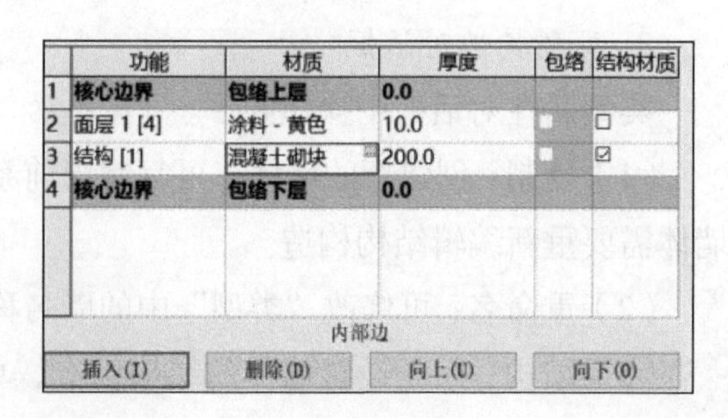

图 4-11

若要将距墙底 1000mm 以上的面层改为“涂料 - 绿色”，则单击“插入”按钮，新建面层 2[5]，在材质浏览器对话框中选中“涂料 - 黄色”，右击选择复制，如图 4-13 所示。将新建材质的名称修改为“涂料 - 绿色”。选择新建材质，在“外观”对话框，单击“复制”按钮，将墙漆颜色修改为“绿色”，如图 4-14 所示。在“图形”勾选使用“渲染外观”，如图 4-15 所示。单击“确定”按钮，厚度为“0.0”，如图 4-16 所示。

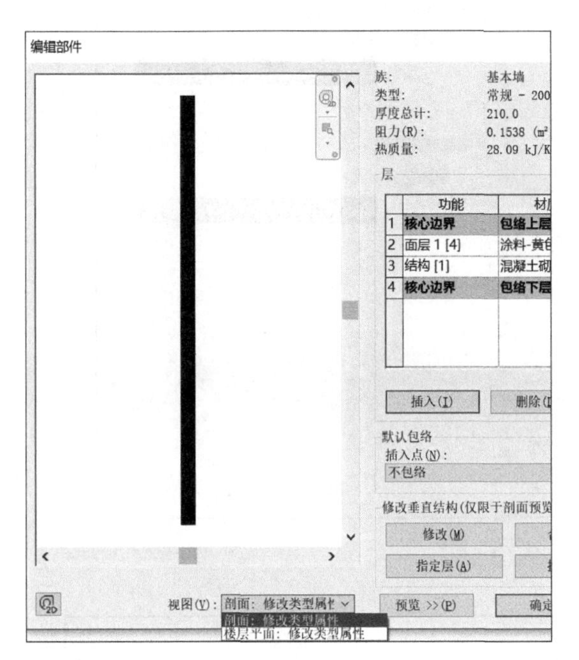

图 4-12

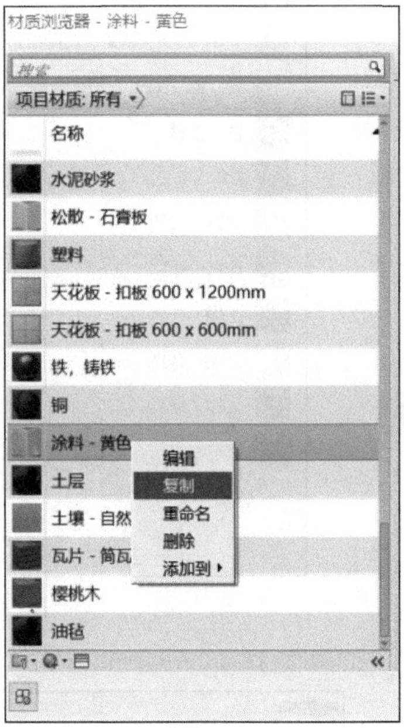

图 4-13

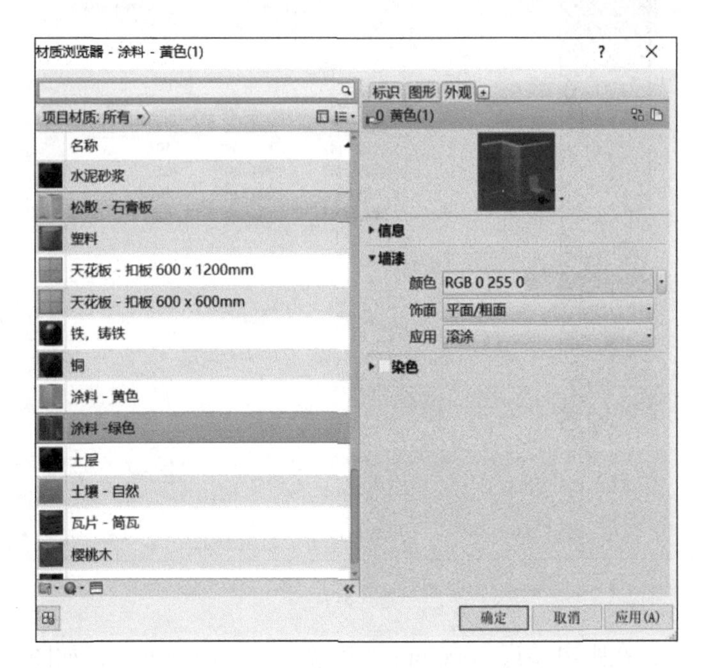

图 4-14

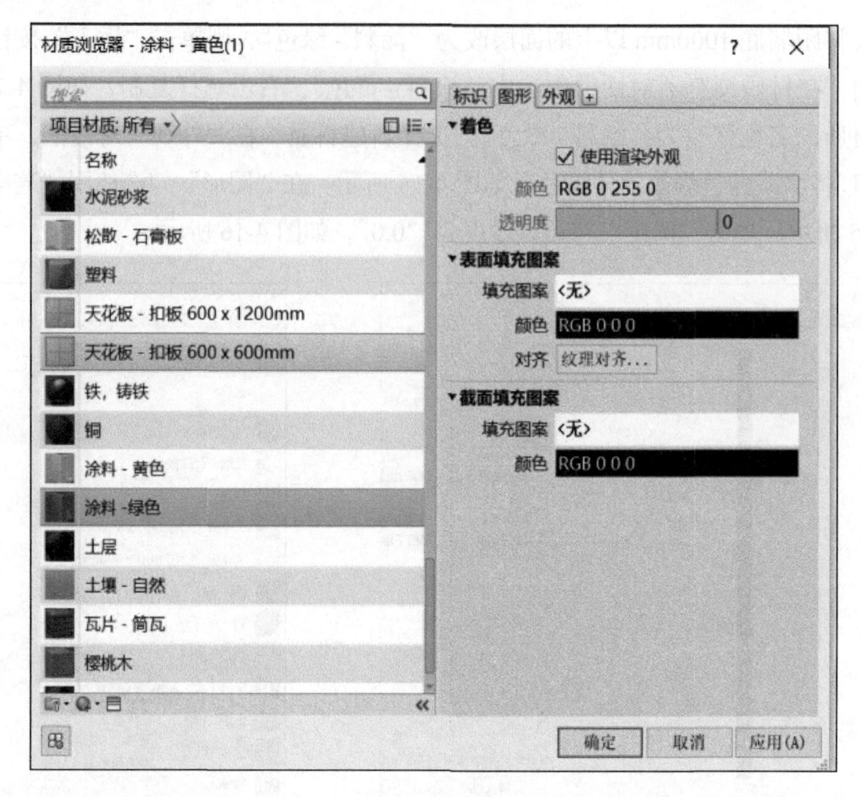

图 4-15

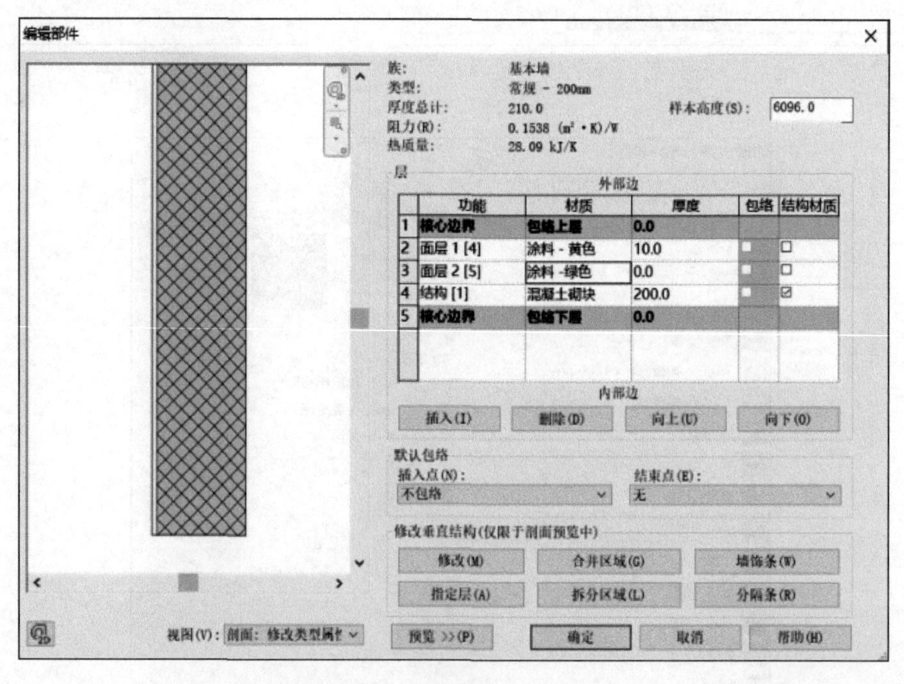

图 4-16

单击拆分区域，在距离墙底 1000mm 处将墙体面层进行拆分，如图 4-17 所示。此时不要按 Esc 键退出，接着单击指定层，选择“面层 2[5]、涂料 - 绿色”，再将鼠标光标移至需要修改的面层，单击赋予涂料 - 绿色材质，如图 4-18 所示。单击“确定”按钮，完成墙体的拆分，如图 4-19 所示。

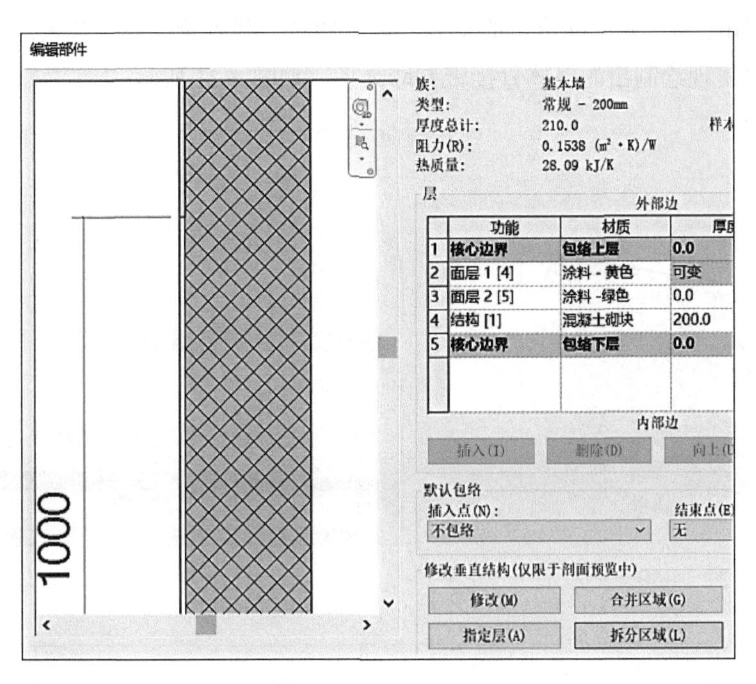

图　4-17

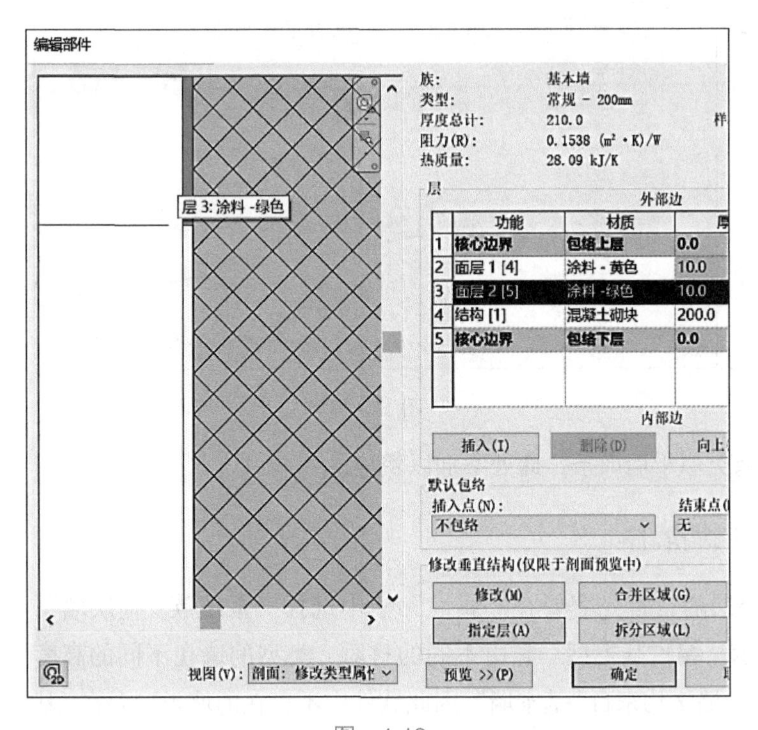

图　4-18

② 墙饰条：墙饰条主要是用于绘制的墙体在某以高度处自带墙饰条。墙饰条只在三维视图中亮显。单击“墙：饰条”，单击“编辑类型”，弹出类型属性对话框，在“轮廓”下拉菜单可选择不同的轮廓族，如图 4-20 所示。如果没有所需的轮廓，可通过新建“族”→“公制轮廓”命令创建新的轮廓，也可通过“载入轮廓族”载入，设置墙饰条的各参数，则可实现绘制出的墙体直接带有墙饰条，如图 4-21 所示。

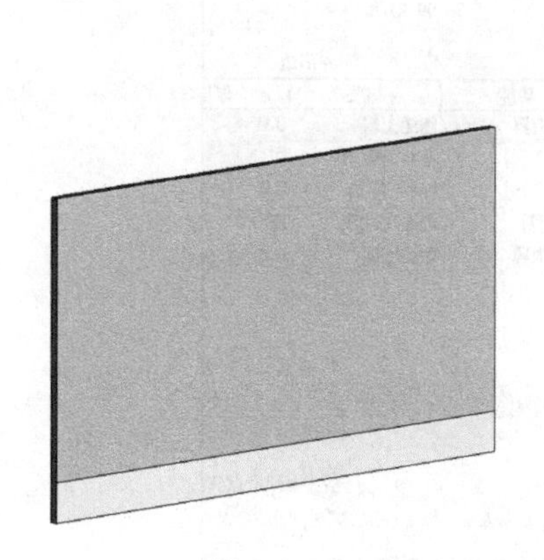

图 4-19

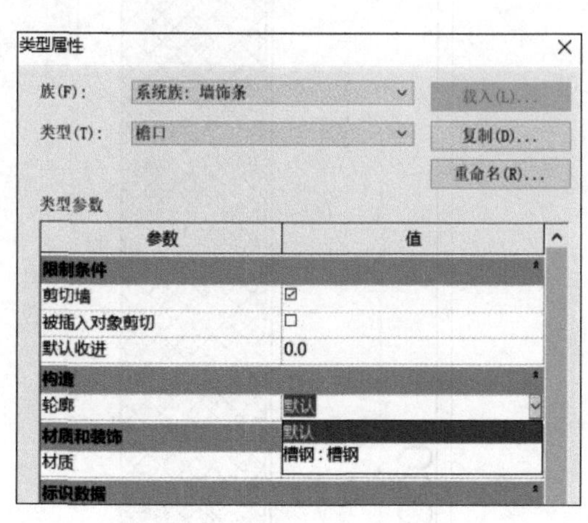

图 4-20

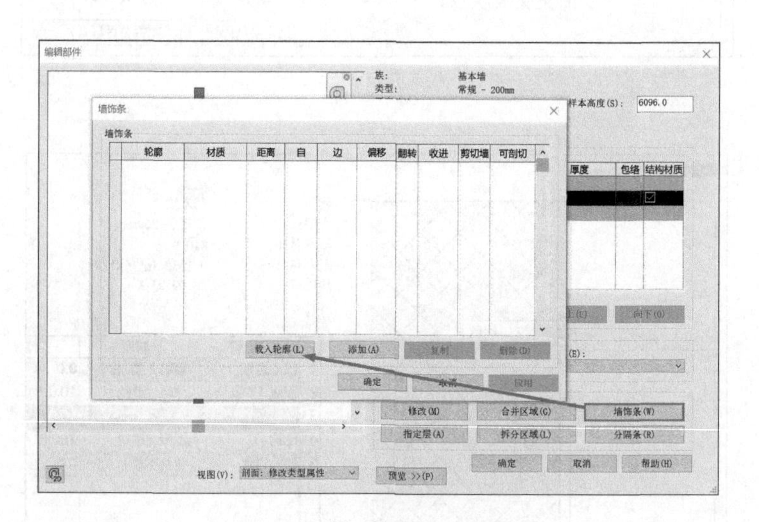

图 4-21

③ 分隔条类似于墙饰条，此处不加以赘述。

4.2 绘制叠层墙墙体

教学视频：叠层墙

要绘制叠层墙，首先需要在“属性”栏中选择“系统族：叠层墙”，如图 4-22 所示，编辑其类型。它由不同的材质、类型的墙在不同的高度叠加而成，墙 1、墙 2 均来自“基本墙”，因此软件中不存在的墙类型要在“基本墙”中新建墙体后，才能添加到叠层墙，如图 4-23 所示。

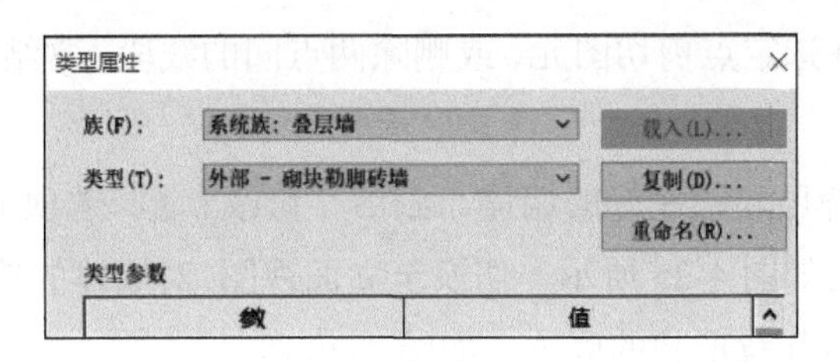

图　4-22

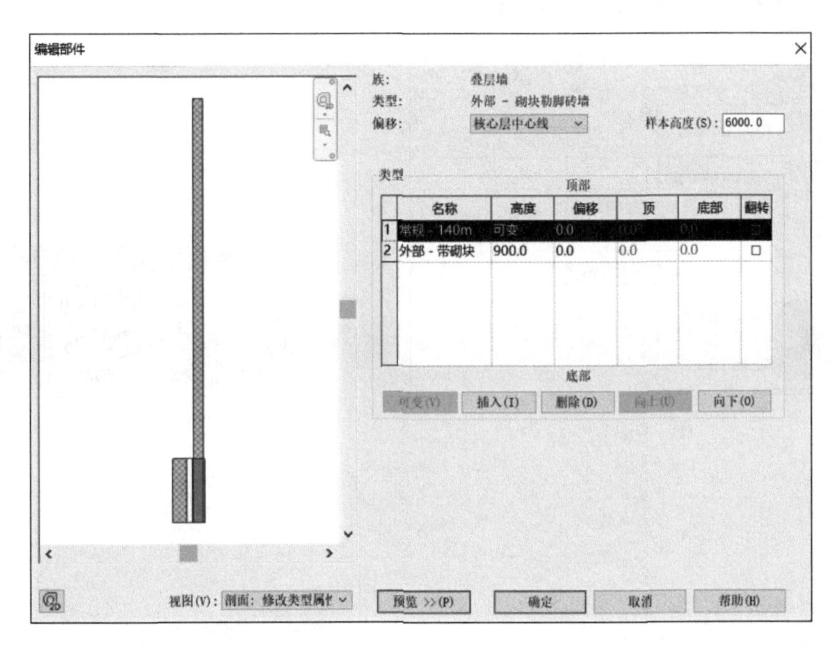

图　4-23

4.3　编辑墙体

定义好墙体的高度、厚度、材质等各参数后，在绘制墙体的过程中，还需要对墙体进行编辑，墙体的编辑命令包括移动、复制、镜像、旋转、阵列、对齐、拆分、修剪、偏移等。

1. 修改工具

（1）移动：用于选定的墙图元移动到当前视图中的指定位置。在视图中，可以直接拖动图元移动，但是“移动”功能可帮助准确定位构件的位置。

（2）复制：复制命令只能在当前标高使用，如果要把当前标高的墙体复制到另外的楼层，则需要通过“剪贴板”来进行跨楼层的复制，如图 4-24 所示。

（3）阵列：用于创建选定图元的线性阵列或半径阵列，通过“阵列”工具可创建一个或多个图元的多个实例。

（4）镜像：通过拾取线或边作为对称轴后，可直接镜像图元；如果没有可拾取的线或者边时，可绘制参照平面作为对称轴镜像图元。

（5）拆分图元：在选定点剪切图元，或删除两点间的线段，常结合修剪命令一起使用。

2. 编辑墙体轮廓

在平面视图中选择已经绘制好的墙体，激活“修改 | 墙”选项卡，单击“模式”面板中的“编辑轮廓”按钮，如图 4-25 所示。切换至立面视图，对墙体的轮廓进行编辑，单击“完成编辑”按钮，可生成任意形状的墙体，如图 4-26 所示。

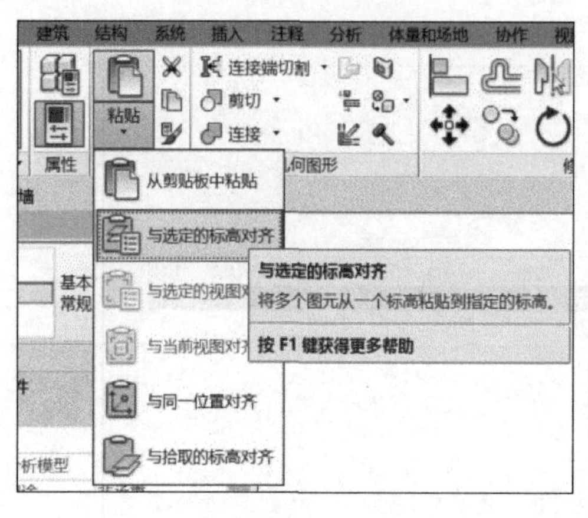

图 4-24

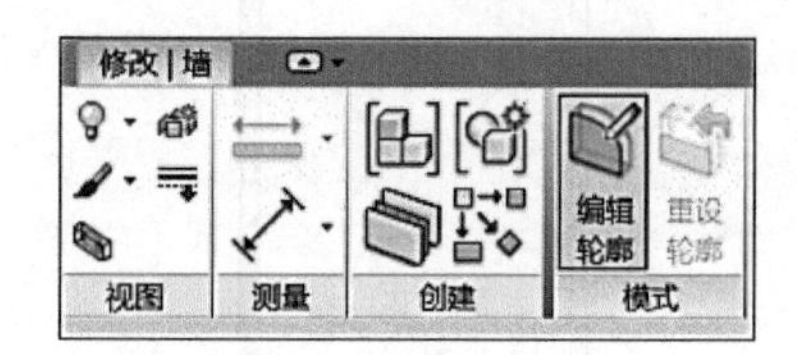

图 4-25

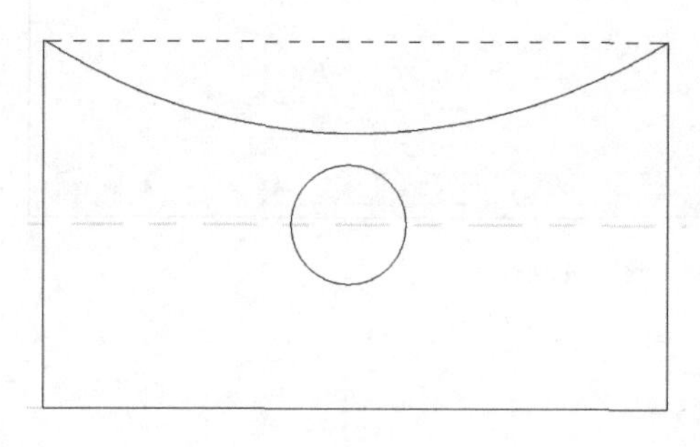

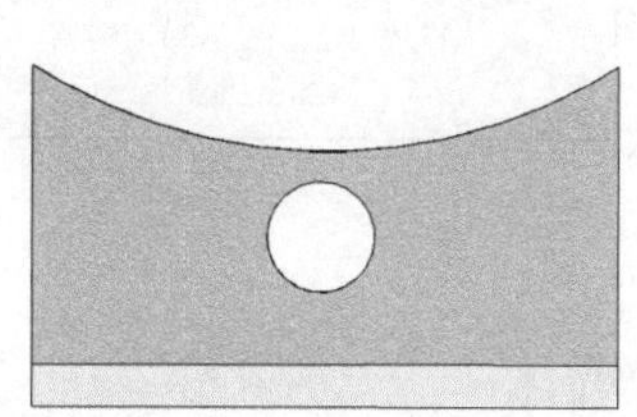

图 4-26

如需要一次性还原原始形状，则单击“重设轮廓”按钮即可。

3. 附着顶部 / 底部

选择墙体，激活“修改 | 墙”选项卡，单击“修改”面板的“附着顶部 / 底部”按钮后，再拾取需要附着的屋顶、天花板、楼板或参照平面，此时墙体将自动发生变化，连接到指定屋顶、楼板或参照平面上，如图 4-27 所示。

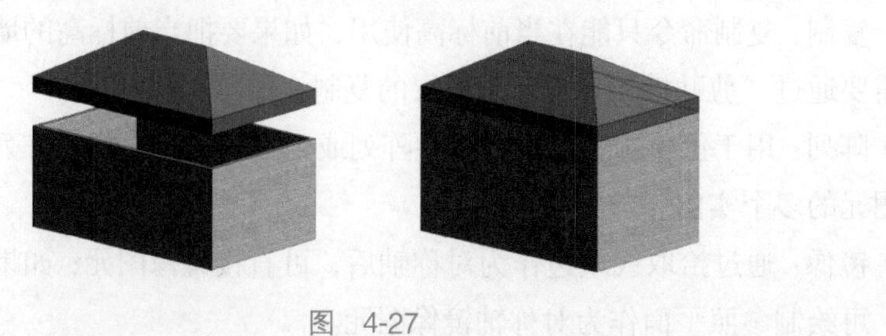

图 4-27

4.4　幕墙

在 Revit 中，幕墙是墙体的一种类型，由幕墙嵌板、幕墙网格、幕墙竖梃三个部分组成。可以手动或通过参数指定幕墙网格的划分方式和数量。幕墙嵌板可以替换为任意形式的基本墙或叠层墙类型，也可以替换为自定义的幕墙嵌板族。

幕墙嵌板：构成幕墙的基本单元，幕墙由一块或者多块幕墙嵌板组成，可以自行创建三维嵌板族。

幕墙网格：决定幕墙嵌板的大小、数量。

幕墙竖梃：为幕墙龙骨，是沿幕墙网格生成的线性构件，外形由二维竖梃轮廓族所控制。

4.4.1　创建幕墙

创建幕墙时，可选择“建筑”选项卡→“构建”面板→“墙”下拉菜单→“墙：建筑”命令，在属性栏下拉栏中选择“幕墙”，如图 4-28 所示。

教学视频：
幕墙

与绘制墙体一样，设置好高度，即可根据轴网或者链接的底图绘制幕墙，如图 4-29 所示。

由于默认的幕墙还未划分网格，所以目前创建的幕墙是一整片玻璃的样式，如图 4-30 所示。

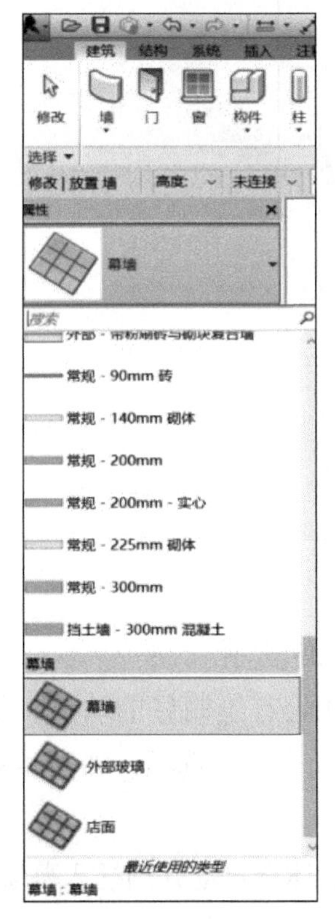

图　4-28

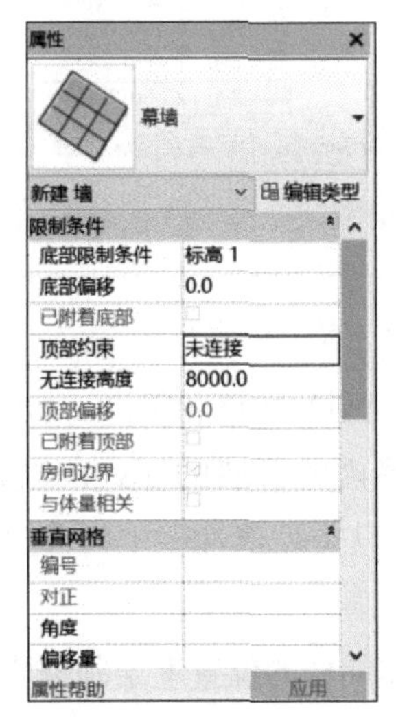

图　4-29

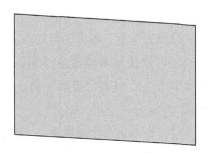

图　4-30

此处幕墙网格为规则分布，可以直接在其类型属性里设置垂直网格和水平网格的布局、间距，还可以设置垂直竖梃和水平竖梃的类型，如图 4-31和图 4-32 所示。

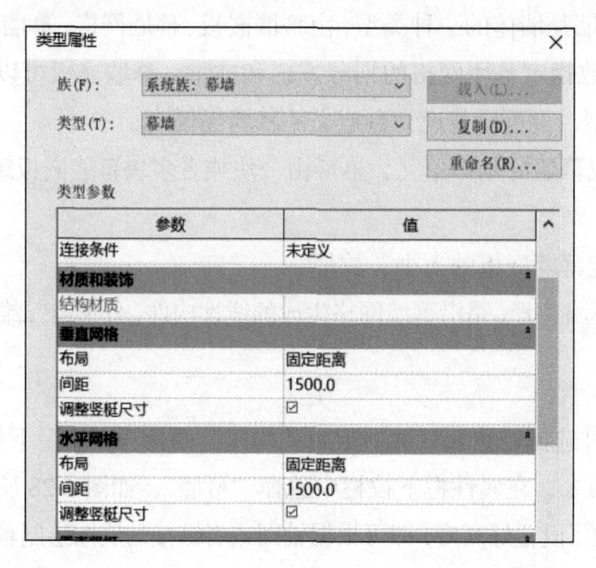

图 4-31

类型属性

族(F)：系统族：幕墙　载入(L)...

类型(T)：幕墙　复制(D)...

重命名(R)...

类型参数

参数	值
垂直竖梃	
内部类型	圆形竖梃：25mm 半径
边界 1 类型	圆形竖梃：25mm 半径
边界 2 类型	圆形竖梃：25mm 半径
水平竖梃	
内部类型	圆形竖梃：50mm 半径
边界 1 类型	圆形竖梃：25mm 半径
边界 2 类型	圆形竖梃：25mm 半径
尺寸标注	
壁厚	
标识数据	
类型图像	

图 4-32

设置完成后，幕墙则自动添加了规则的网格和竖梃，如图 4-33 所示。

还可以使用幕墙命令绘制嵌入墙内的幕墙的样式，比如此处有绘制好的墙体，如图 4-34 所示，选择“幕墙”命令，在其类型属性栏中勾选“自动嵌入”选项，如图 4-35 所示。

设置好幕墙高度和网格后，在墙体同样的位置上绘制幕墙，墙体会自动开洞插入幕墙，完成后的幕墙如图 4-36 所示。

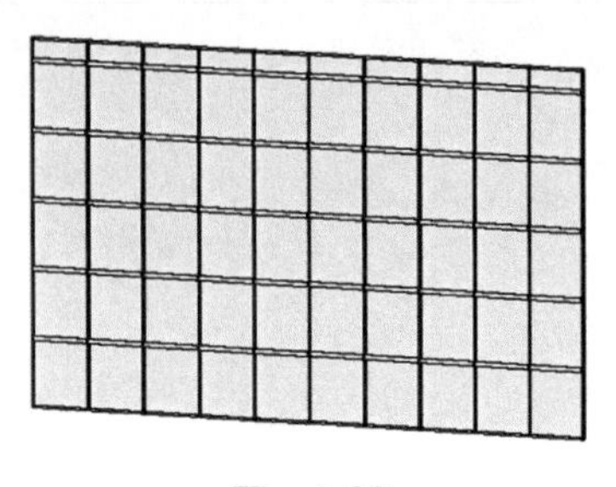

图　4-33

图　4-34

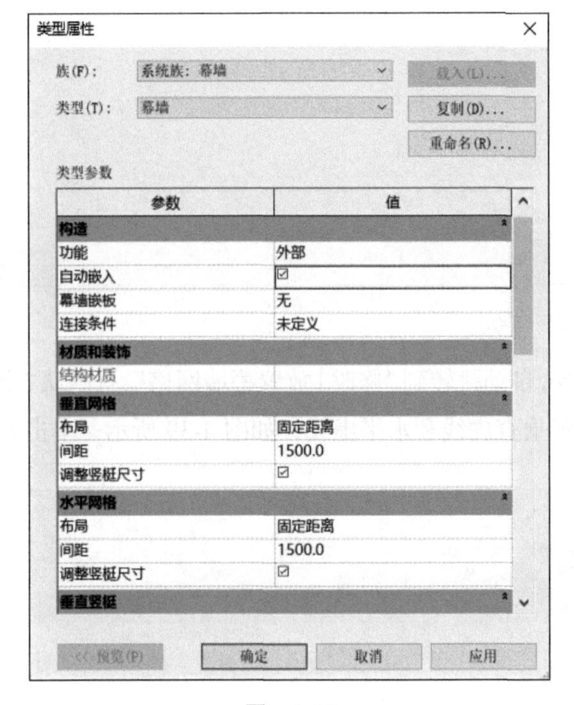

图　4-35

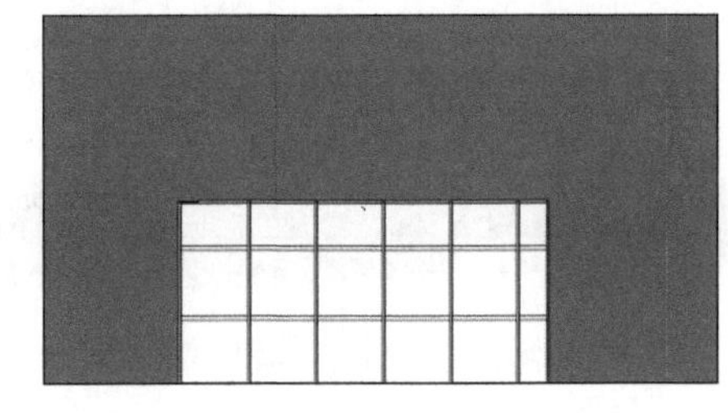

图　4-36

4.4.2　幕墙网格

Revit 提供了专门的“幕墙网格功能”，用于创建不规则的幕墙网格，如图 4-37 所示。

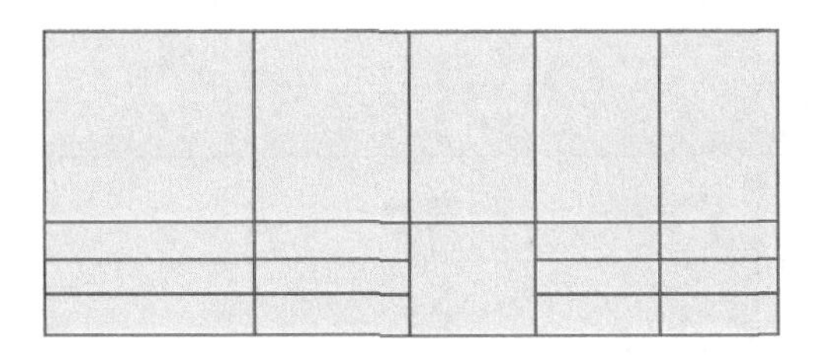

图　4-37

首先用幕墙命令创建一面没有幕墙网格的幕墙，可以和编辑墙体类似，转到立面视图修改幕墙创建幕墙网格，如图 4-38 所示。

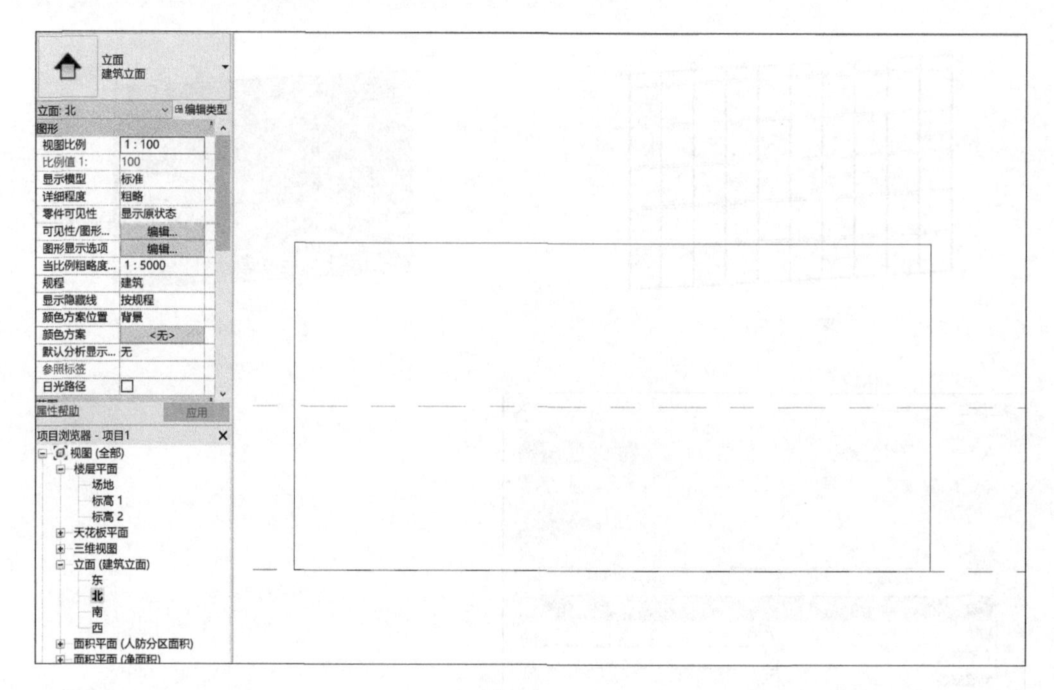

图 4-38

选择功能区“建筑”→“幕墙网格”命令，自动跳转到“修改 | 放置幕墙网格”，且默认“全部分段”，将光标移动到幕墙上，界面出现垂直虚线和水平虚线，如图 4-39 所示，单击即

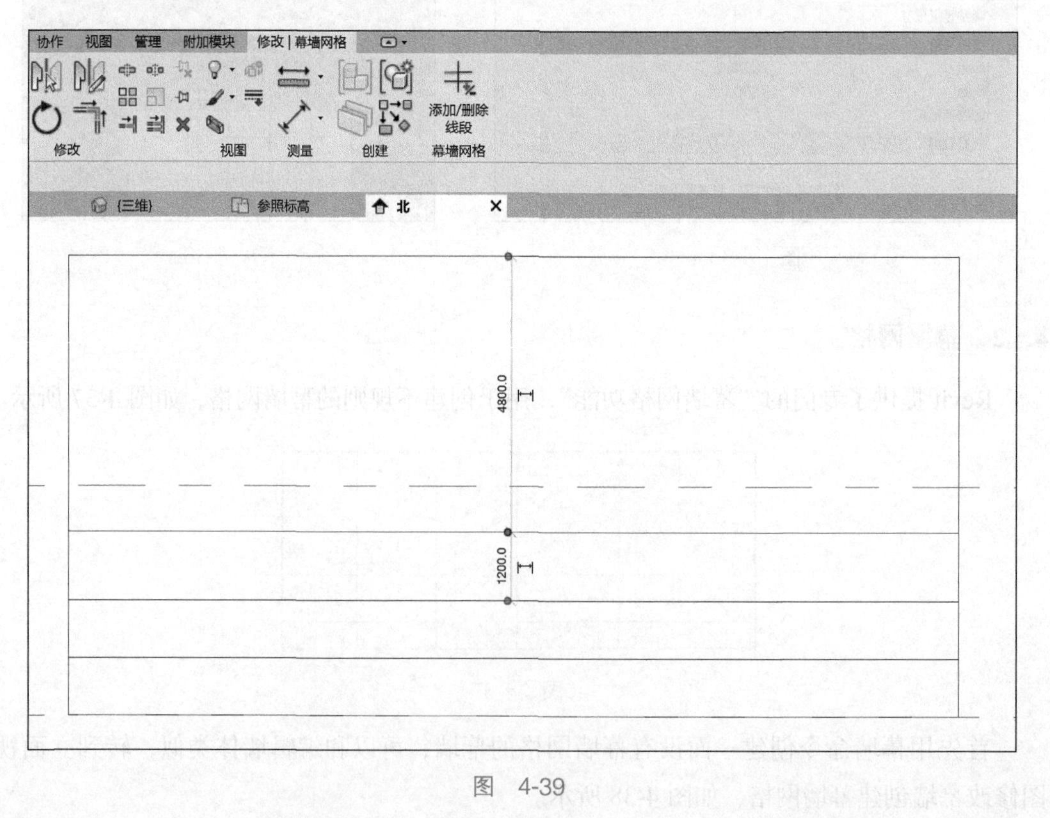

图 4-39

可放置幕墙网格。与虚线同时出现的还有临时尺寸,可以帮助确认网格的位置。放置好后,也可以通过临时尺寸调整网格。

这里要注意,“全部分段”是在一面幕墙上放置整段的网格线段,而“一段”是在一个嵌板上放置一段网格线段。

选中放置好的网格,在“修改 | 幕墙网格”下单击“添加 / 删除线段”命令,如图 4-40 所示,在需要删除的位置单击网格,即可删除某段网格,反之,单击某段缺少网格的位置即可添加网格。

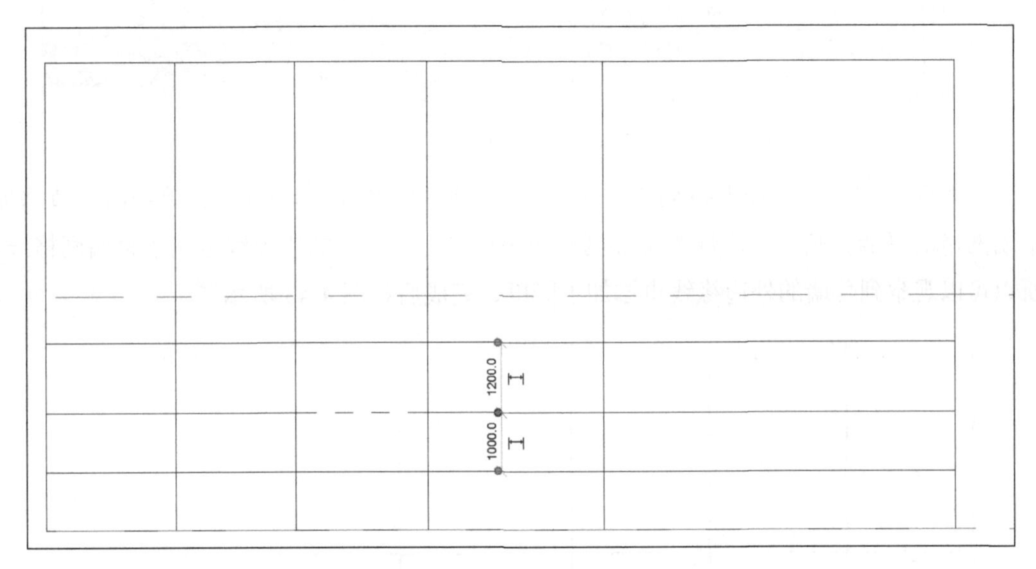

图　4-40

整个幕墙网格添加完成后,如图 4-41 所示。

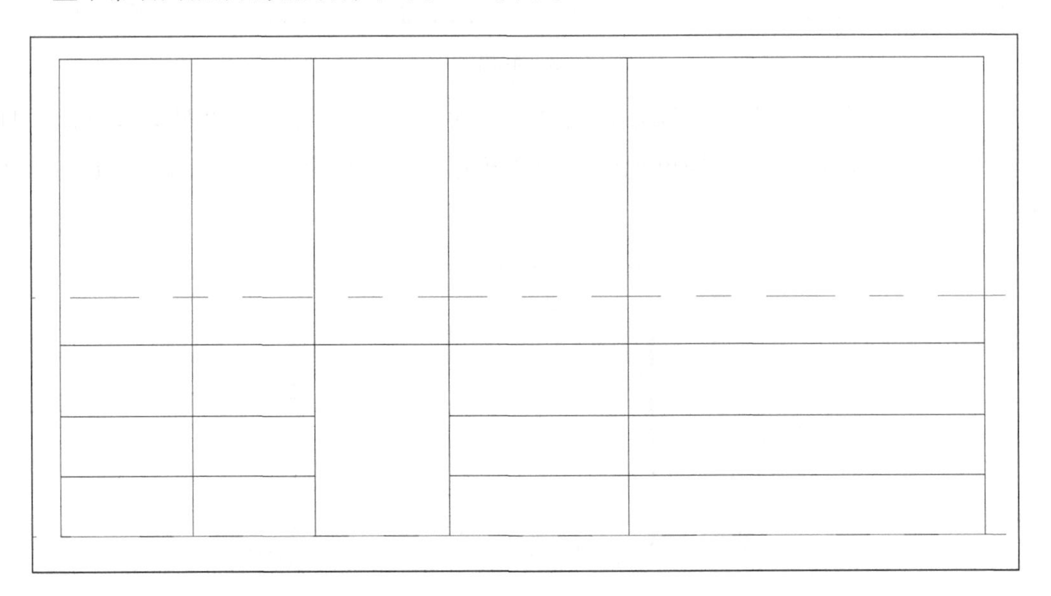

图　4-41

4.4.3 幕墙竖梃

Revit 提供了专门的“竖梃”命令，可用于为幕墙网格创建个性化的幕墙竖梃。竖梃必须依附于网格线才可以放置，其外形由二维竖梃轮廓族所控制。

选择“建筑”选项卡→“构建面板”→“竖梃”命令，自动跳转到“修改 | 放置竖梃”，且默认选择“网格线”，单击选中“全部网格线”选项，如图 4-42 所示。

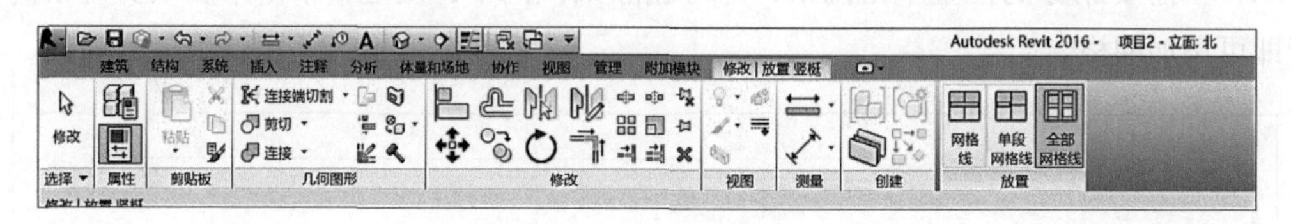

图 4-42

在属性栏的类型选择下拉列表中选择“矩形竖梃 -50mm 正方形”，单击前一节添加幕墙网格的幕墙，则可一次性为全部网格线添加竖梃。幕墙的边界线也属于幕墙网格线，所以可以观察到幕墙的外边缘线也添加了竖梃，完成后如图 4-43 所示。

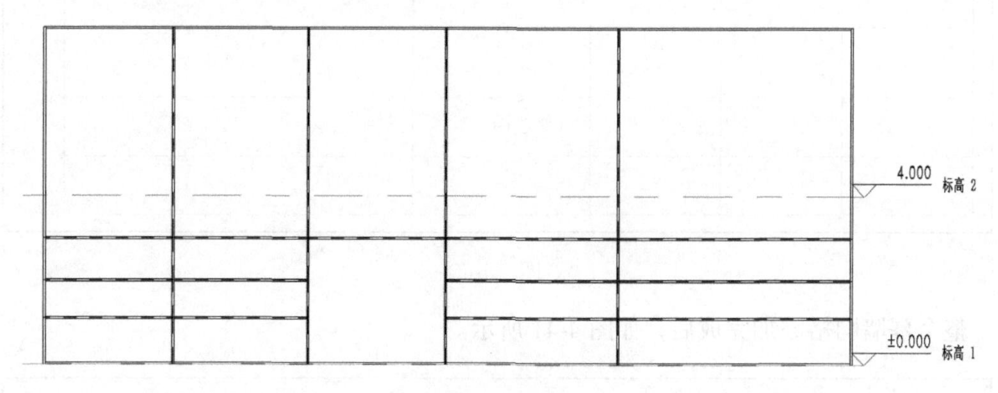

图 4-43

按 Tab 键选择任一竖梃，两端出现“切换竖梃连接”符号，如图 4-44 所示，且功能卡“修改 | 幕墙竖梃”处出现两个功能按钮——“结合”和“打断”，如图 4-45 所示。

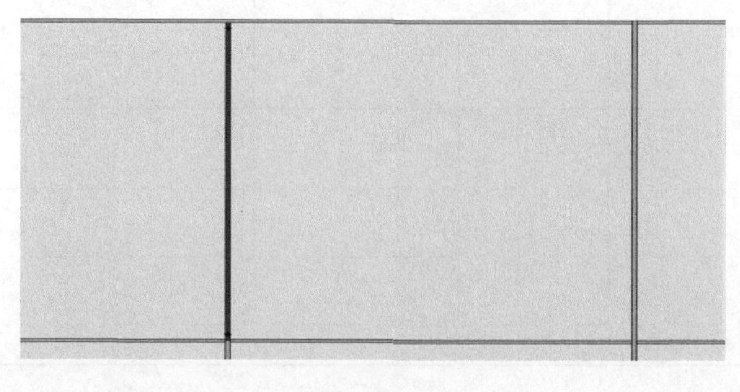

图 4-44

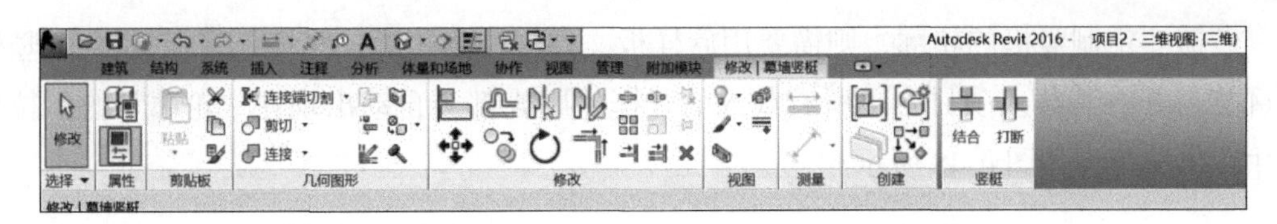

图　4-45

单击视图里的符号或单击“结合”或“打断”按钮，均可以切换水平竖梃与垂直竖梃的连接方式，如图 4-46 所示。

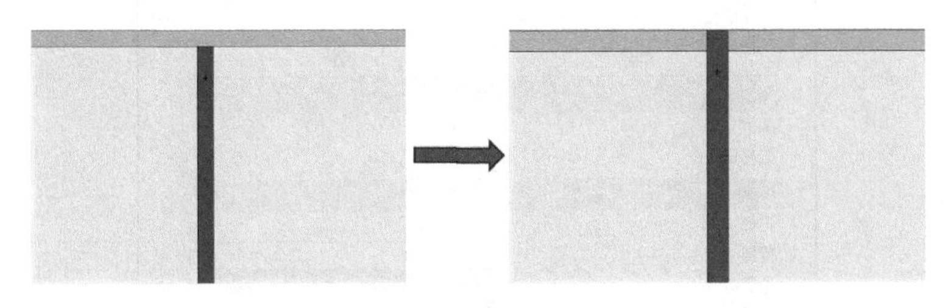

图　4-46

在属性栏的类型选择下拉列表中，有多种预设的竖梃类型可供用户选择，如果没有需要的类型，可以通过复制新建。注意，在 Revit 中，角竖梃不能定制轮廓，而“矩形竖梃”或“圆形竖梃”就可以选择其他轮廓。比如新建一个“100mm×150mm”的矩形竖梃，在其“类型属性”中复制并新建一个新的名称“100mm×150mm”，如图 4-47 所示。

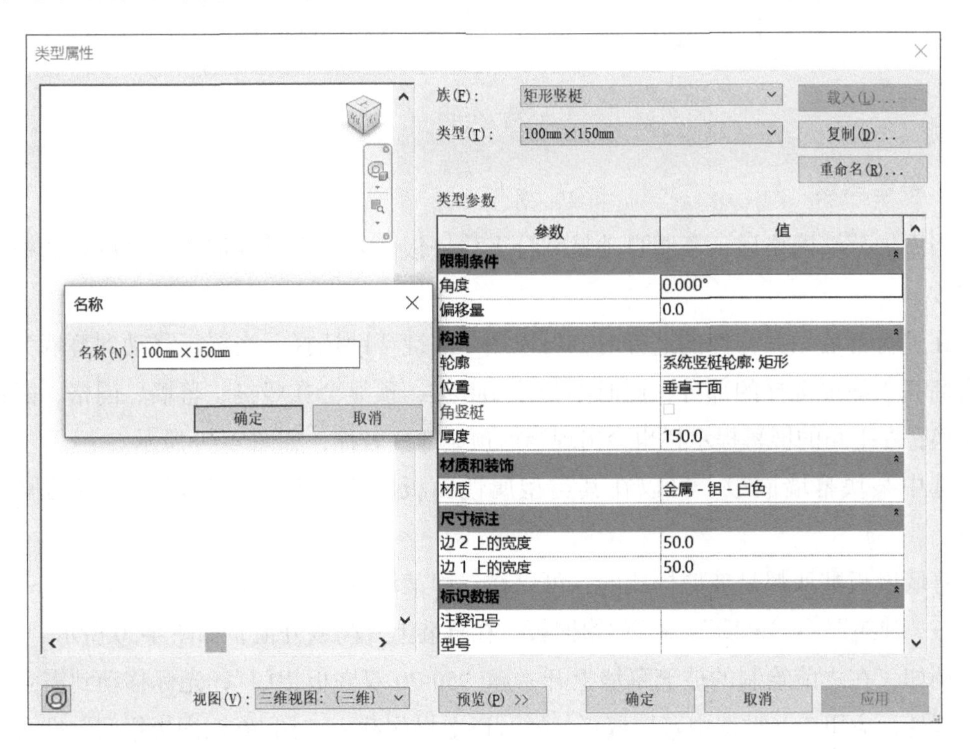

图　4-47

若需要定制竖梃的轮廓，则需要用族样板文件“公制轮廓—竖梃 .rft”创建一个竖梃轮廓族，并将其载入项目中。所有载入的竖梃轮廓族都会自动出现在“轮廓”的下拉列表中以供选择，如图 4-48 所示。

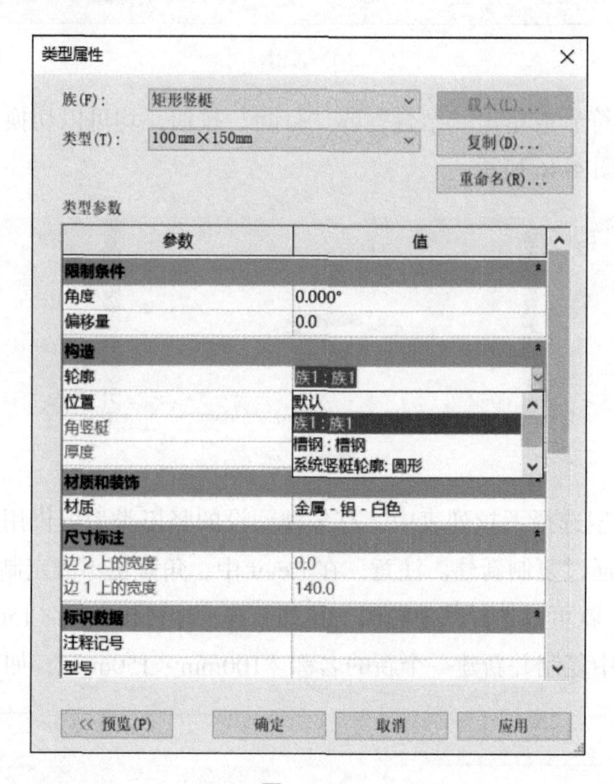

图 4-48

4.4.4 幕墙嵌板

当添加幕墙网格后，幕墙自动就划分多块嵌板。要编辑某块嵌板，可以在选中后进行修改。

在进行幕墙相关构件的选择时，可以用 Tab 键帮助选择。当鼠标移动到幕墙旁，界面会高亮预显要选择的部分，此时不断按 Tab 键，预显会在竖梃、幕墙、网格、嵌板之间切换，左下角的屏幕提示栏也会出现当前预显部分名称，如图 4-49 所示。

选中某块幕墙嵌板，可以在其类型属性面板中修改其偏移量以及嵌板的厚度和材质。

幕墙嵌板默认都是玻璃样式的，可以在选中某块嵌板后，通过“编辑类型”→“载入”→“建筑”→“幕墙”→“门窗嵌板”在幕墙上开门或开窗，如图 4-50 所示。

例如，在之前绘制的玻璃幕墙上开一扇“50-70 双嵌板铝门”，光标移动到需要替换的嵌板处，应用 Tab 键选中幕墙嵌板，通过以上操作载入“50-70 双嵌板铝门”即可替换完成，如图 4-51 所示。

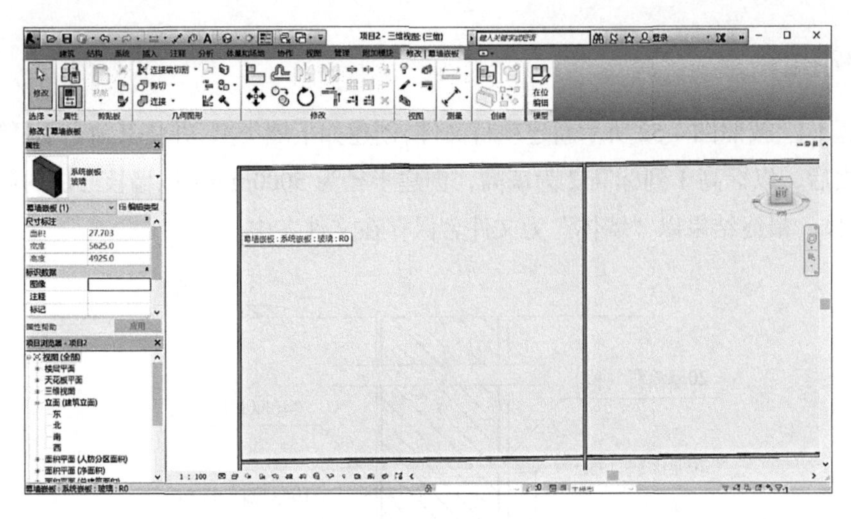

图　4-49

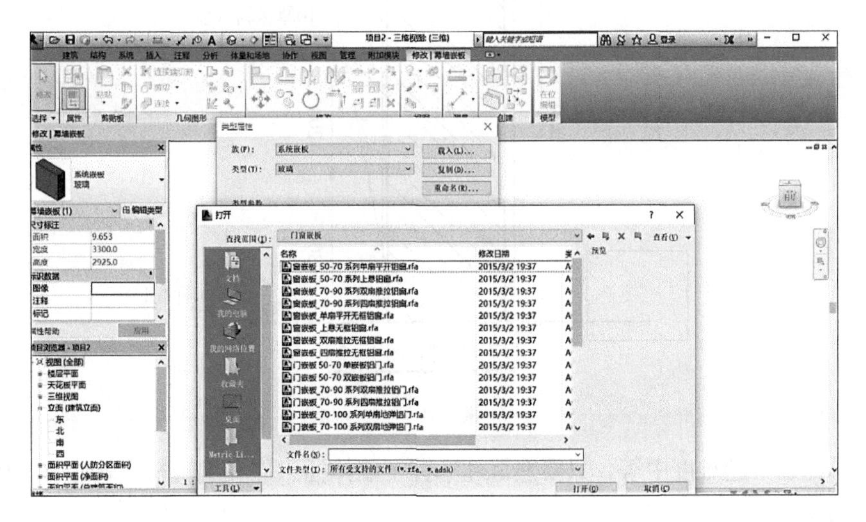

图　4-50

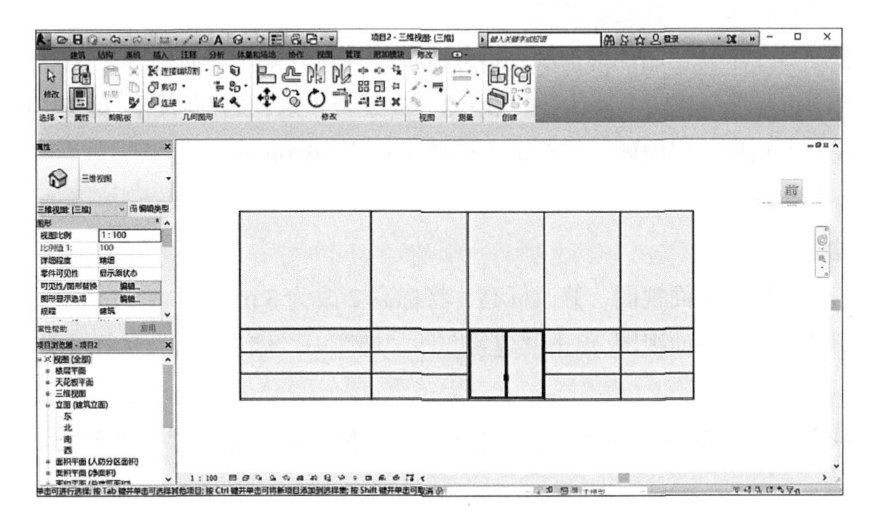

图　4-51

4.5 实例操作

【例题 1】 按照图 4-52 所示新建项目文件,创建如下墙类型,并将其命名为"等级考试 - 外墙"。之后，以标高 1 到标高 2 为墙高，创建半径为 5000mm（以墙核心层内侧为基准）的圆形墙体。最终结果以"墙体"为文件名保存在文件夹中。

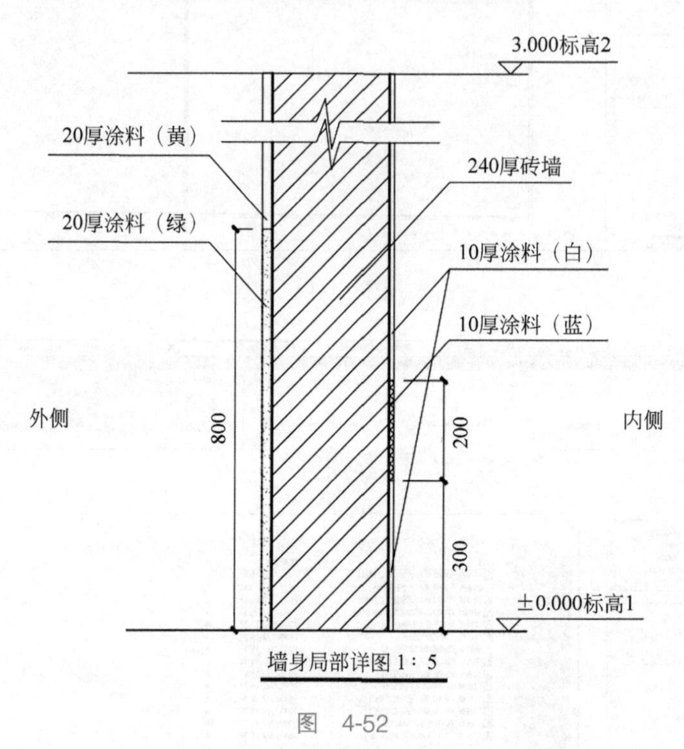

图 4-52

解题思路: 本题难度中等，只要熟练地掌握了墙体插入层和编辑材质就能解答出来。

解题步骤:

（1）新建项目文件，创建建筑墙。

（2）按题目要求新建墙体结构层，拆分区域，并对其赋予材质。

（3）按图示要求创建圆形墙体,注意墙体方向是否正确,如方向反了,可按空格键翻转,拖动蓝色控制点到核心层内侧，修改圆形墙体半径为 5000mm。

（4）保存文件。

创建过程:

（1）切换至任意立面视图，修改标高，将标高 2 改为 3 m。

（2）切换至楼层平面视图,单击"建筑"→"墙"→"墙: 建筑",选择"常规 -200mm 基本墙"。

（3）单击"编辑类型"→"复制"创建新的墙体，名称改为"等级考试 - 外墙"，如图 4-53 所示。

（4）单击"结构编辑"进入"编辑部件"对话框，修改结构墙厚度为 240mm，分别在结构墙内侧与外侧插入两个面层，分别修改面层材质为绿色、黄色、蓝色、白色。此时注意，在创建面层 2 时，不需设置厚度值，如图 4-54 所示。

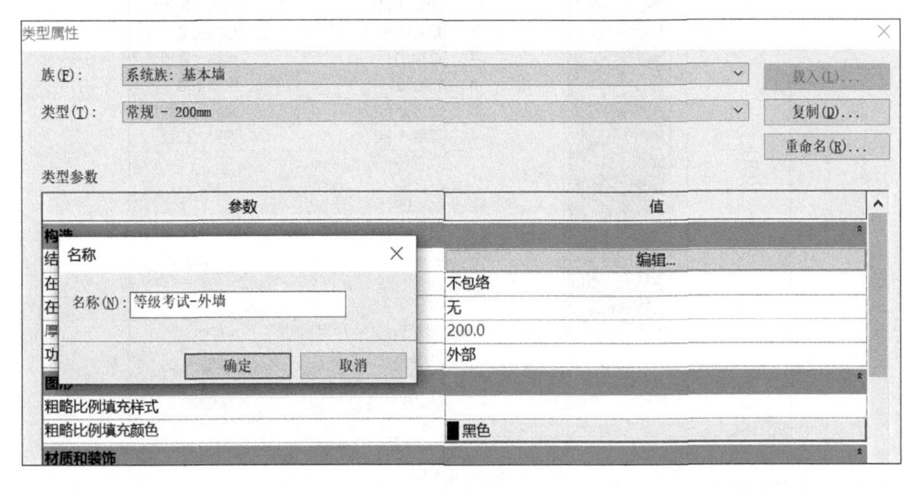

图　4-53

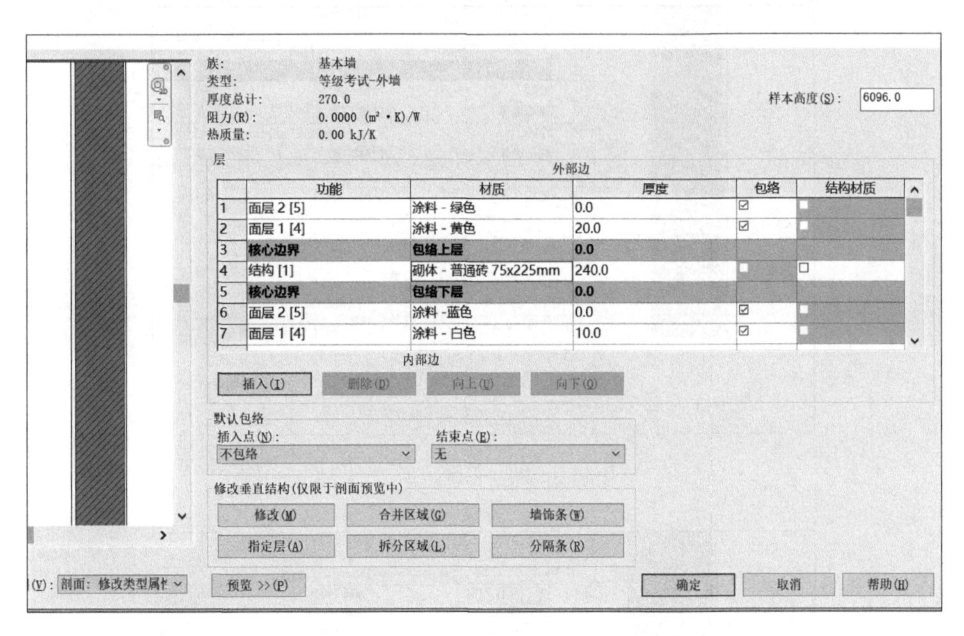

图　4-54

（5）单击左下角“预览”按钮，选择“剖面：修改类型属性”，便可看到墙体的材料的各层分布。

（6）单击“拆分区域”进行墙体拆分，首先在外墙面层 800mm 处拆分，注意不要在结构层拆分，如图 4-55 所示。

（7）拆分后不要退出，接着单击“指定层”→“面层 2- 绿色”，再接着单击拆分的 800mm 面层，此时便指定该墙体为绿色涂料，如图 4-56 所示。其他面层指定方法相同，此处不再赘述。

（8）接着拆分内侧墙体，并指定墙体材质，如图 4-57 所示。

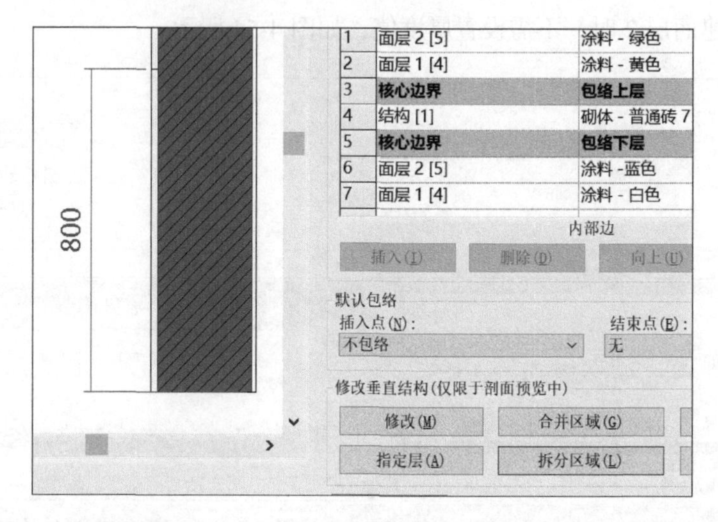

图 4-55

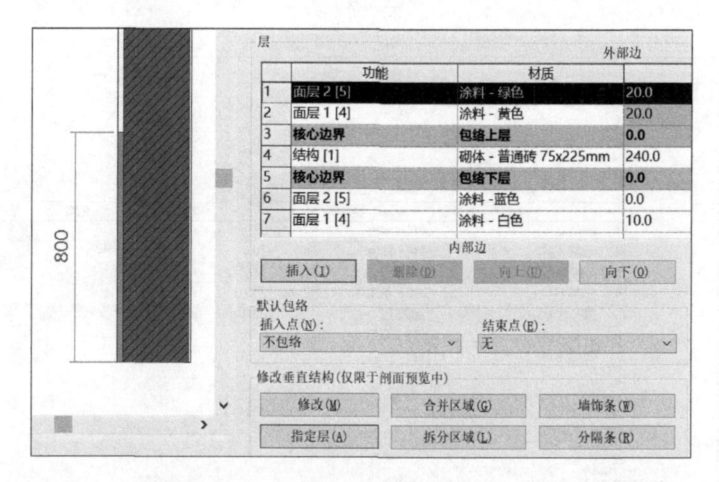

图 4-56

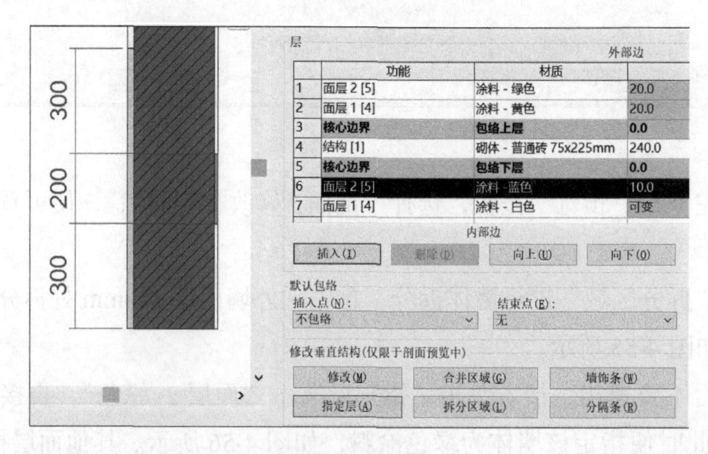

图 4-57

（9）单击“确定”，在楼层平面视图，选择“圆形”绘制命令，将墙定位线设置为“核心面：内部”，半径设置为 5000mm，绘制完成，注意墙体方向是否正确，如方向反了按空格键翻转，拖动蓝色控制点到核心层内侧，修改圆形墙体半径为 5000mm，如图 4-58 和图 4-59 所示。

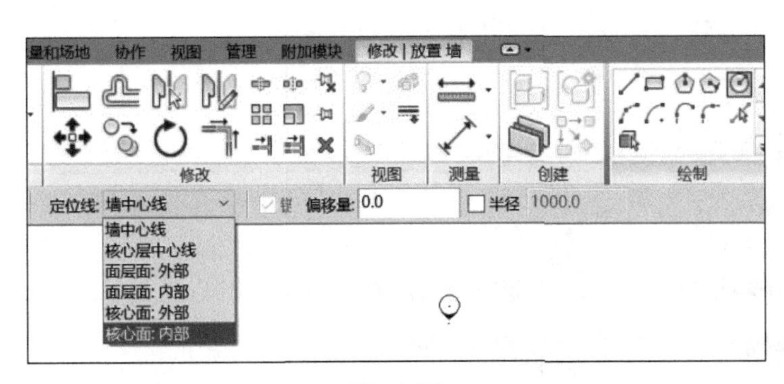

图 4-58

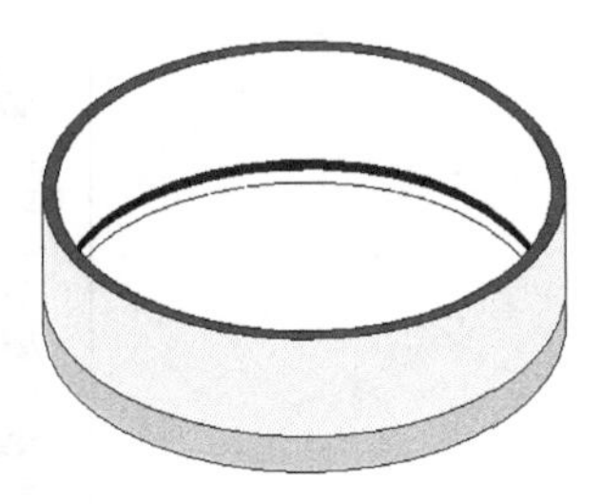

图 4-59

【例题 2】 根据图 4-60 和图 4-61 给定的北立面和东立面，创建玻璃幕墙及其水平竖梃模型。请将模型文件以“幕墙. rvt”为文件名保存到文件夹中。

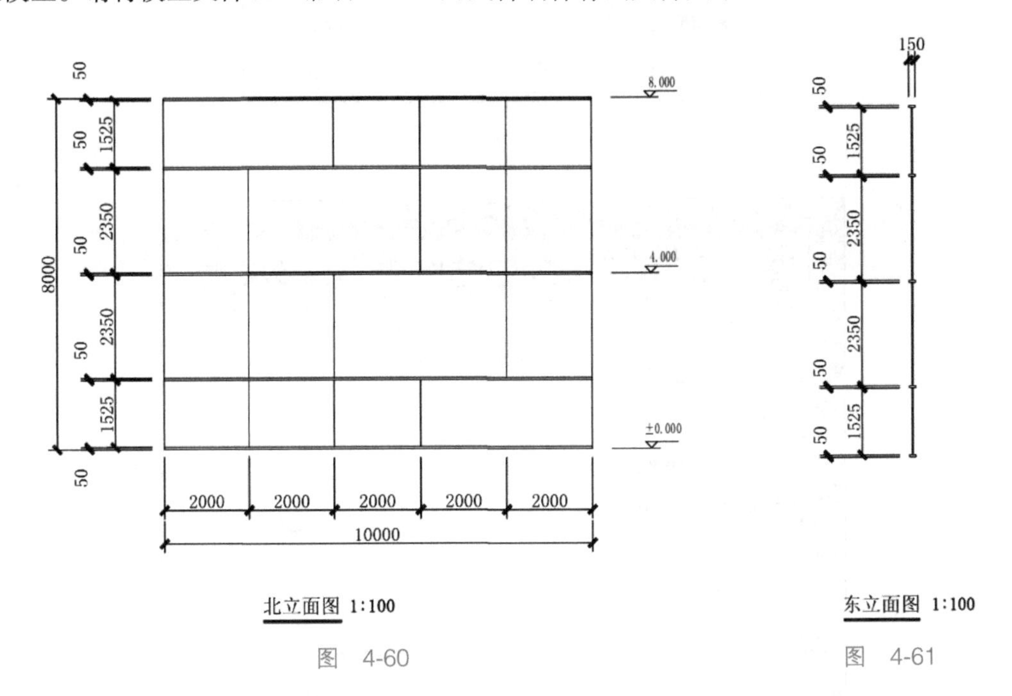

图 4-60

图 4-61

解题思路：设置幕墙网格绘制幕墙，修改幕墙网格使用“添加 / 删除网格”线段命令，竖梃尺寸为 50mm×150mm，注意正确选择竖梃尺寸。

创建过程：

（1）设置幕墙属性：进入 Revit，新建一个项目，进入默认的标高 1 平面视图，单击“建筑”选项卡→“墙”命令，选择幕墙，单击“编辑类型”

教学视频：幕墙

设置幕墙属性，如图 4-62 所示（不勾选调整竖梃尺寸）。幕墙属性设置为底部限制条件标高 1，无连接高度为 8000mm，如图 4-63 所示。绘制幕墙宽为 10000mm，如图 4-64 所示。

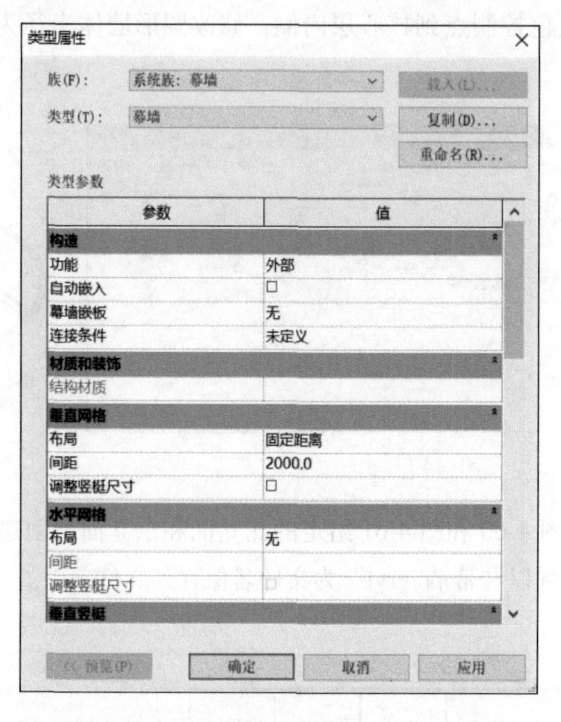

图 4-62

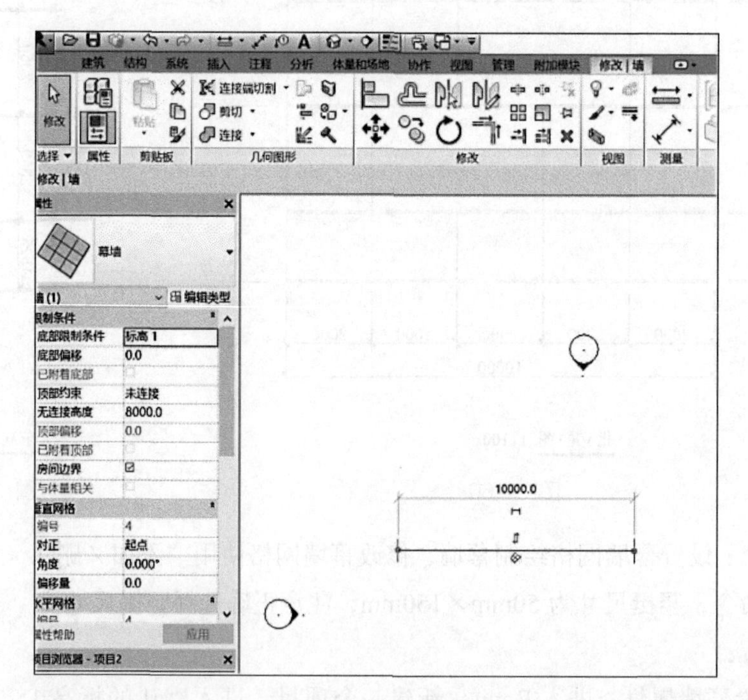

图 4-63

图　4-64

（2）通过幕墙网格命令绘制水平网格，由图可知从上至下的水平网格间距分别为 1600mm、2400mm、2400mm、1600mm，如图 4-65 所示。

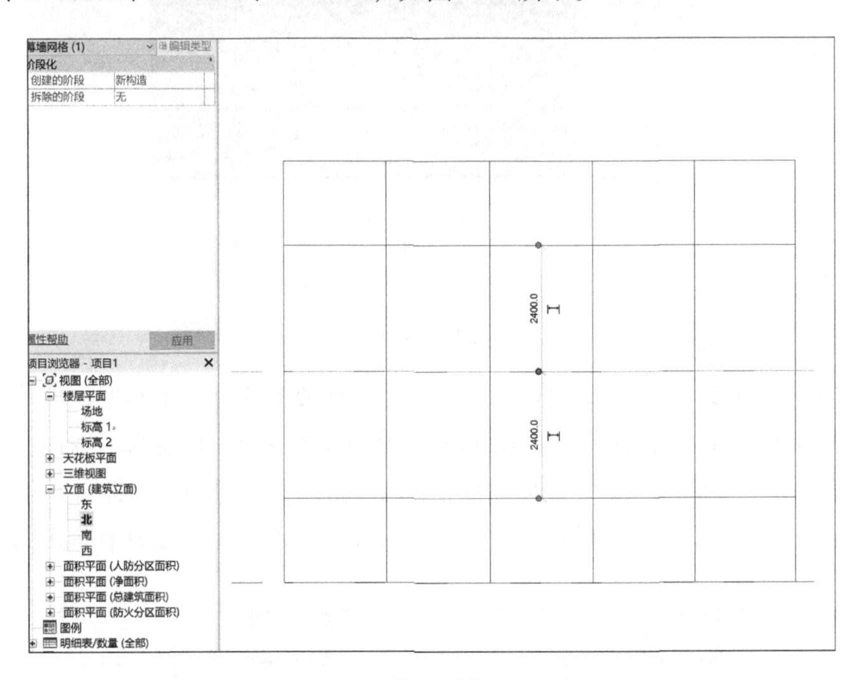

图　4-65

（3）删除幕墙网格线段：选择需要删除线段的垂直网格线，单击“添加 / 删除线段”，单击水平网格上的线段，自动删除，完成后如图 4-66 所示。

（4）添加竖梃：单击“构建”面板“竖梃”命令，在“属性栏”中选择“50mm×150mm”规格的竖梃，单击水平竖梃及横向边框线，添加竖梃，完成后标注尺寸，如图 4-67 所示。完成幕墙模型，将模型文件以“幕墙 .rvt”为文件名保存到文件夹中。

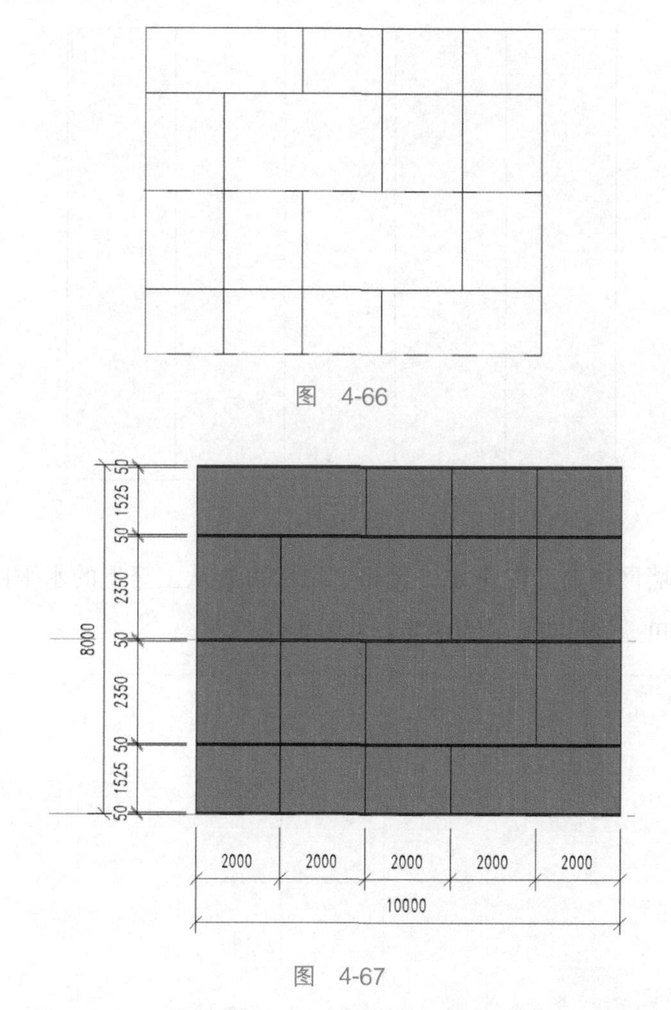

图 4-66

图 4-67

【例题 3】（“1+X”BIM 第一次考试第 2 题） 按要求建立幕墙模型，尺寸、外观与图 4-68 和图 4-69 一致，幕墙竖梃采用 50mm×50mm 正方形，材质为不锈钢，幕墙嵌板材质为玻璃，厚度 20mm，按照要求添加幕墙门与幕墙窗，造型类似即可。将建好的模型以“幕墙＋姓名”为文件名保存到文件夹中。并将幕墙正视图按图中样式标注后导出

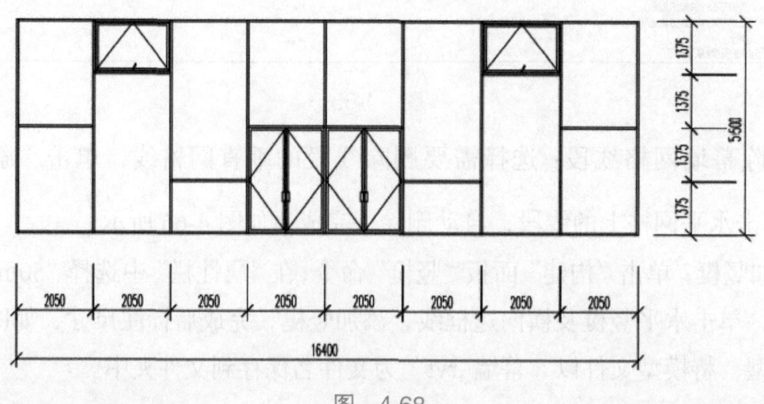

图 4-68

CAD 图纸，以“幕墙立面图＋姓名”为名，将 .dwg 文件保存到文件夹中（20 分）。

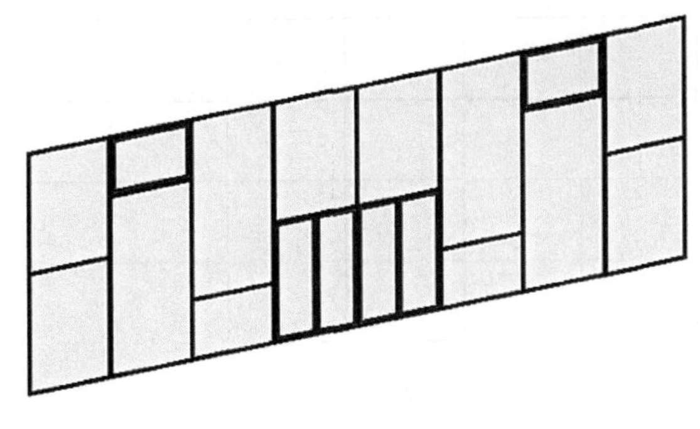

图　4-69

解题思路：①按照立面尺寸创建玻璃幕墙；②用幕墙网格命令绘制网格；③用竖梃命令绘制 50mm×50mm 的正方形竖梃；④按照图示要求选中幕墙嵌板；⑤载入幕墙门窗嵌板族；⑥修改材质完成建模。

创建过程：

（1）设置幕墙属性：进入 Revit，新建一个项目，进入默认的标高 1 平面视图，单击“建筑”选项卡→“墙”命令，选择幕墙，单击“编辑类型”设置幕墙属性，如图 4-70 所示（不勾选调整竖梃尺寸）。幕墙属性设置为底部限制条件标高 1，无连接高度为 5500mm，如图 4-71 所示，绘制幕墙宽为 16400mm，如图 4-72 所示。

类型属性

族(F)：系统族：幕墙　　载入(L)...

类型(T)：幕墙　　复制(D)...

重命名(R)...

类型参数

参数	值
构造	
功能	外部
自动嵌入	☐
幕墙嵌板	无
连接条件	未定义
材质和装饰	
结构材质	
垂直网格	
布局	固定距离
间距	2050.0
调整竖梃尺寸	☐
水平网格	
布局	固定距离
间距	1375.0
调整竖梃尺寸	☐
垂直竖梃	

<< 预览(P)　确定　取消　应用

图　4-70

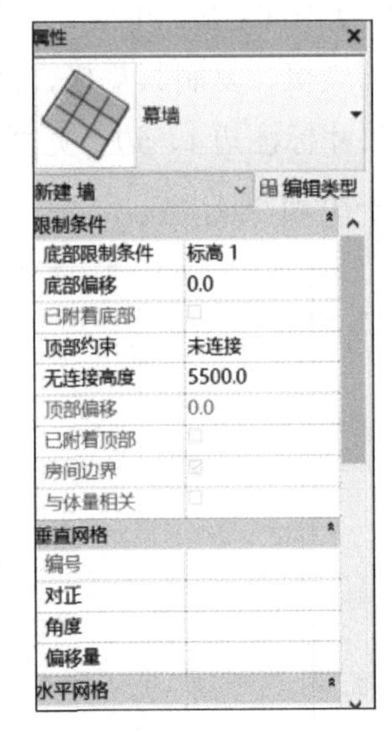

图　4-71

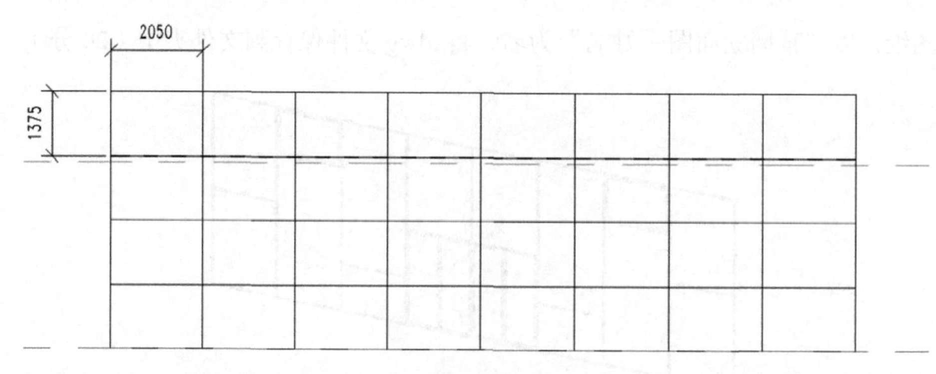

图 4-72

（2）删除幕墙网格线段：选择需要删除线段的水平网格线，单击“添加 / 删除线段”，单击水平网格上的线段，自动删除，完成后如图 4-73 所示。

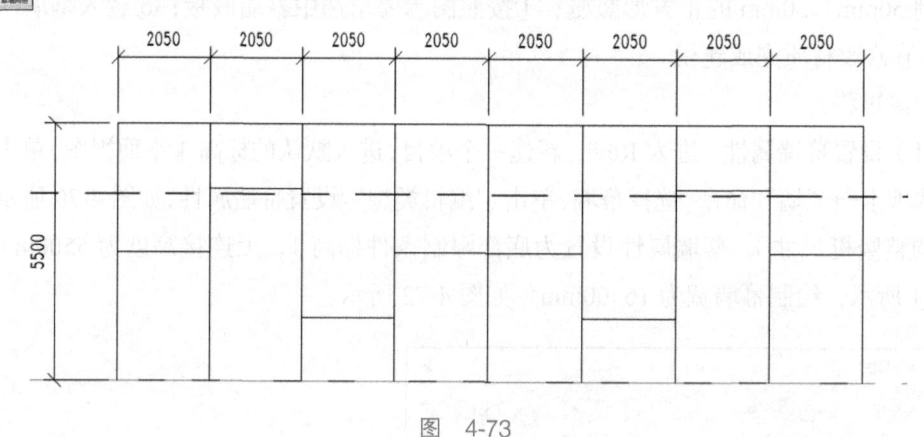

图 4-73

（3）添加竖梃：单击“构建”面板“竖梃”命令，在“属性栏”中选择“30mm×30mm”规格的竖梃，复制其规格，修改名称为“50mm 正方形”，如图 4-74 所示。修改厚度为 50，尺寸标注边 1，边 2 宽度分别为 25，如图 4-75 所示。单击全部网格线，添加竖梃，如图 4-76 所示。

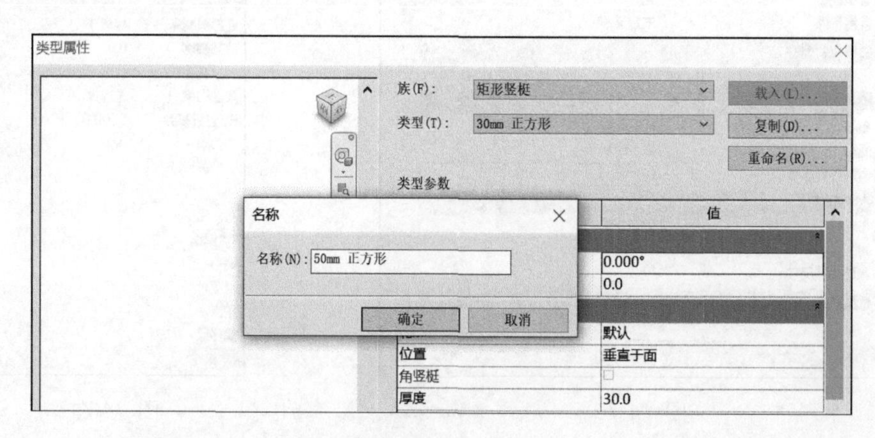

图 4-74

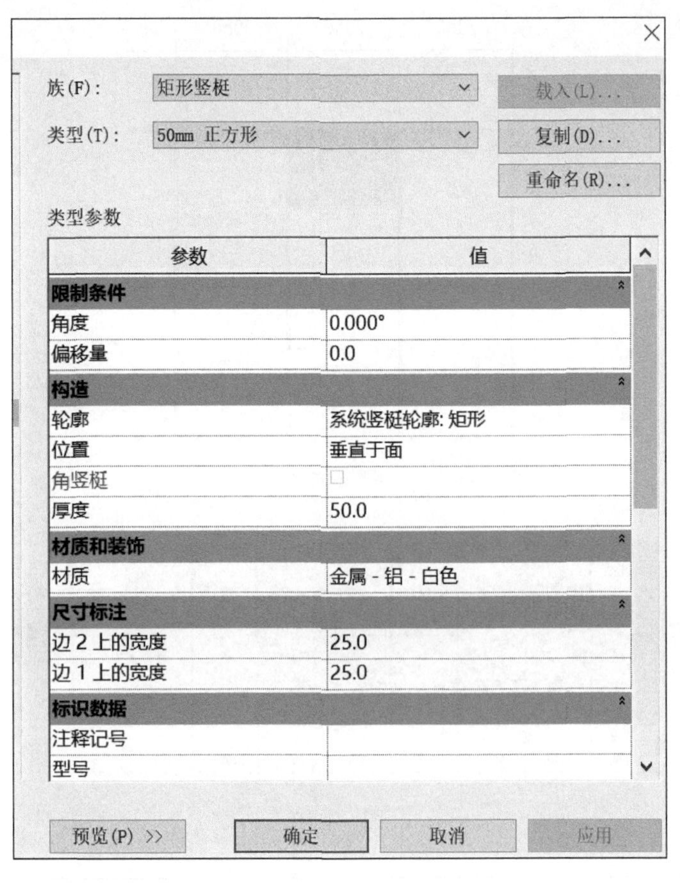

图　4-75

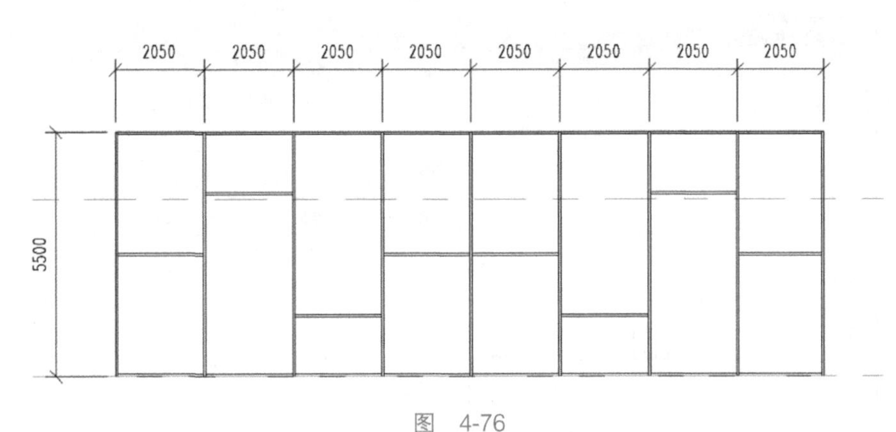

图　4-76

（4）按照图示要求，按 Tab 键选中幕墙嵌板，如图 4-77 所示。单击编辑类型→载入→建筑→幕墙→门窗嵌板→“50-70 系列上悬铝窗”，完成创建。其他嵌板均按此方法完成整个幕墙创建，如图 4-78 所示。

（5）将幕墙正视图按图中样式标注后导出 CAD，如图 4-79 所示。以“幕墙立面图 + 姓名”为名，将 .dwg 文件保存到考生文件夹中。

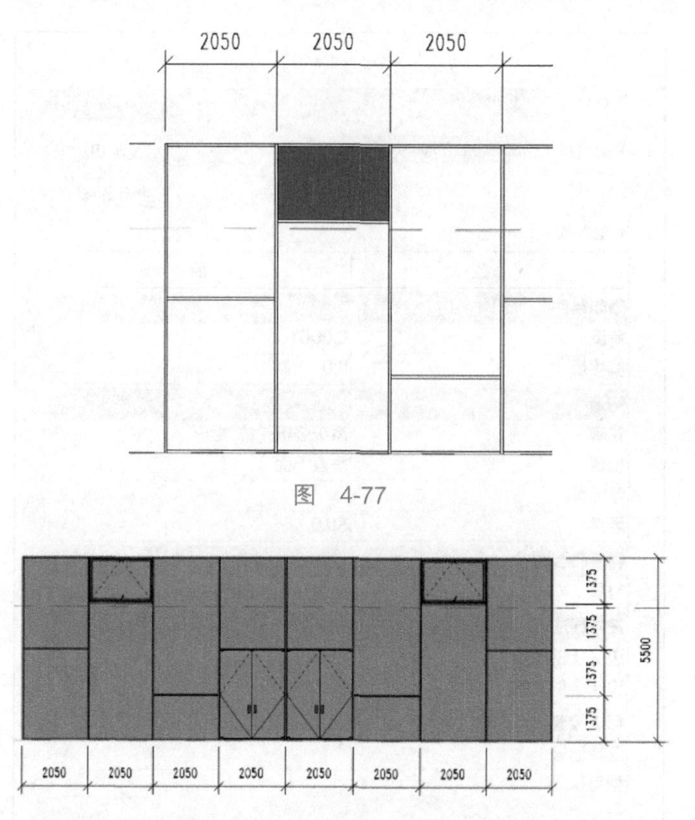

图 4-77

图 4-78

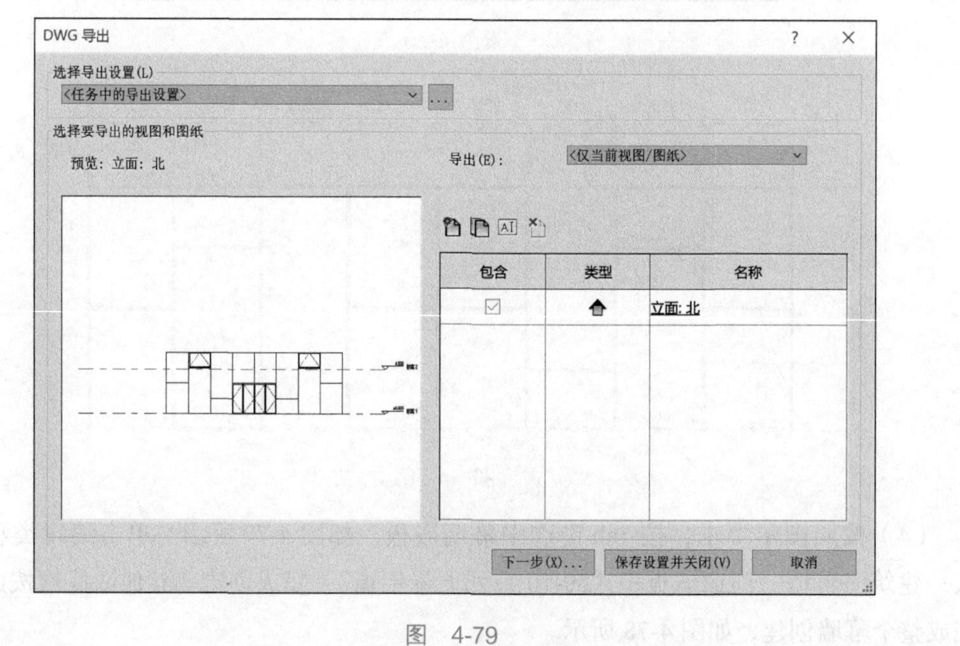

图 4-79

第 5 章　门和窗

门、窗是建筑中的重要构件，它们一般依附在墙体之上。常规的门、窗都很简单，但有些窗的信息很多很复杂，如门连窗、飘窗、转角窗、老虎窗等。

在 Revit 的三维模型中，门窗模型与平立面表达相对独立，定义新门窗类型时，可先“复制”，再通过修改类型参数，如门窗的宽、高和材质等，从而形成新的门窗类型。门窗依附于墙，当删除墙体时，门窗也随之被删除。

教学视频：门和窗

5.1　载入并放置门窗

（1）载入门窗：在“插入”选项面板里（图 5-1），单击“载入族”命令，弹出对话框，选择“建筑”文件夹（图 5-2）→“门”或“窗”文件夹

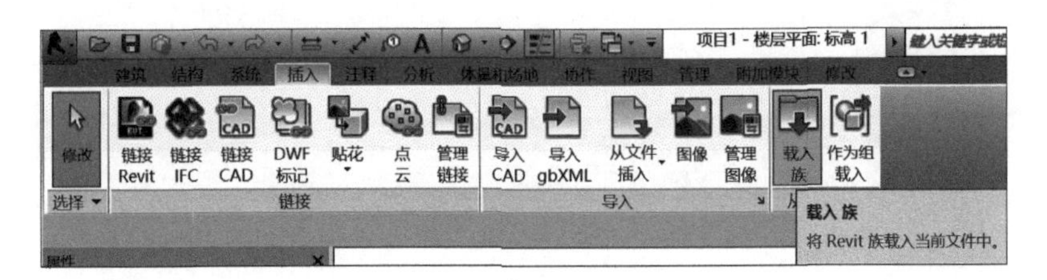

图　5-1

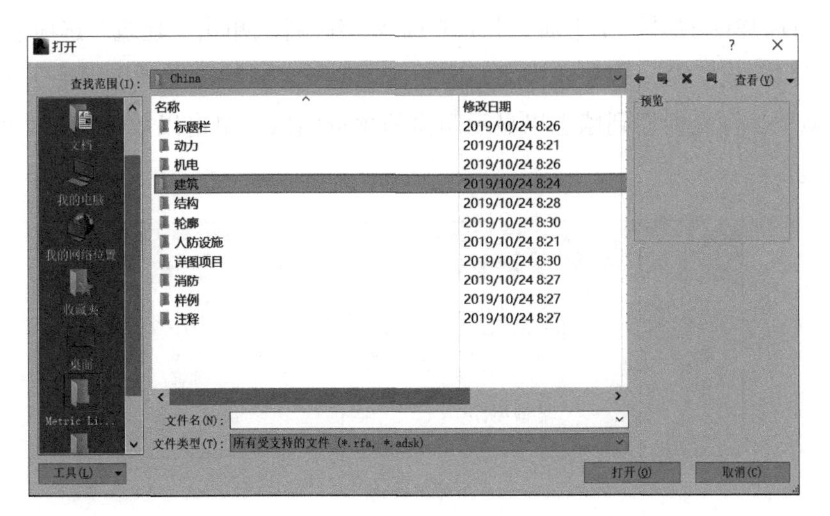

图　5-2

（图 5-3）→选择某一类型的门载入项目中（图 5-4）。

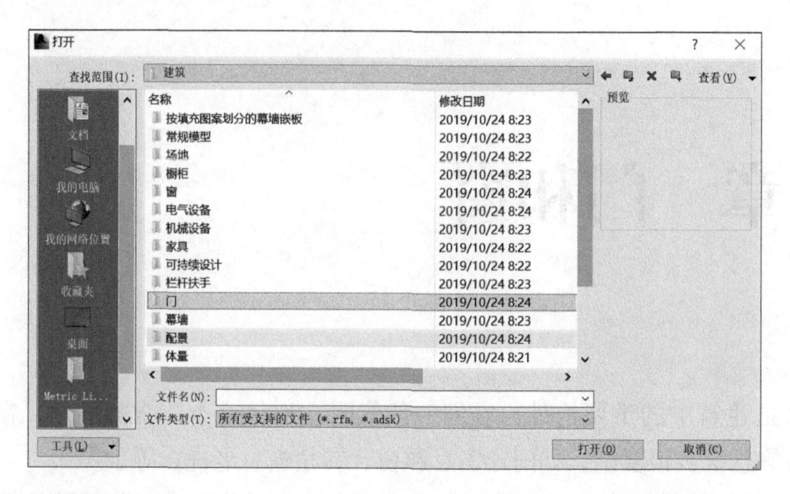

图 5-3

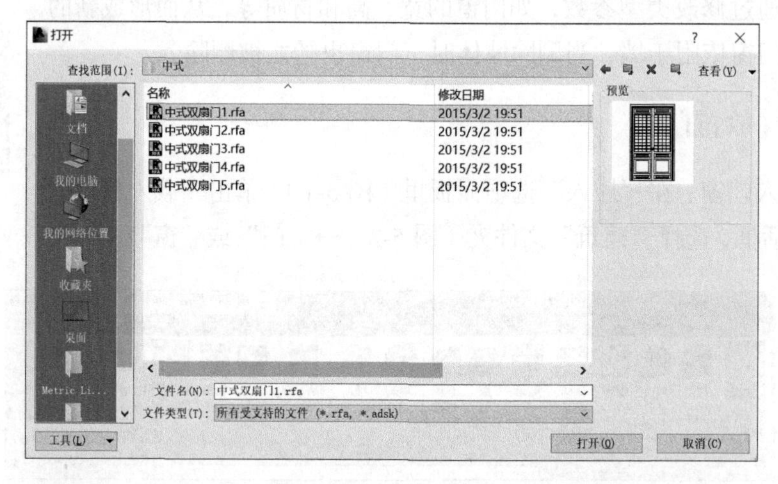

图 5-4

（2）放置门窗：打开一个平面、剖面、立面或三维视图，单击“建筑”选项卡下“构建”面板中的“门”或“窗”命令。从类型选择器（位于“属性”选项卡顶部）下拉列表中选择门窗类型。将光标移到墙上以显示门窗的预览图像，单击以放置门窗，如图 5-5 和图 5-6 所示。

图 5-5

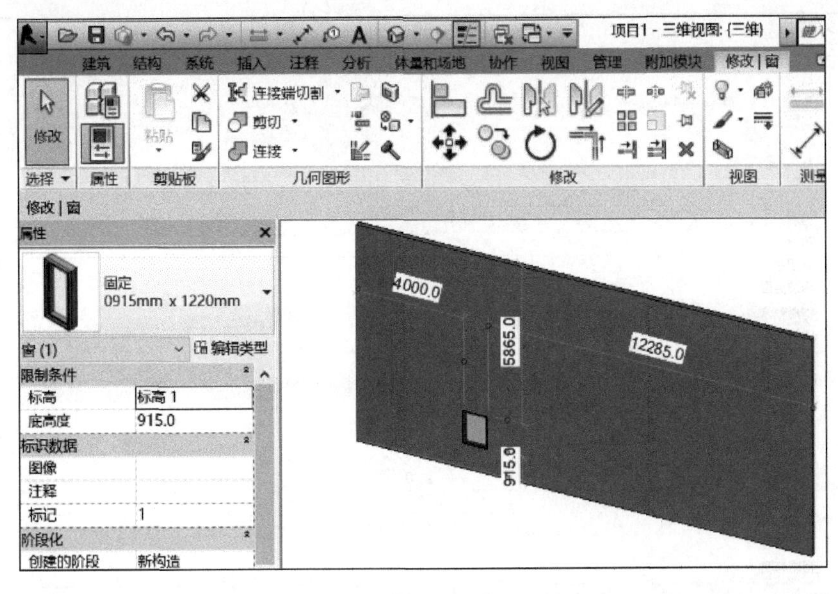

图 5-6

5.2 门窗编辑

1. 修改门窗

1）通过“属性”选项板修改门窗

选择门窗，在“类型选择器”中修改门窗类型；在“实例属性”中修改“限制条件”“底高度”等值（图 5-7）；在“类型属性”中修改“构造”“材质和装饰”“尺寸标注”等值（图 5-8）。

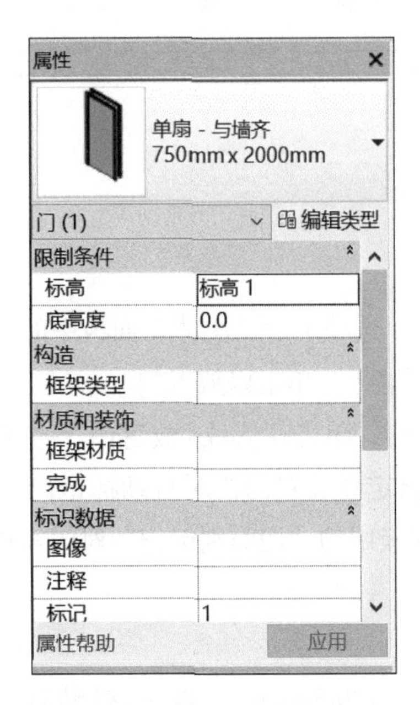

图 5-7

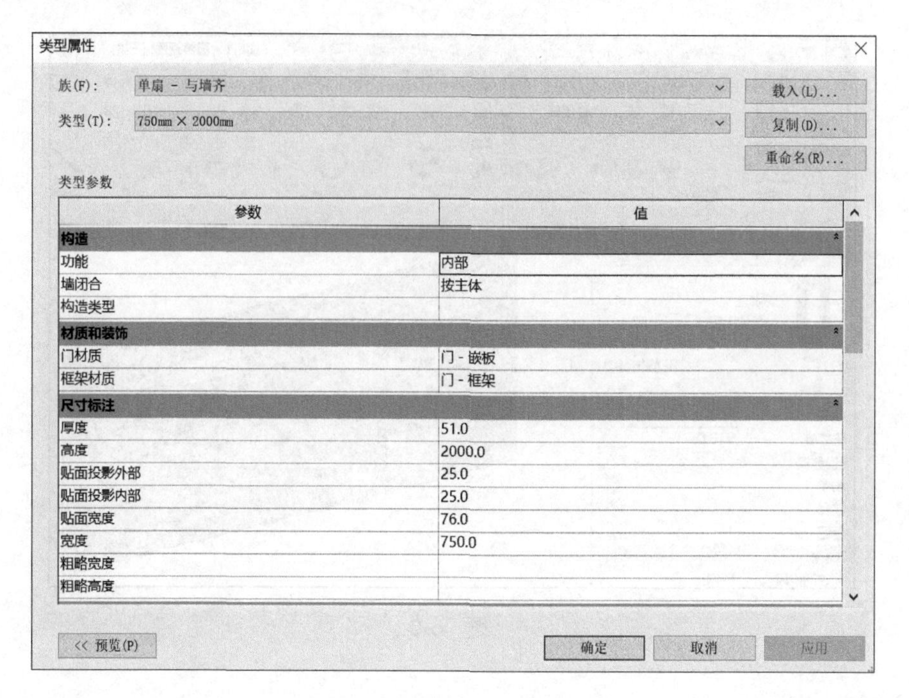

图 5-8

2）在绘图区域内修改

选择门窗，通过单击左右箭头、上下箭头以修改门或窗的方向，通过单击临时尺寸标注并输入新值，以修改门或窗的定位，如图 5-9 所示。

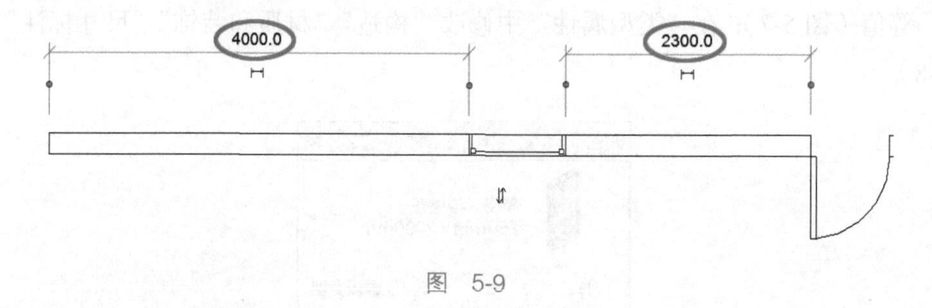

图 5-9

3）将门移到另一面墙内

选择门，单击“修改 | 门”选项卡→“主体”面板中的“拾取新主体”命令，根据状态栏提示，将光标移到另一面墙上，单击以放置门。

4）门窗标记在放置门窗时，单击“修改 | 放置门”选项卡“标记”面板中的“在放置时进行标记”命令，可以指定在放置门窗时自动标记门窗。也可以在放置门窗后，单击“注释”选项卡“标记”面板中的“按类别标记”对门窗逐个标记，或单击“全部标记”对门窗一次性全部标记。

2. 复制创建门窗类型

以复制创建一个 1000mm × 1200mm 的双扇平开带贴面门为例，选中门之后，可在“属性”栏选择“编辑类型”复制一个类型，命名为“1000mm×1200mm”（图 5-10）。

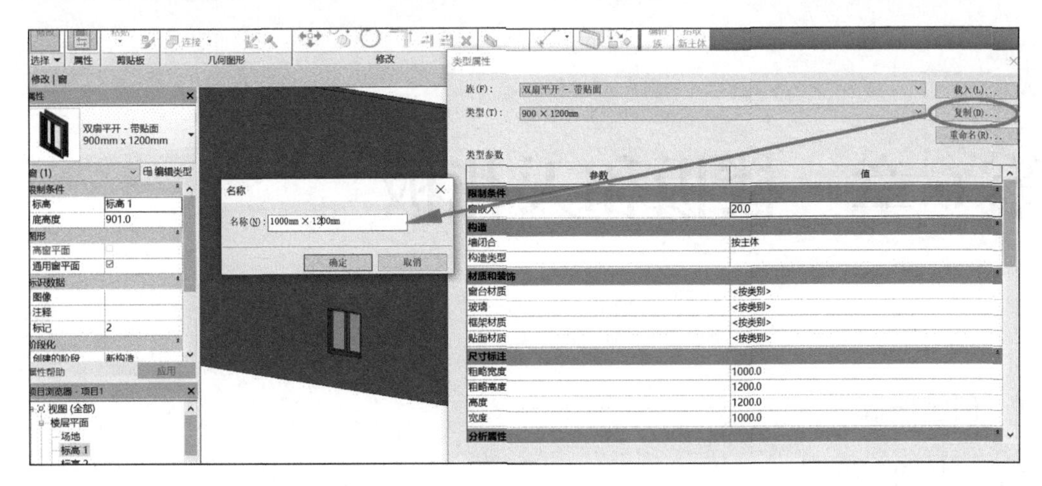

图　5-10

然后将高度和粗略高度改为 1200mm，单击确定即可完成 1000mm×1200mm 的双扇推拉门类型的创建（图 5-11）。

类型属性

族(F)：双扇平开 - 带贴面　　载入(L)...

类型(T)：1000mm × 1200mm　　复制(D)...

重命名(R)...

类型参数

参数	值
限制条件	
窗嵌入	20.0
构造	
墙闭合	按主体
构造类型	
材质和装饰	
窗台材质	<按类别>
玻璃	<按类别>
框架材质	<按类别>
贴面材质	<按类别>
尺寸标注	
粗略宽度	1000.0
粗略高度	1200.0
高度	1200.0
宽度	900.0
分析属性	

<< 预览(P)　　确定　　取消　　应用

图　5-11

第 6 章　楼板和天花板

6.1　创建楼板

6.1.1　创建平楼板

（1）在平面视图中，单击“建筑”选项卡“构建”面板中的“楼板”下拉列表→“楼板：建筑”命令。

（2）在“属性”选项板中选择或新建使用以下方法之一绘制楼板边界。

- 拾取墙：在默认情况下，“拾取墙”处于活动状态（图 6-1），在绘图区域中选择要用作楼板边界的墙。
- 绘制边界：选取“绘制”面板中的“直线”“矩形”“多边形”“圆形”“弧形”等方式，根据状态栏提示绘制边界。

教学视频：楼板的绘制和编辑

（3）在选项栏上，输入楼板边缘的偏移值（图 6-2）。在使用“拾取墙”时，可选择“延伸到墙中（至核心层）”输入楼板边缘到墙核心层之间的偏移。

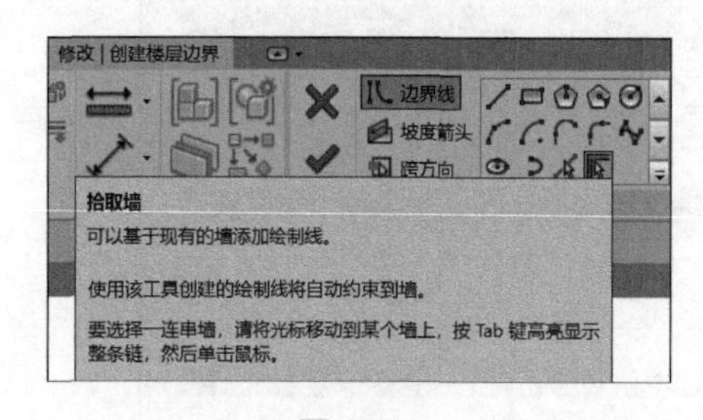

图　6-1

图　6-2

（4）将楼层边界绘制成闭合轮廓后，单击工具栏中的“√→完成编辑模式”命令（图 6-3）。

（5）选择楼板，在“属性”选项板上修改楼板的类型、标高等值。

可使用筛选器选择楼板。

（6）编辑楼板草图。在平面视图中，选择楼板，然后单击“修改 | 楼板”选项卡→“模式”面板“编辑边界”命令。

可用“修改”面板中的“偏移”“移动”“删除”等命令对楼板边界进行编辑（图 6-4），或用“绘制”面板中的“直线”“矩形”“弧形”等命令绘制楼板边界（图 6-5），修改完毕后，单击“模式”面板中的“√→完成编辑模式”模式命令。

图　6-3

图　6-4

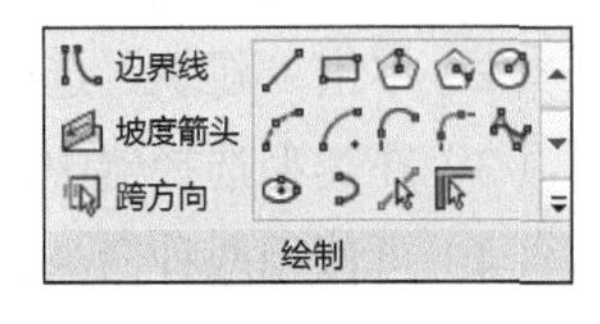

图　6-5

6.1.2　斜楼板

可用以下方法创建斜楼板。

绘制或编辑楼层边界时，单击“绘制”面板中的“绘制箭头”命令（图 6-6），根据状态栏提示，单击指定其起点（尾），再次单击指定其终点（头）。箭头“属性”选项板的“指定”下拉菜单有两种选择——“坡度”“尾高”。

若选择“坡度”（图 6-7），则“最低处标高”①（楼板坡度起点所处的楼层，一般为“默认”，即楼板所在楼层）、“尾高度偏移”②（楼板坡度起点标高距所在楼层标高的差值）和“坡度”③（楼板倾斜坡度）如图 6-8 所示。单击“√→完成编辑模式”命令。

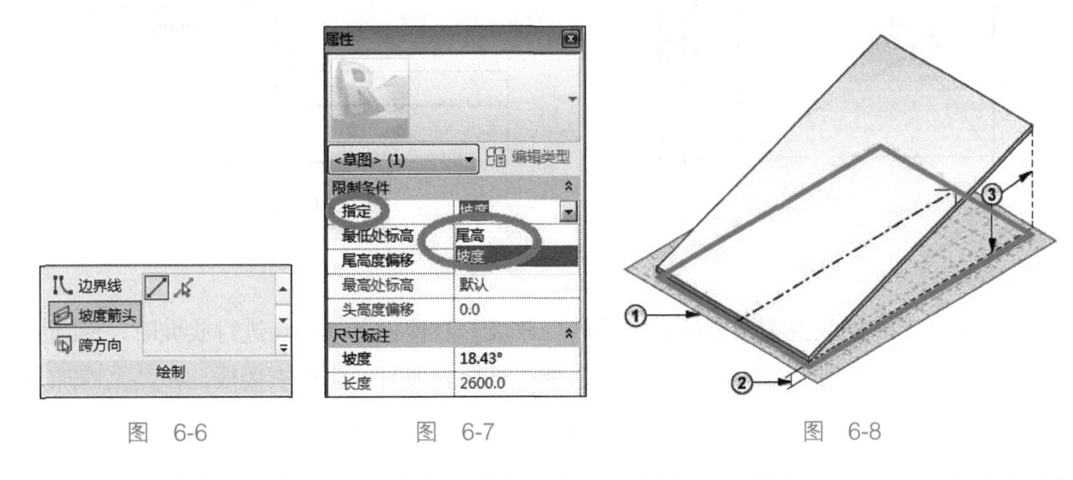

图　6-6　　图　6-7　　图　6-8

关于各参数的定位，应注意坡度箭头的起点（尾部）必须位于一条定义边界的绘制线上。

若选择“尾高”，则应依次单击“最低处标高”“尾高度偏移”“最高处标高”（楼板坡度终点所处的楼层）和“头高度偏移”（楼板坡度终点标高距所在楼层标高的差值）。单击“√→完成编辑模式”命令。

6.2 天花板

创建天花板是在其所在标高以上指定距离处进行的。例如，如果在标高 1 上创建天花板，则可将天花板放置在标高 1 上方 3m 的位置。可以使用天花板类型属性指定该偏移量。

创建平天花板方法如下。

（1）打开天花板平面视图。

（2）单击“建筑”选项卡下“构建”面板中的“天花板”工具。

（3）在类型选择器中，选择一种天花板类型。

（4）可使用两种命令放置天花板——“自动创建天花板”或“绘制天花板”。

在默认情况下，“自动创建天花板”工具处于活动状态。在单击构成闭合环的内墙时，该工具会在这些边界内部放置一个天花板，而忽略房间分隔线。

6.3 实例操作

根据图 6-9 和图 6-10 中给定的尺寸及详图大样新建楼板，顶部所在标高为 ±0.00，命名为“卫生间楼板”，构造层保持不变，水泥砂浆层进行放坡，并创建洞口。请将模型以“楼板”为文件名保存到文件夹中。

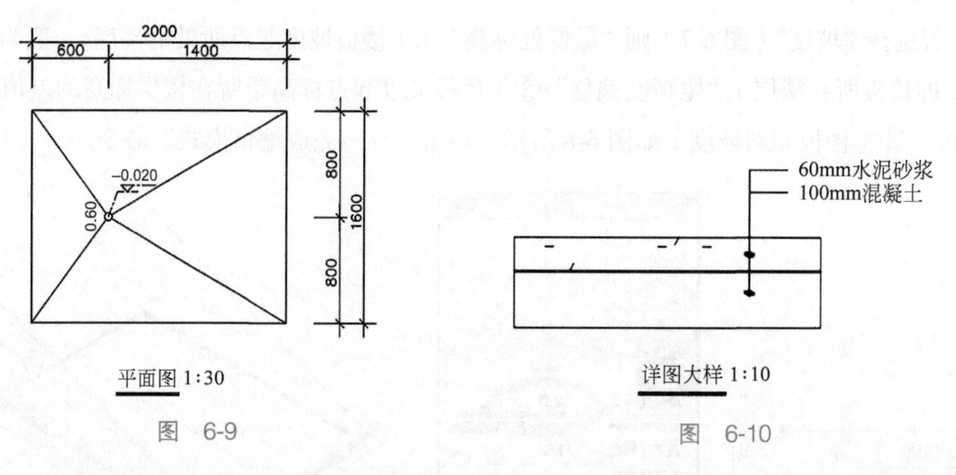

图 6-9　　图 6-10

建模思路：本题主要考察如何对楼板进行放坡。对楼板上某一点进行放坡时，应选中楼板，在其上添加一个点图元；对楼板上某条线进行放坡时，应选中楼板，在其上添加分割线。

创建过程：

（1）新建项目文件，创建如题所述楼板结构。

（2）在标高 1 创建 2000mm×1600mm 的楼板。

（3）用参照平面线确定放坡的点图元的位置，选中楼板，添加点图元。

（4）修改点图元高程为 –20。

（5）保存文件。

第 7 章　洞口和坡道

7.1　创建洞口

绘制洞口时，除了部分构件，如墙、楼板可通过“编辑边界”绘制洞口外，还可以使用洞口命令在墙、楼板、屋顶、天花板等构件上剪切洞口，可选择功能区“建筑”选项卡→“洞口”面板完成操作，如图 7-1 所示。该面板包括“按面”“竖井”“墙”“垂直”“老虎窗”等操作。

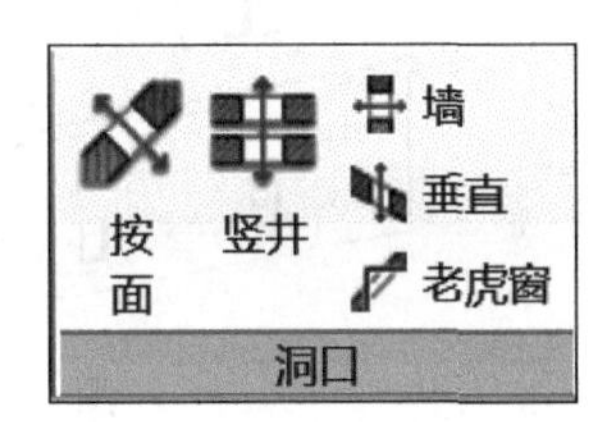

图　7-1

1. 按面、垂直、竖井

该命令用于创建一个垂直于屋顶、楼板或者天花板选定面的洞口，均为水平构件。按面时，针对某个平面，需在楼板、天花板或屋顶中选择一个面；垂直是针对选择的整个图元进行的；竖井则是在某个平面上连续垂直剪切洞口，如图 7-2 所示。

教学视频：洞口的创建与编辑

2. 墙

该命令主要用于创建墙洞口。选中墙，单击洞口“墙”命令，选择墙的一个面，绘制墙洞口轮廓，如图 7-3 所示。

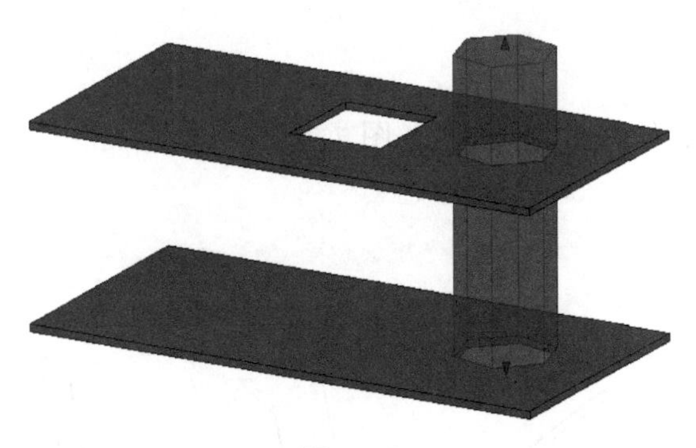

图　7-2

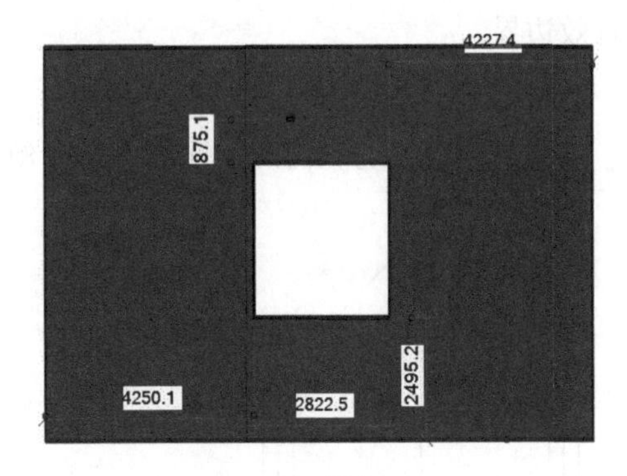

图　7-3

3. 老虎窗

该命令可以用于剪切屋顶，主要用于生成老虎窗。

在屋顶上创建老虎窗洞口，老虎窗的墙和屋顶图元如图 7-4 所示。

使用“连接屋顶”工具将老虎窗屋顶连接到主屋顶。

在此任务中，请勿使用“连接几何图形”屋顶工具，否则会在创建老虎窗洞口时遇到问题。

打开一个可在其中看到老虎窗屋顶及附着墙的平面视图或立面视图（图 7-5）。如果此屋顶已拉伸，则打开立面视图。

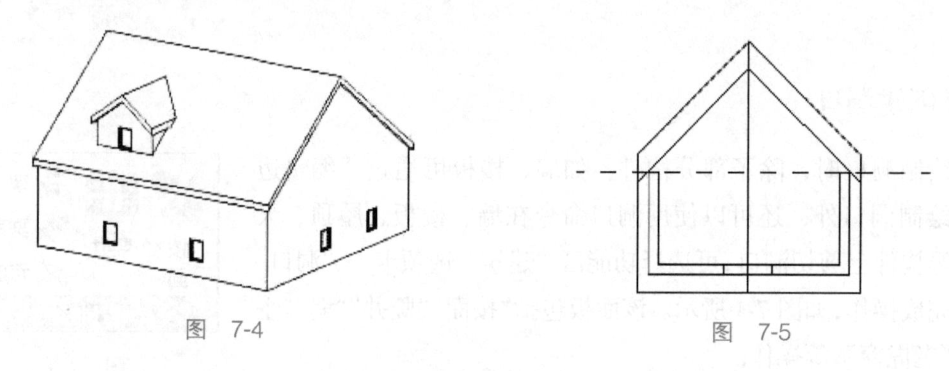

图 7-4　　图 7-5

单击“建筑”选项卡下“洞口”面板中的“老虎窗洞口”。

高亮显示建筑模型上的主屋顶，然后单击以选择它。查看状态栏，确保高亮显示的是主屋顶。

此时“拾取屋顶 / 墙边缘”工具处于活动状态，便于拾取构成老虎窗洞口的边界。

将光标放置到绘图区域中。

界面高亮显示有效边界。有效边界包括连接的屋顶或其底面、墙的侧面、楼板的底面、要剪切的屋顶边缘或要剪切的屋顶面上的模型线（图 7-6）。

在此示例中，已选择墙的侧面和屋顶的连接面。请注意，不必修剪绘制线即可拥有有效边界。

单击“√→完成编辑模式”命令。

可创建穿过老虎窗的剖面视图，了解它如何剪切主屋顶（图 7-7 和图 7-8）。

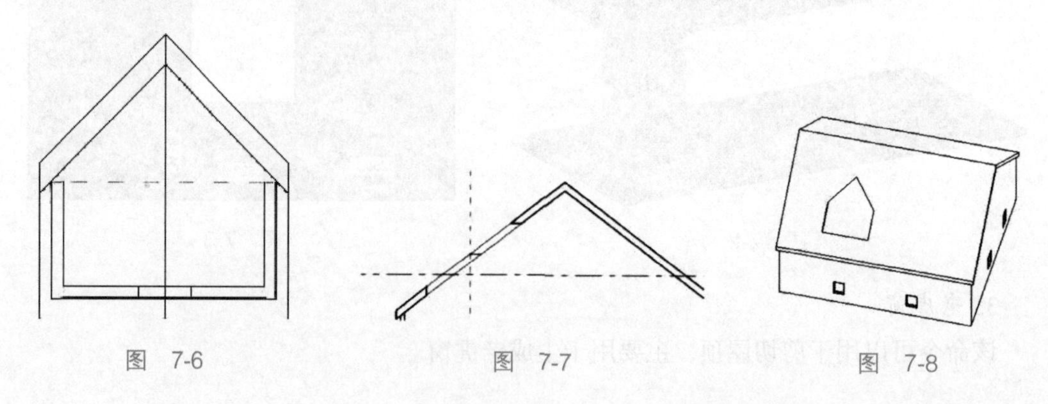

图 7-6　　图 7-7　　图 7-8

7.2 创建坡道

教学视频：坡道的创建

可通过选择功能区“建筑”选项卡→“楼梯坡道”面板→“坡道”命令,跳转到“修改 / 创建坡道草图”选项卡,绘制工具默认为“梯段”和“直线”，如图 7-9 所示。

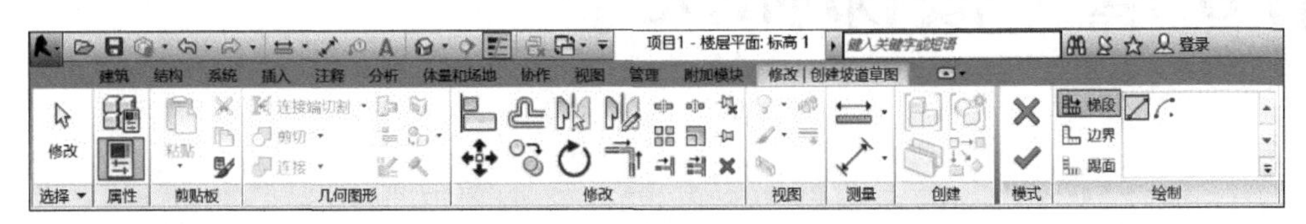

图　7-9

（1）实例属性。在“属性”对话框中，可设置坡道的“底部标高 / 顶部标高”“底部偏移 / 顶部偏移”以及坡道的宽度，如图 7-10 所示。

（2）类型属性。单击“编辑类型”按钮，弹出“类型属性”对话框，如图 7-11 所示。

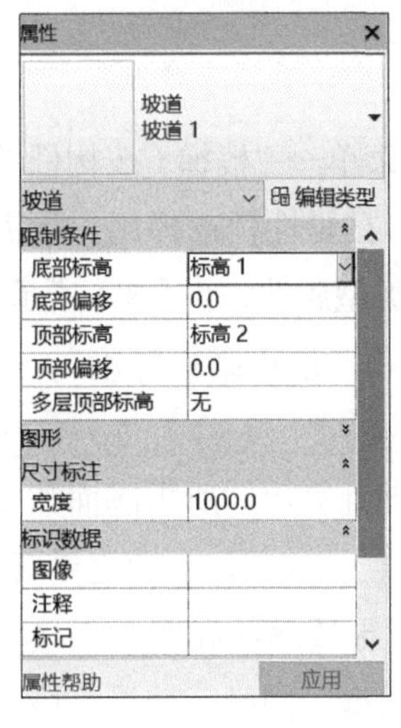

图　7-10

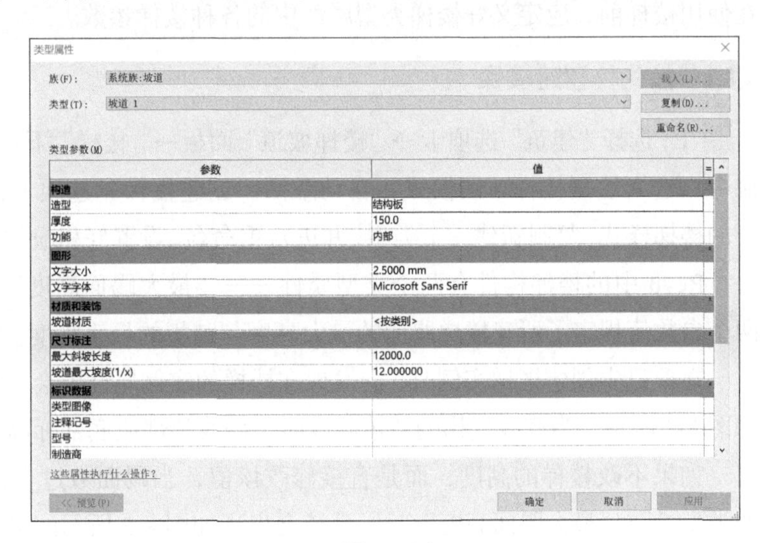

图　7-11

① 造型：分为结构板和实体两种，如图 7-12 和图 7-13 所示。

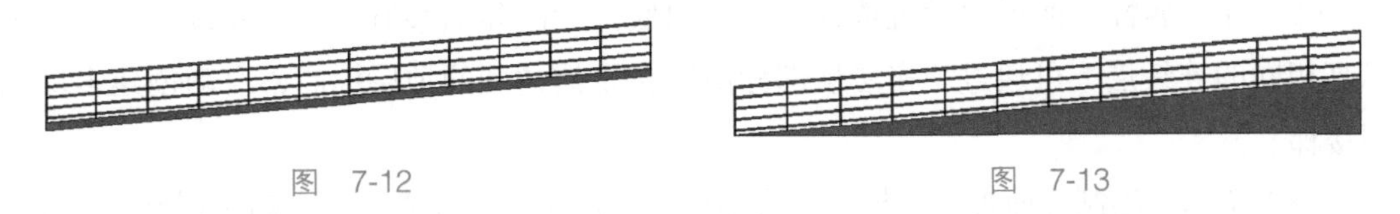

图　7-12　　　　　　图　7-13

② 厚度：此厚度为结构板厚度，若造型为“实体”时，则厚度值灰显。

③ 最大斜坡长度：根据坡度值与坡道设置的高度差，自动计算斜坡的长度，此为坡道的实际长度，最大斜坡长度要大于实际计算的坡道长度。

④ 坡道最大坡度（1/X）：设置坡道的最大坡度。此数值为 X 的数值。

第 8 章　楼梯和扶手

8.1　创建楼梯

使用楼梯工具，可以在项目中添加各种样式的楼梯。在 Revit 中，楼梯由楼梯和扶手两部分构成。在绘制楼梯时，可以沿楼梯自动放置指定类型的扶手。与其他构件类似，在使用楼梯前，应定义好楼梯类型属性中的各种楼梯参数。

8.1.1　按构件创建楼梯

（1）选择“建筑”选项卡→“楼梯坡道”面板→“楼梯”下拉菜单→“楼梯（按构件）”命令，进入绘制楼梯草图模式，自动激活“创建楼梯”选项卡，在属性栏选择用户所需要的楼梯样式，复制新建一个类型，并进行重命名，设置好相应的类型属性，如图 8-1 所示。

Revit 中的楼梯构件有两个类型属性——“最大踢面高度”和“最小踏板深度”，这两个参数值规定了所建楼梯踢面的最大高度与踏板的最小深度。

在项目中创建楼梯实例时，会发现在楼梯的实例属性中会自动计算出“所需踢面数”，如图 8-2 所示。当修改楼梯的整体高度时（修改顶部或底部标高值），该数量会随之更新。

如果不改楼梯的高度，而是直接修改该值，当踢面数过少，导致踢面高度大于楼梯的类型参数“最大踢面高度”时，系统会出现如图 8-3 所示的提示框。同样，如果直接修改实例参数中的“实际踏板深度”，当其值小于其类型参数“最小踏板深度”时，系统也会报错。因此，要注意修改计算规则里的“最大踢面高度”与“最小踏板深度”。

（2）在“属性”面板中设置楼梯宽度、顶底部标高和偏移值，如需要楼梯跨越多个标高相同的连续层，可通过“多层顶部标高”指定需达到的顶层标高，自动创建多层相同楼梯。

（3）单击“绘制”面板中“梯段”内的构件绘制工具，如直梯、全踏步螺旋、L 形转角等，可直接绘制楼梯。

（4）在绘图区域捕捉每跑的起点、终点位置，绘制梯段。注意梯段草图下方的提示，例如创建了 23 个踢面，剩余 0 个。完成绘制后，软件会自动生成楼梯扶手，如图 8-4 所示。

类型属性

族(F)：系统族：现场浇注楼梯　载入(L)...

类型(T)：整体浇筑楼梯　复制(D)...

重命名(R)...

类型参数

参数	值
计算规则	
最大踢面高度	180.0
最小踏板深度	280.0
最小梯段宽度	1000.0
计算规则	编辑...
构造	
梯段类型	150mm 结构深度
平台类型	300mm 厚度
功能	内部
支撑	
右侧支撑	无
右侧支撑类型	<无>
右侧侧向偏移	0.0
左侧支撑	无
左侧支撑类型	<无>
左侧侧向偏移	0.0

<< 预览(P)　确定　取消　应用

图　8-1

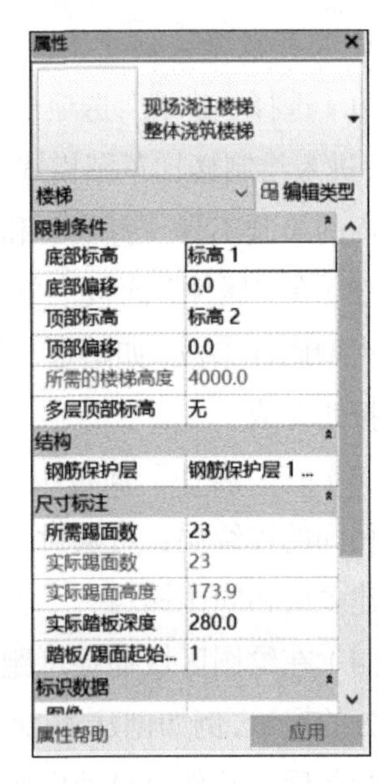

图　8-2

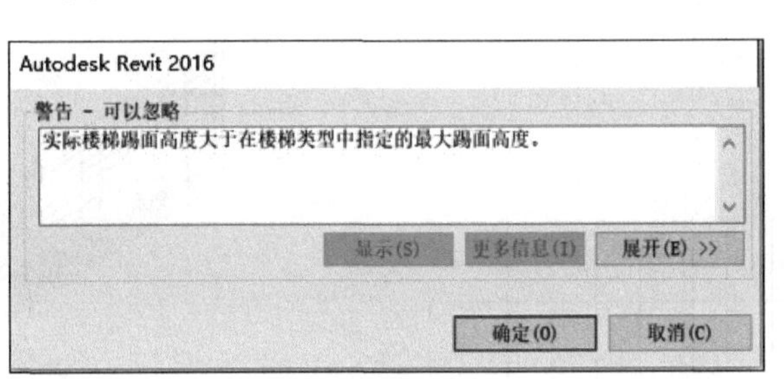

图　8-3

教学视频：楼梯

在创建楼梯时，系统会默认同时创建栏杆扶手。可以在三维视图中，选中“栏杆扶手”，在“属性”面板中选择栏杆扶手样式，如图 8-5 所示。

图　8-4

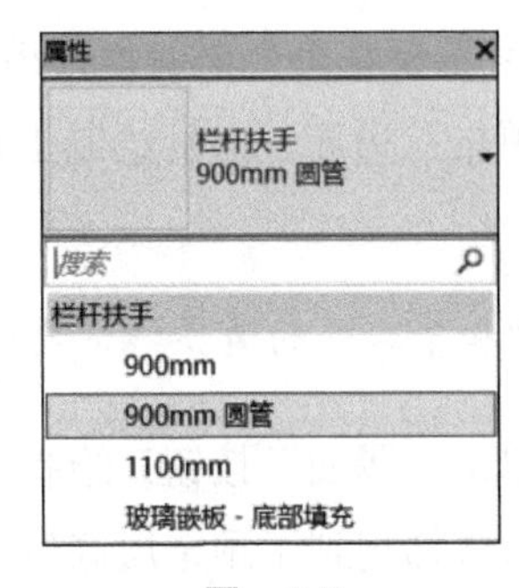

图　8-5

8.1.2 按草图创建楼梯

在按草图创建楼梯时，可以对楼梯的梯面和边界进行修改，方便绘制异形楼梯。

1. 用梯段命令创建楼梯

（1）选择“建筑”选项卡→“楼梯坡道”面板→“楼梯”下拉菜单→“楼梯（按草图）”命令，进入绘制楼梯草图模式，自动激活“创建楼梯”选项卡，单击“绘制”面板下的“梯段”内的绘制工具“直线”和“圆心 - 端点弧”来绘制楼梯。

（2）在“属性”面板中单击编辑类型，弹出“类型属性”对话框，选择所需的楼梯样式，设置类型属性参数，如踏板、踢面、踢边梁等的位置、高度、厚度、材质、文字等，单击“确定”按钮完成。

（3）在“属性”面板中设置楼梯宽度、顶底部标高和偏移值，如需要楼梯跨越多个标高相同的连续层，可通过“多层顶部标高”指定需达到的顶层标高，自动创建多层相同楼梯。

（4）在绘图区域捕捉每跑的起点、终点位置，绘制梯段。注意梯段草图下方的提示，例如创建了 24 个踢面，剩余 0 个。调整休息平台边界位置，完成绘制后，软件会自动生成楼梯扶手，如图 8-6 所示。

教学视频：楼梯

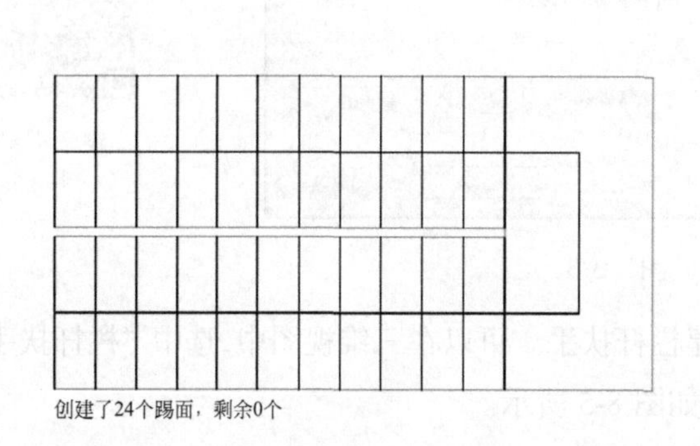

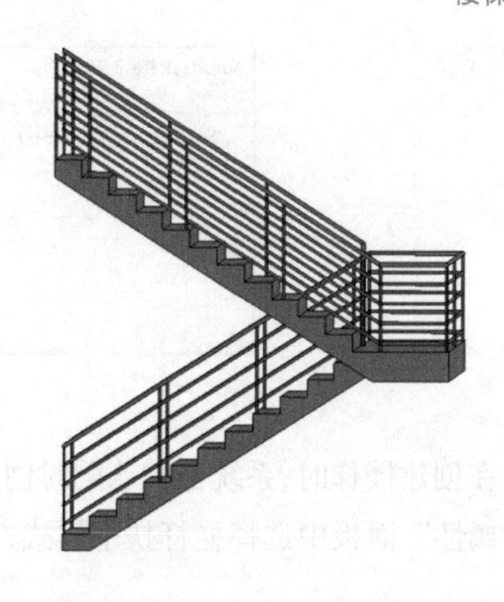

图 8-6

2. 用边界和踢面命令创建楼梯

（1）单击“边界”内的绘制工具按钮，分别绘制楼梯踏步和休息平台边界。

踏步和平台处的边界线需要分段绘制，否则软件会把平台当成长踏步来处理。

（2）单击“踢面”按钮，绘制楼梯踏步线。应注意梯段草图下方的提示，“剩余 0 个”时，即表示楼梯跑到了预定层高位置，如图 8-7 所示。

应注意一些绘制技巧，若绘制相对比较规则的异形楼梯，可先用“梯段”命令绘制常规梯段，然后删除原来的直线边界或踢面线，再用“边界”和“踢面”命令绘制即可。

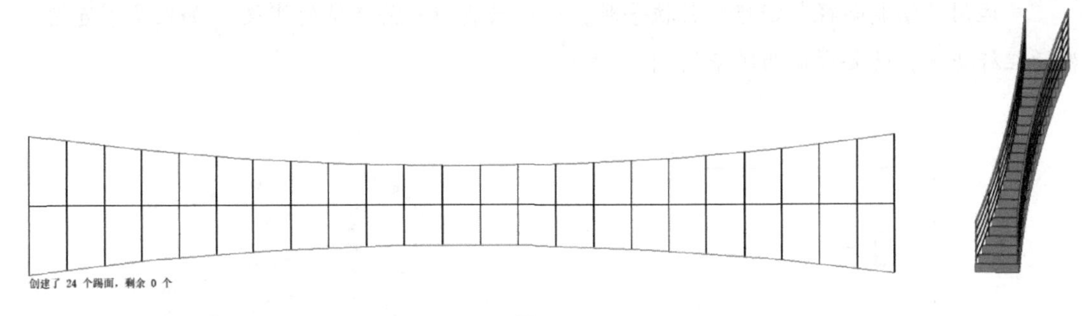

图　8-7

8.2　创建栏杆扶手

Revit 提供了专门的“栏杆扶手”命令，用于绘制栏杆扶手。栏杆扶手由“扶手”“栏杆”两大部分构成，可以分别指定各部分的族类型，从而组合出不同造型的栏杆扶手。

8.2.1　楼梯平台的栏杆扶手

选择“建筑”选项卡→“楼梯坡道”面板→“栏杆扶手”下拉菜单→“绘制路径”命令，自动跳转到路径绘制模式，出现功能选项卡“修改 / 创建栏杆扶手路径”，默认选择“绘制”面板的“直线”命令，如图 8-8 所示。在属性面板中，可选择系统自带的栏杆扶手类型，如 900mm、1100mm、玻璃嵌板底部填充。

教学视频：
栏杆扶手

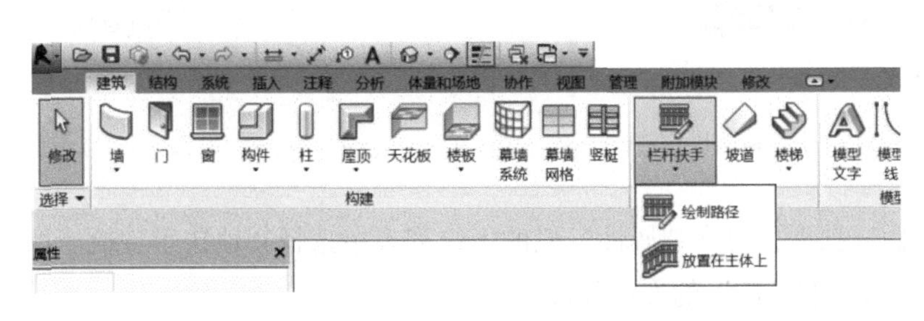

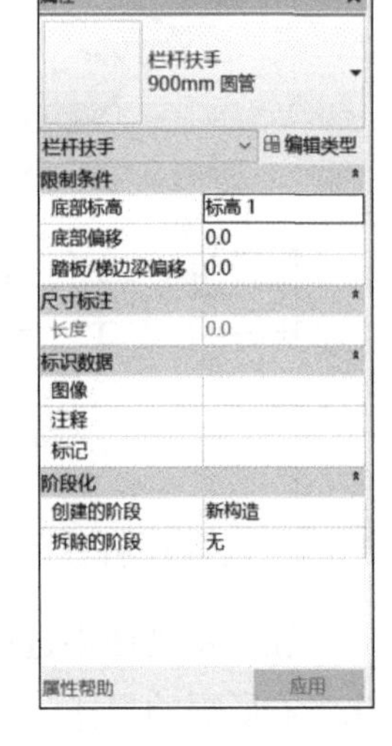

图　8-8

绘制楼梯平台处的栏杆扶手路径，如图 8-9 所示，绘制完成后，单击“√”按钮即可转到三维视图，模型如图 8-10 所示。

运用“绘制路径”创建栏杆扶手时，路径只能为一条连续的线段。如果是不连续的栏杆扶手，就要分成两段来绘制。

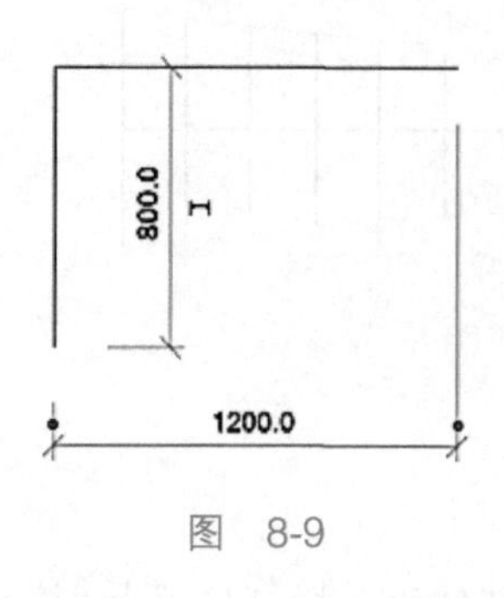

图 8-9

图 8-10

8.2.2 楼梯的栏杆扶手

如果未在创建楼梯时自动添加楼梯的栏杆扶手,可直接进行创建。同样用“绘制路径”命令,单击“√”按钮完成后,转到三维视图,会发现栏杆扶手并没有落到楼梯上,如图 8-11 所示。这时,可以选中该栏杆扶手,选择功能区“修改栏杆扶手”→“拾取新主体”命令,将光标箭头移至楼梯上,楼梯高亮显示时,单击楼梯,栏杆扶手就落到楼梯上了,如图 8-12 所示。栏杆扶手拾取的主体可以是楼梯、楼板和坡道。

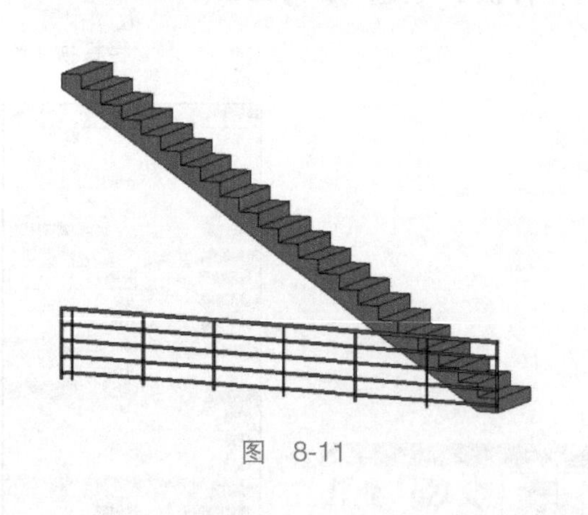

图 8-11

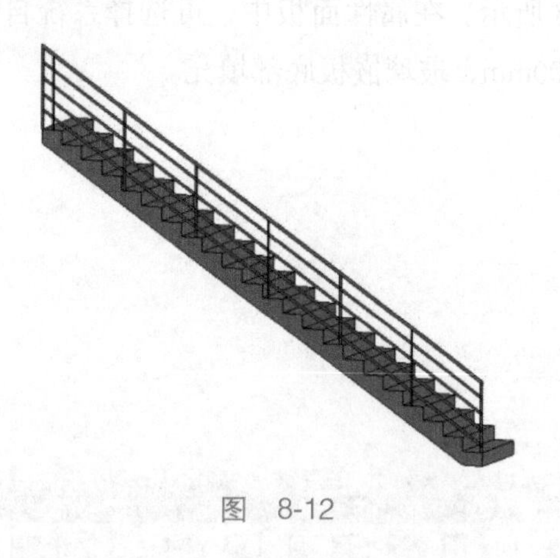

图 8-12

8.2.3 设置栏杆扶手

在三维视图中选中栏杆扶手，可在“属性”栏的下拉列表中选择其他扶手替换。如果没有所需的栏杆，可通过“载入族”的方式载入。

（1）扶栏结构（非结构）：单击扶栏结构的“编辑”按钮，打开“编辑扶手（非连续）”对话框，可通过图纸要求依次编辑扶栏 1 至扶栏 4 的高度、轮廓、偏移、材质，如图 8-13 所示，也可插入新的扶手。

（2）栏杆位置：单击栏杆位置“编辑”按钮，进入“编辑栏杆位置”对话框，如图 8-14 所示。可编辑主样式的栏杆与支柱栏杆（起点支柱、转角支柱、终点支柱），通过载入“栏杆族”，可编辑栏杆的样式。

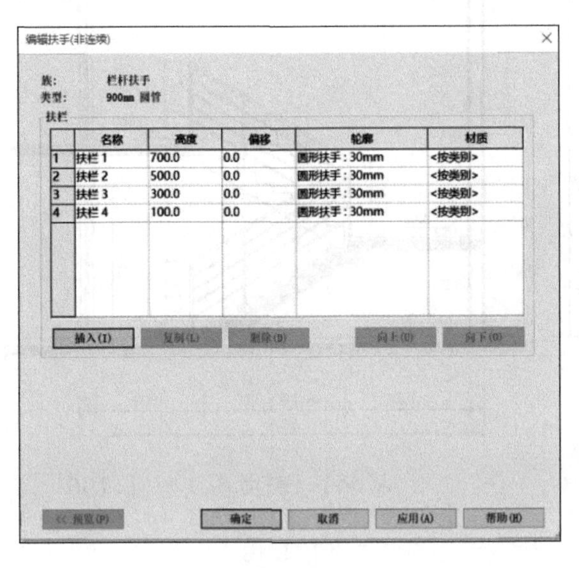

图　8-13

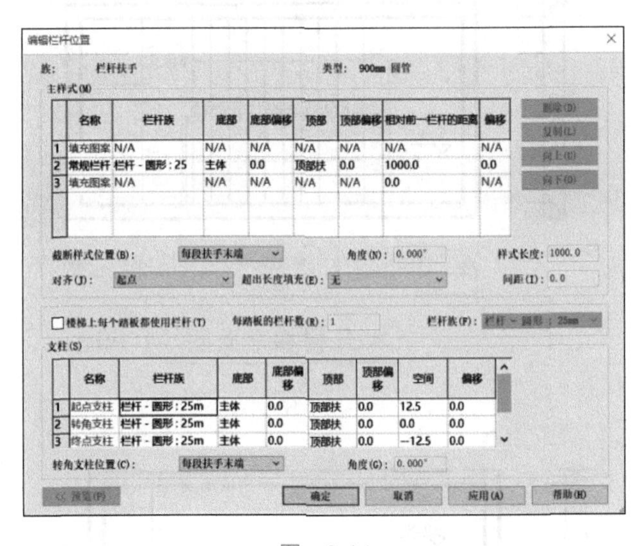

图　8-14

（3）栏杆偏移：栏杆相对于扶手路径或外侧的距离。如果栏杆偏移为 −20mm，则生成的栏杆距离扶手路径为 20mm，可通过“翻转箭头”控制方向。

8.3　实例操作

按照给出的楼梯平、剖面图，创建楼梯模型（图 8-15~ 图 8-17），并参照题中平面图在所示位置建立楼梯剖面模型，栏杆高度为 1100mm，栏杆样式不限。结果以“楼梯”为文件名保存在文件夹中。其他建模所需尺寸可参考给定的平、剖面图自定。

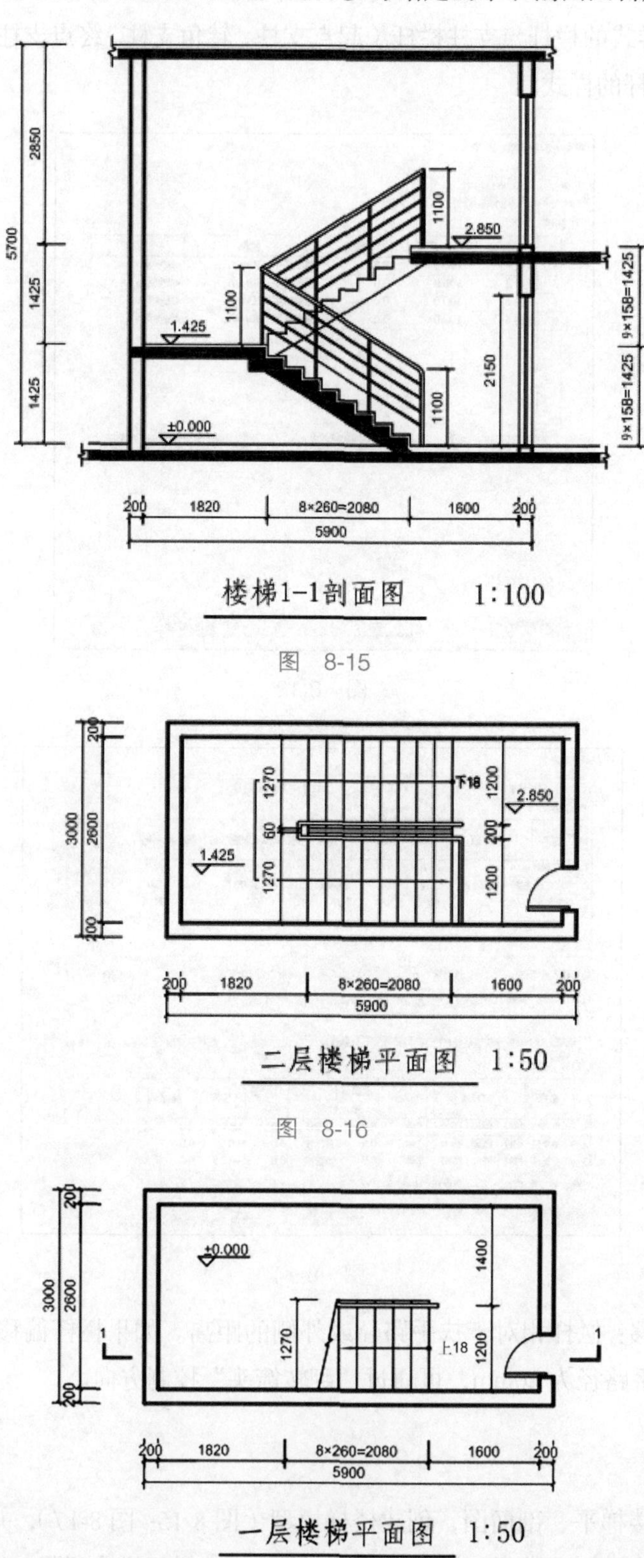

楼梯1-1剖面图　1:100

图 8-15

二层楼梯平面图　1:50

图 8-16

一层楼梯平面图　1:50

图 8-17

真题解析：本题难度较低，注意两点即可：一是输入正确的踢面数量，二是完成楼梯之后将二层的扶手栏杆补全。

创建过程：

（1）绘制墙体，切换至楼层平面视图，使用参照平面命令绘制墙体的定位线，选择200mm 厚墙体来绘制墙体，如图 8-18 所示。

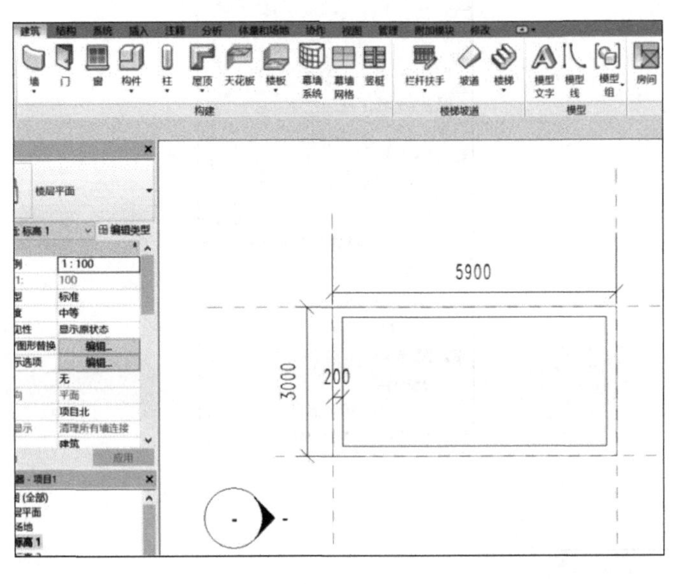

图　8-18

（2）使用参照平面绘制楼梯定位线，由二层楼梯平面图可知，楼梯梯段宽为1270mm，踏步宽度为 260mm，梯段长为 2080mm。由立面图可知，踢面高度为 158mm，共 18 个踢面，楼梯高度为 2850mm。绘制好的楼梯定位轴线如图 8-19 所示。

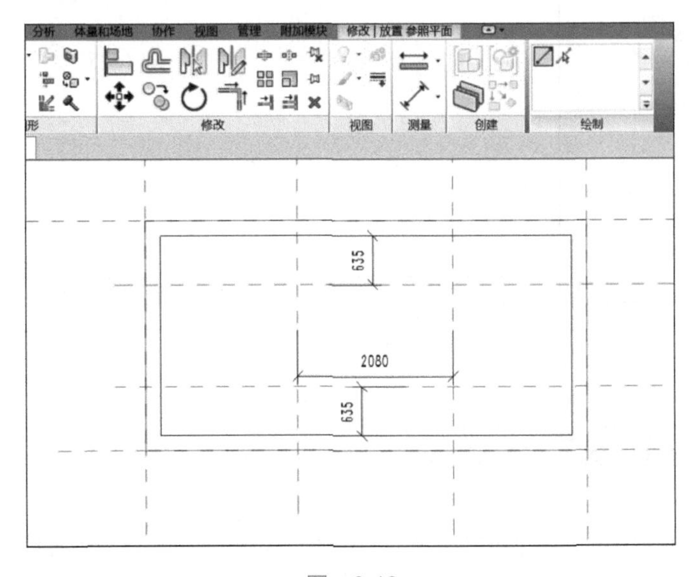

图　8-19

（3）单击“建筑”→“楼梯（按构件）”，在属性面板中，将楼梯类型改为现场浇筑楼梯，如图 8-20 所示。设置楼梯参数，将实际梯段宽度修改为 1270mm，如图 8-21 所示。此时要注意，实际踏板深度小于最小踏板深度，需要将最小踏板深度调整至 260mm 以下，如图 8-22 所示。

属性
现场浇注楼梯
整体浇筑楼梯
搜索
现场浇注楼梯
整体浇筑楼梯
组合楼梯
190mm 最大踢面 250mm
专用
工业装配楼梯
部分 M (已停用)
预浇注楼梯
预制楼梯
最近使用的类型
现场浇注楼梯 : 整体浇筑楼梯

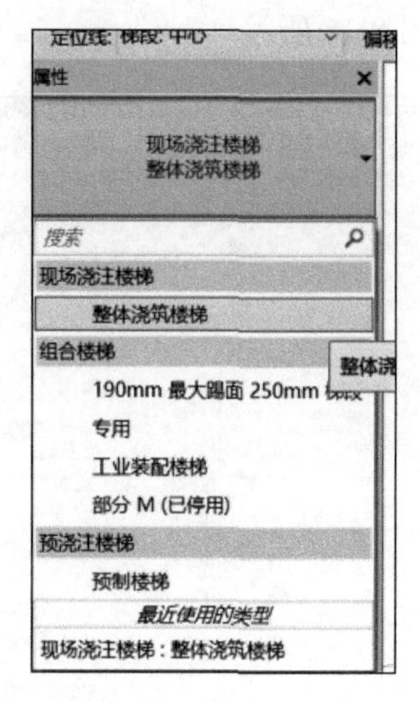

图 8-20

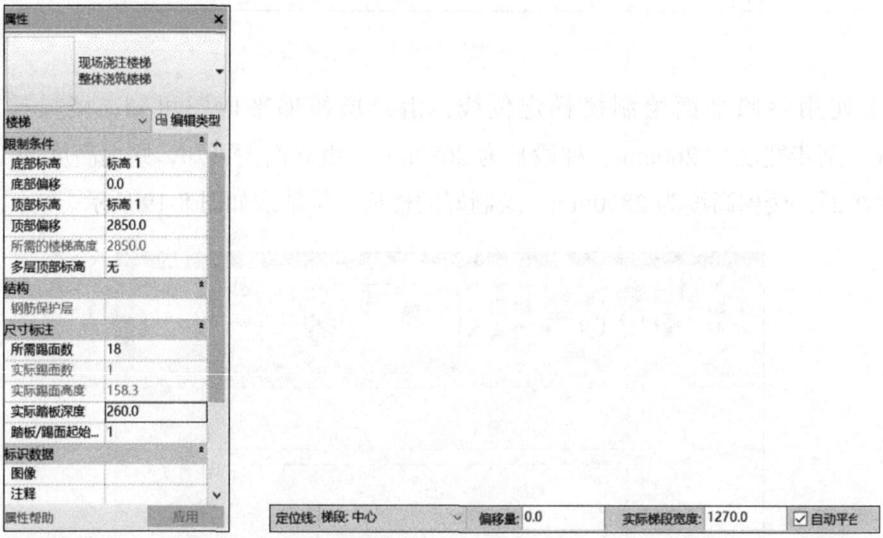

属性
现场浇注楼梯
整体浇筑楼梯
楼梯
编辑类型
限制条件
底部标高 标高 1
底部偏移 0.0
顶部标高 标高 1
顶部偏移 2850.0
所需的楼梯高度 2850.0
多层顶部标高 无
结构
钢筋保护层
尺寸标注
所需踢面数 18
实际踢面数 1
实际踢面高度 158.3
实际踏板深度 260.0
踏板/踢面起始... 1
标识数据
图像
注释
属性帮助
应用
定位线: 梯段: 中心
偏移量: 0.0
实际梯段宽度: 1270.0
自动平台

图 8-21

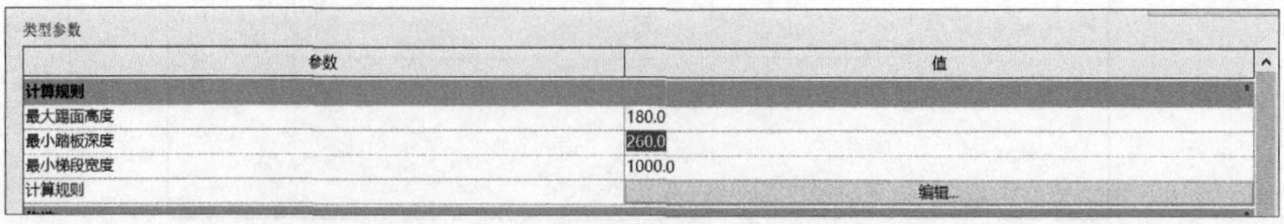

类型参数
参数
值
计算规则
最大踢面高度 180.0
最小踏板深度 260.0
最小梯段宽度 1000.0
计算规则 编辑...

图 8-22

（4）使用“梯段”命令绘制楼梯，将左侧平台拉至与墙体齐平，如图 8-23 所示，单击完成编辑模式，删除最外侧扶手栏杆，如图 8-24 所示。

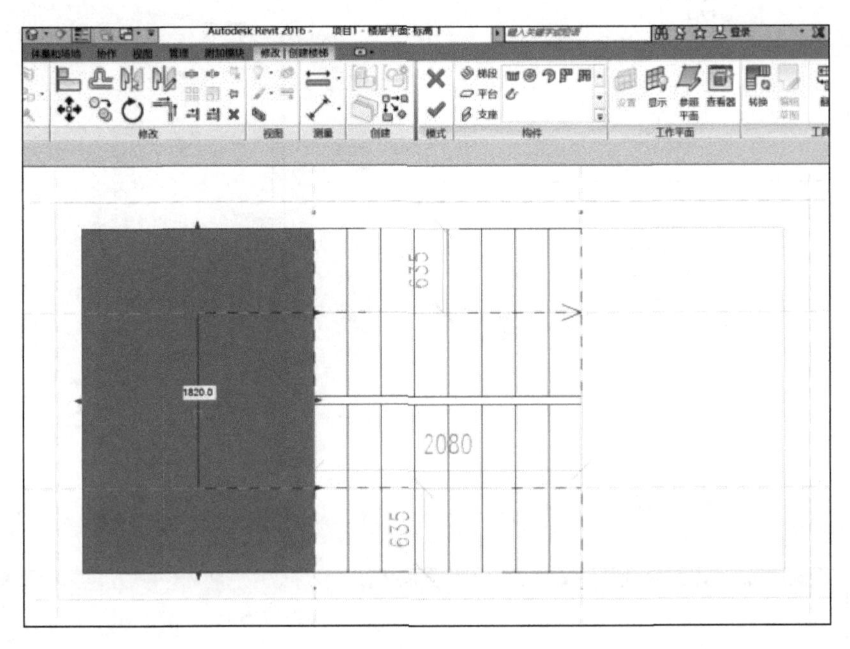

图 8-23

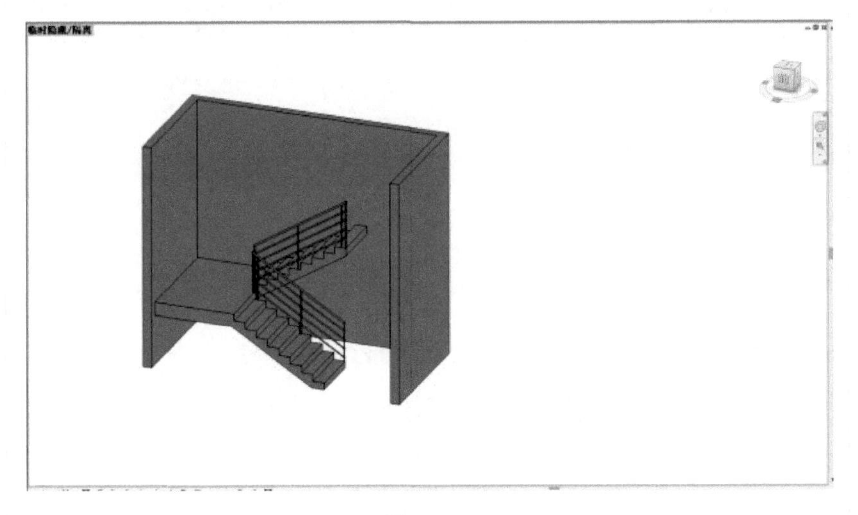

图 8-24

（5）修改栏杆扶手位置，由平面图可知，栏杆扶手距墙边 1200mm，双击栏杆扶手，修改尺寸标注为 1200mm，如图 8-25 所示，单击“完成”按钮即可退出编辑模式。

（6）绘制楼板与门，如图 8-26 所示。

（7）绘制楼板上的栏杆扶手，切换至平面视图，单击“建筑”→“栏杆扶手”→“绘制路径”选项，使用“直线”绘制命令，绘制栏杆扶手路径，如图 8-27 所示。

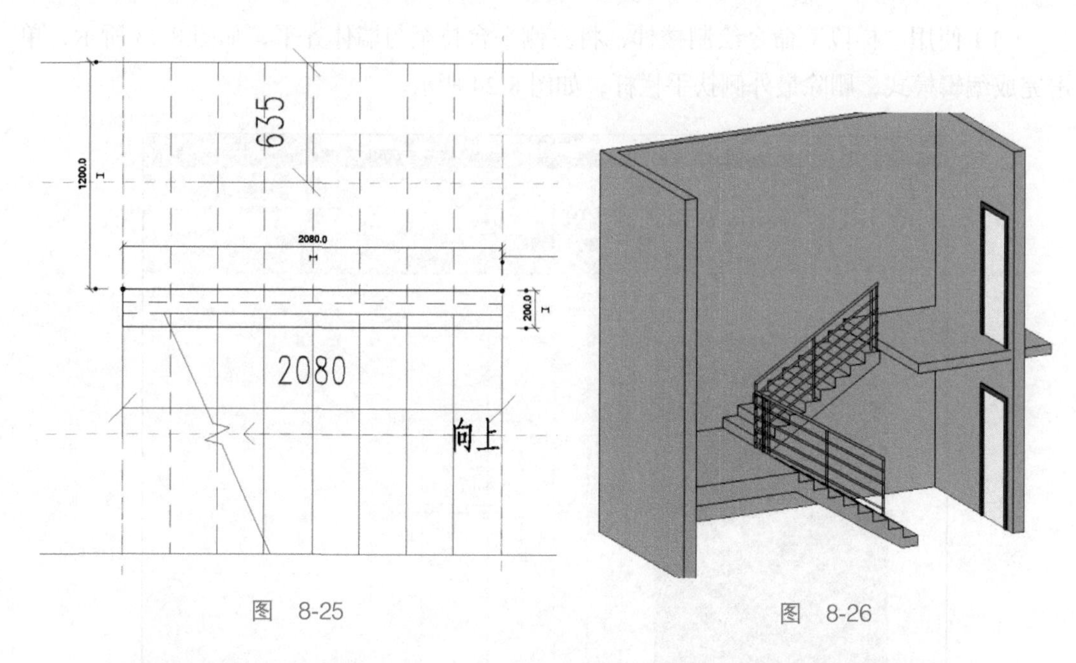

图 8-25

图 8-26

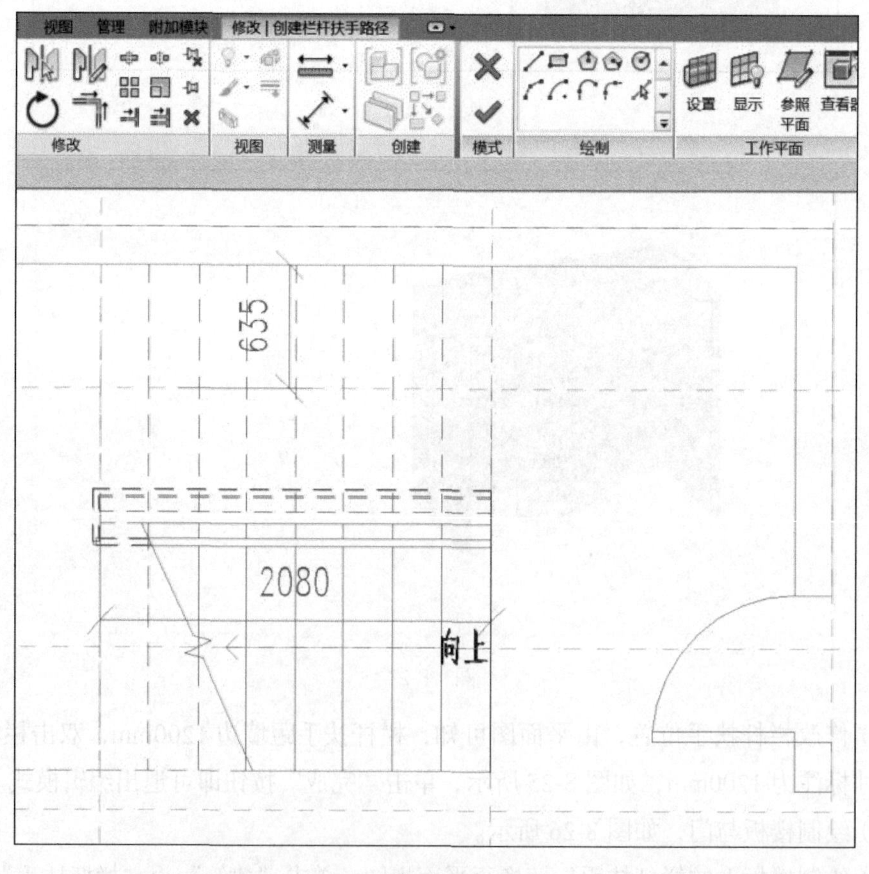

图 8-27

（8）单击“完成”按钮退出编辑模式，在三维视图中，选中绘制好的栏杆扶手，单击“拾取新主体”，再单击楼板，将栏杆扶手放置在楼板中，即可完成该模型的创建，如图 8-28 所示。

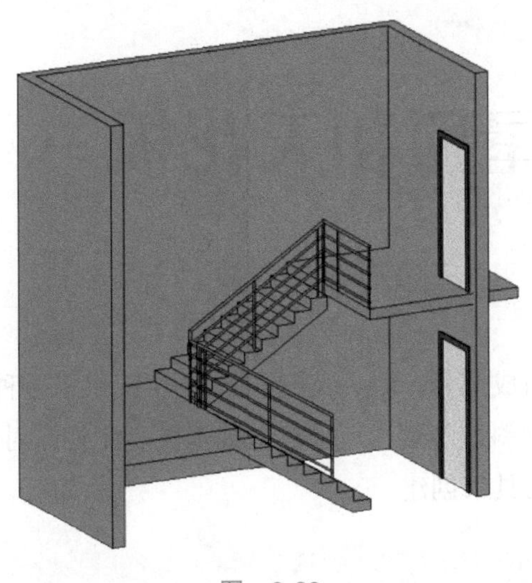

图　8-28

第 9 章　屋顶和天花板

屋顶是建筑的重要组成部分。Revit Architecture 中提供了多种建模工具，如迹线屋顶、拉伸屋顶、面屋顶、玻璃斜窗等创建屋顶的常规工具。此外，对于一些特殊造型的屋顶，还可以通过内建模型的工具来创建。

9.1　迹线屋顶

创建迹线屋顶步骤如下。

（1）打开楼层平面视图或天花板投影平面视图。

（2）单击“建筑”选项卡→“构建”面板中“屋顶”下拉列表→“迹线屋顶”选项。

如果在最低楼层标高上单击“迹线屋顶”，则界面会出现一个对话框，提示将屋顶移动到更高的标高上。如果选择不将屋顶移动到其他标高上，Revit 随后会提示屋顶是否过低。

（3）在“绘制”面板上，选择某一绘制或拾取工具。默认选项是绘制面板中的“边界线”→“拾取墙”命令，在状态栏也可看到“拾取墙以创建线”提示。

可使用“拾取墙”命令在绘制屋顶之前指定悬挑。在选项栏上，如果希望从墙核心处测量悬挑，请勾选“延伸到墙中（至核心层）”复选框，然后为“悬挑”指定一个值。

可以在“属性”选项板编辑屋顶属性。

（4）在绘图区域为屋顶绘制或拾取一个闭合环。要修改某一线的坡度定义，选择该线，在“属性”选项板上单击“坡度”数值，可以修改坡度值。有坡度的屋顶线旁边便会出现符号（图 9-1）。

（5）单击“√→完成编辑模式”命令，然后打开三维视图（图 9-2）。

教学视频：屋顶的创建与编辑

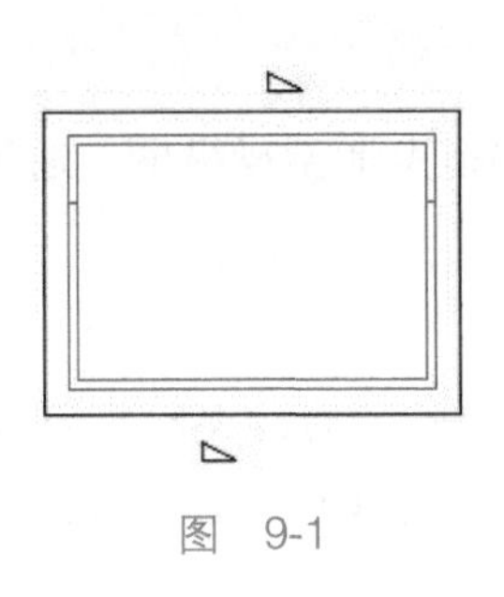

图　9-1

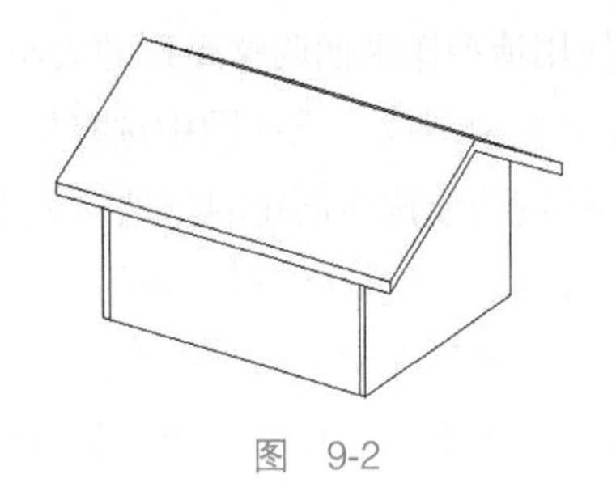

图　9-2

9.2　拉伸屋顶

1. 创建拉伸屋顶

（1）打开立面视图或三维视图、剖面视图。

（2）单击“建筑”选项卡中“构建”面板的“屋顶”下拉列表→“拉伸屋顶”选项。

（3）拾取一个参照平面。

（4）在“屋顶参照标高和偏移”对话框中，为“标高”选择一个值。在默认情况下，将选择项目中最高的标高。要相对于参照标高提升或降低屋顶，可为“偏移”指定一个值（单位为 mm）。

（5）可用绘制面板的一种绘制工具来绘制开放环形式的屋顶轮廓，如图 9-3 所示。

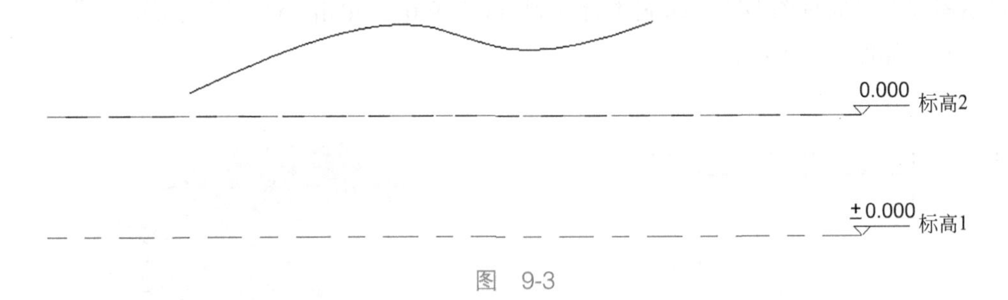

图　9-3

（6）单击“√→完成编辑模式”命令，然后打开三维视图。根据需要将墙附着到屋顶，如图 9-4 所示。

图　9-4

2. 屋顶的修改

1）编辑屋顶草图

选择屋顶，然后单击“修改 | 屋顶”选项卡中“模式”面板→“编辑迹线”或“编辑轮廓”选项，以进行必要的修改。

如果要修改屋顶的位置，可用“属性”选项板来编辑“底部标高”和“自标高的底部偏移”属性，以修改参照平面的位置。若界面出现屋顶几何图形无法移动的警告，请编辑屋顶草图，并检查有关草图的限制条件。

2）使用造型操纵柄调整屋顶的大小

可在立面视图或三维视图中选择屋顶，并可根据需要拖曳造型操纵柄。通过该方法，可以调整按迹线或按面创建的屋顶的大小。

3）修改屋顶悬挑在编辑屋顶的迹线

修改屋顶悬挑在编辑屋顶的迹线时，可以使用屋顶边界线的属性来修改屋顶悬挑。

在草图模式下，选择屋顶的一条边界线。在“属性”选项板上，为“悬挑”输入一个值。单击模式面板的“√→完成编辑模式”命令，如图 9-5 所示。

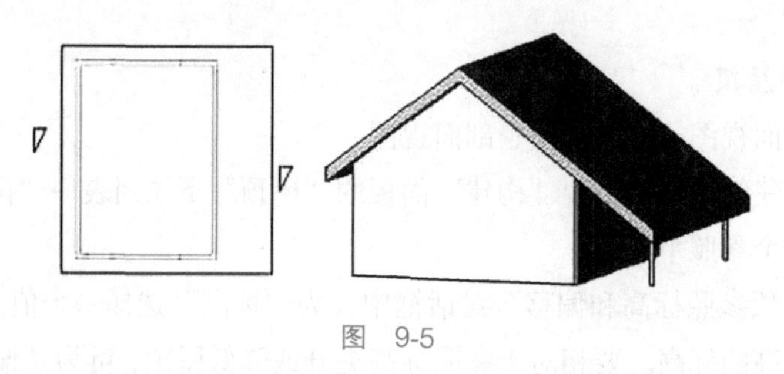

图 9-5

4）在拉伸屋顶中剪切洞口

选择拉伸的屋顶，然后单击“修改 | 屋顶”选项卡中“洞口”面板→“垂直”工具，将显示屋顶的平面视图形式。绘制闭合环洞口（图 9-6）。单击“√→完成编辑模式”命令。创建的屋顶如图 9-7 所示。

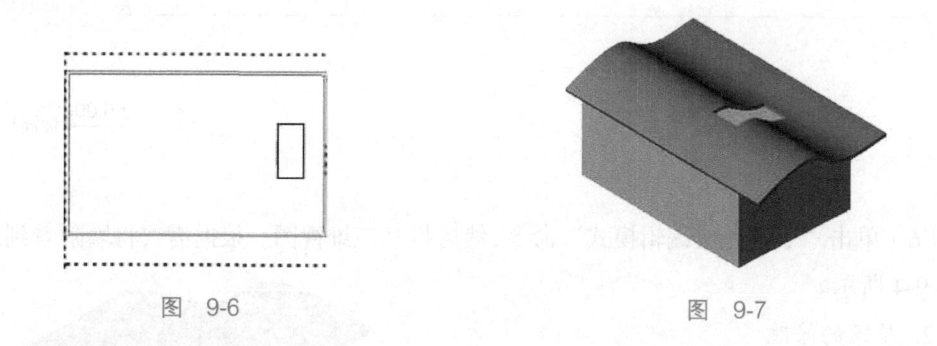

图 9-6　　图 9-7

9.3 面屋顶

与创建“斜墙及异形墙”相同，先创建“内建模型”，再创建面屋顶。

1. 创建“内建模型”

与创建“斜墙及异形墙”相同，单击“建筑”选项卡下“构建”面板中“构件”下拉菜单→“内建模型”工具。在弹出的“族类型和族参数”对话框中，选择“常规模型”，单击“确定”按钮，并在弹出的“名称”对话框中输入自定义的屋顶名称。

采用拉伸、融合、旋转、放样、放样融合、空心形状等工具，创建常规模型。

2. 创建面屋顶

创建面屋顶，单击“建筑”选项卡下“构建”面板中“屋顶”工具的下拉菜单，选择“面屋顶”工具。

从类型选择器中选择屋顶类型，把光标移动到模型顶部弧面上，当该面高亮显示时，单击拾取该面，再单击“创建屋顶”工具（图 9-8）。按 Esc 键结束“面屋顶”命令。

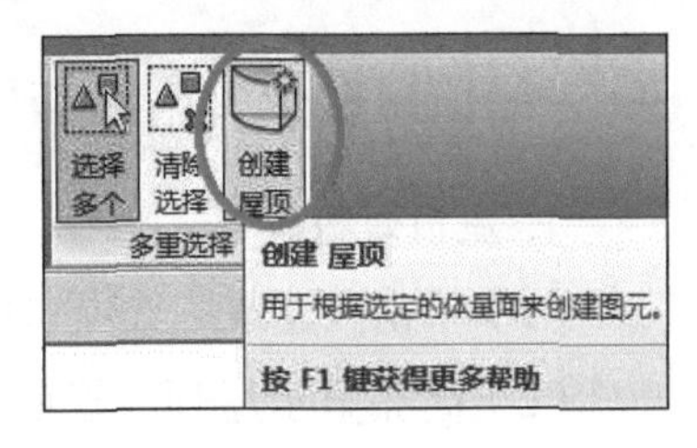

图　9-8

最后，将常规模型删除。

9.4　玻璃斜窗

1. 创建玻璃斜窗

（1）创建“迹线屋顶”或“拉伸屋顶”。

（2）选择屋顶，并在类型选择器中选择“玻璃斜窗”（图 9-9）。

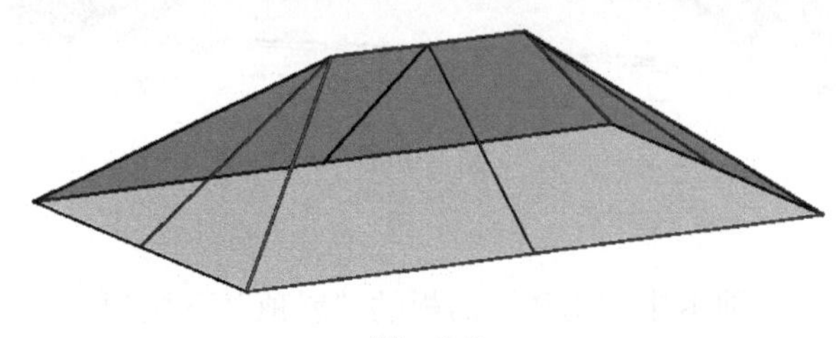

图　9-9

可以在玻璃斜窗的幕墙嵌板上放置幕墙网格。按 Tab 键可在水平和垂直网格之间切换。

2. 编辑玻璃斜窗

玻璃斜窗同时具有屋顶和幕墙的功能，因此同样可以用屋顶和幕墙的编辑方法编辑玻璃斜窗。

玻璃斜窗本质上是迹线屋顶的一种类型，因此选择玻璃斜窗后，功能区显示“修改 | 屋顶”上下文选项卡，可以用图元属性、类型选择器、编辑迹线、移动复制镜像等命令进行编辑，并可以将墙等附着到玻璃斜窗下方。

同时，玻璃斜窗可以用幕墙网格、竖梃等命令进行编辑，并且当选择玻璃斜窗后，界面会出现“配置轴网布局”符号，单击即可显示各项设置参数。

9.5　异形屋顶与平屋顶汇水设计

对一些没有固定厚度的异形屋顶，或有固定厚度但形状异常复杂的屋顶，以及平屋顶汇水设计等，则需要用以下方法创建。

（1）内建模型：适用于没有固定厚度的异形屋顶。

（2）形状编辑：适用于形状异常复杂的屋顶和平屋顶汇水设计。平屋顶汇水设计的方法和“异形楼板与平楼板汇水设计”完全相同。

9.6 屋顶封檐带、檐沟与屋檐底板

1. 屋顶封檐带

（1）单击“建筑”选项卡中“构建”面板的“屋顶”下拉列表→“屋顶：封檐带”。

（2）高亮显示屋顶、檐底板、其他封檐带或模型线的边缘，然后单击以放置此封檐带（图 9-10）。单击边缘时，Revit 会将其作为一个连续的封檐带。如果封檐带的线段在角部相遇，它们会相互斜接。

这个不同的封檐带不会与现有的其他封檐带相互斜接，即便它们在角部相遇。

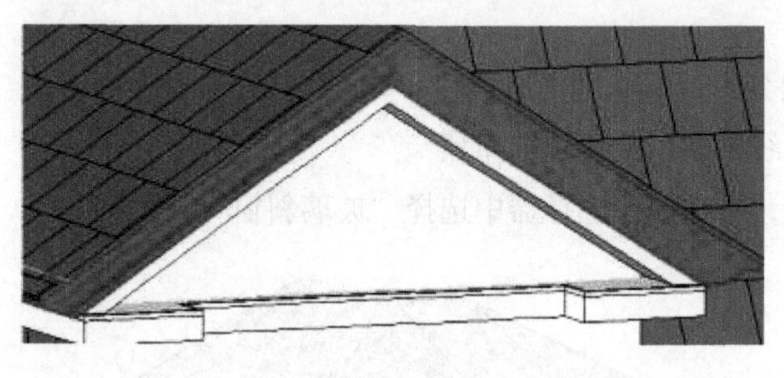

图 9-10

2. 檐沟

（1）单击“建筑”选项卡中“构建”面板的“屋顶”下拉列表→“屋顶：檐沟”工具。

（2）高亮显示屋顶、层檐底板、封檐带或模型线的水平边缘，并单击以放置檐沟。单击边缘时，Revit 会将其视为一条连续的檐沟。

（3）单击“修改 | 放置檐沟”选项卡中“放置”面板→“重新放置檐沟”命令，完成当前檐沟（图 9-11），并可继续放置不同的檐沟，将光标移到新边缘，并单击放置。

3. 屋檐底板

（1）在平面视图中，单击“建筑”选项卡中“构建”面板的“屋顶”下拉列表→“屋顶：檐底板”工具。

（2）单击“修改 | 创建屋檐底板边界”选项卡中“绘制”面板→“拾取屋顶边”命令。

（3）高亮显示屋顶，并单击选择它，如图 9-12 所示。

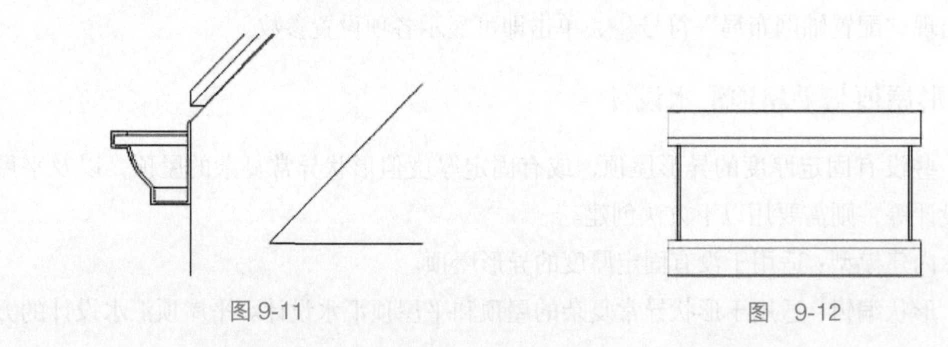

图 9-11　　　　图 9-12

单击“修改 | 创建屋檐底板边界”选项卡中“绘制”面板→“拾取墙”命令，高亮显示屋顶下的墙的外面，并单击进行选择，如图 9-13 和图 9-14 所示。

（4）修剪超出的绘制线，形成闭合环，如图 9-15 所示。

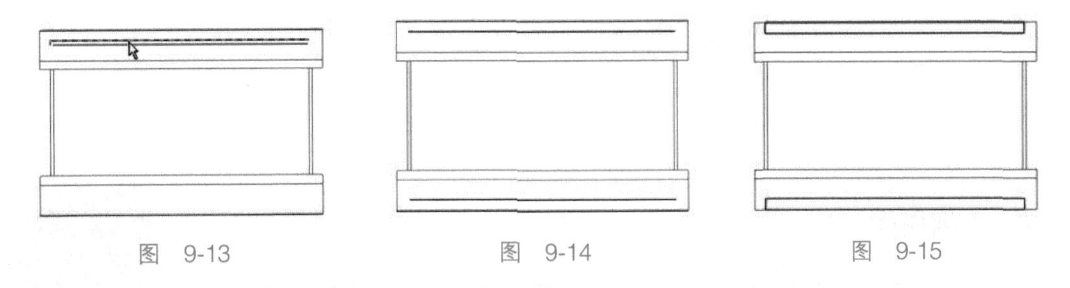

图　9-13　　图　9-14　　图　9-15

（5）单击“√→完成编辑模式”命令。

通过“三维视图”观察所设置的屋檐底板的位置，可以通过“移动”命令对屋檐底板进行移动，将其放置在合适位置。通过使用“连接几何图形”命令，将檐底板连接到墙，然后将墙连接到屋顶，如图 9-16 所示。

可以通过绘制坡度箭头或修改边界线的属性来创建倾斜檐底板。

4. 使用坡度箭头创建老虎窗

（1）绘制迹线屋顶，包括坡度定义线。

（2）在草图模式中，单击“修改 | 创建迹线屋顶”选项卡下“修改”面板中的“拆分图元”工具。

（3）在迹线中的两点处拆分其中一条线，创建一条中间线段（老虎窗线段），如图 9-17 所示。

（4）如果老虎窗线段是坡度定义（ ⊿ ），请选择该线段，然后清除“属性”选项板上的“定义屋顶坡度”选项。

（5）单击“修改 | 创建迹线屋顶”选项卡下“绘制”面板中的“坡度箭头”工具，在“属性”选项板设置“头高度偏移值”，然后从老虎窗线段的一端到中点绘制坡度箭头。

（6）再次单击“坡度箭头”，设置“头高度偏移值”，并从老虎窗线段的另一端到中点绘制第二个坡度箭头（图 9-18）。

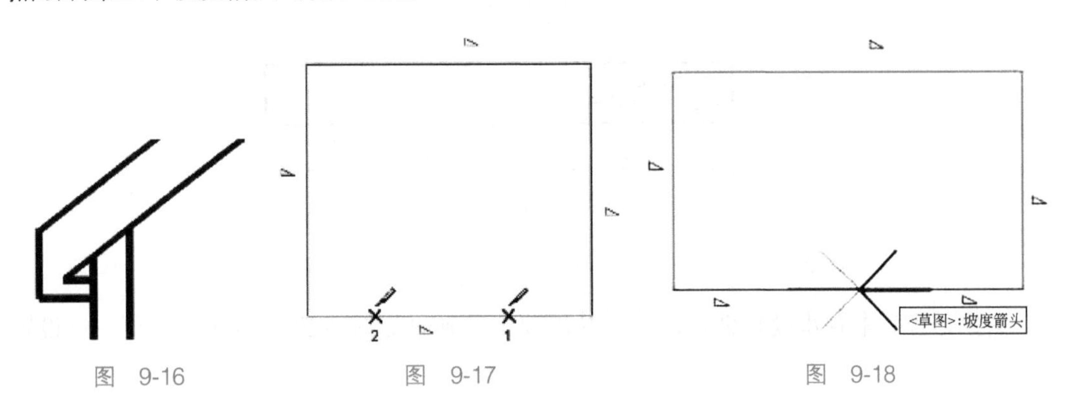

图　9-16　　图　9-17　　图　9-18

（7）单击“√→完成编辑模式”命令，然后打开三维视图以查看老虎窗的效果，如图 9-19 所示。

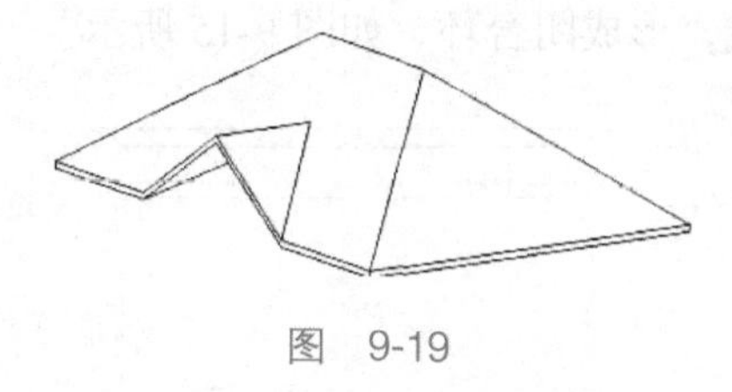

图 9-19

9.7 实例操作

教学视频：屋顶

【例题 1】 按照图 9-20 所示平、立面绘制屋顶，屋顶板厚均为 400mm，其他建模所需尺寸可参考平、立面图自定。结果以“屋顶”为文件名保存。

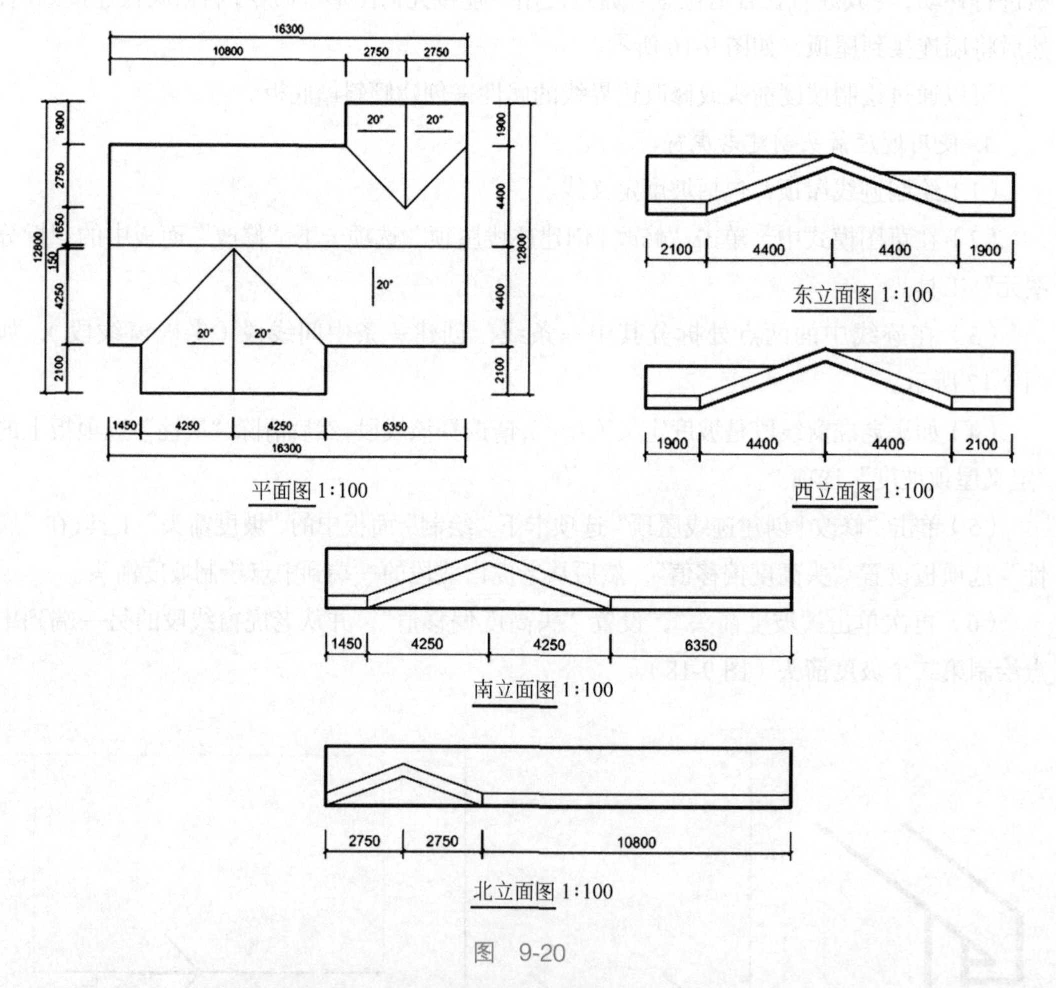

图 9-20

解题思路：本题难度较低，使用迹线屋顶工具画出如图 9-20 所示迹线，再一一设置每个边的坡度即可。

操作过程：

（1）新建一个建筑项目，打开标高二。

（2）单击“建筑”→“屋顶”→“迹线屋顶”选项，在属性栏选择厚度为 400mm 的屋顶，用直线命令绘制屋顶边界。

（3）根据图 9-20 所示，设置对应屋顶迹线的坡度为 20，对于没有坡度的迹线，取消勾选“屋顶坡度”复选框。

（4）单击“完成编辑模式”按钮。

【例题 2】 根据图 9-21 所示给定的数据创建轴网与屋顶，屋顶底标高为 6.3m，厚度为 150mm，坡度为 1∶1.5，材质不限。请将模型文件以“屋顶＋考生姓名”为文件名保存到文件夹中。

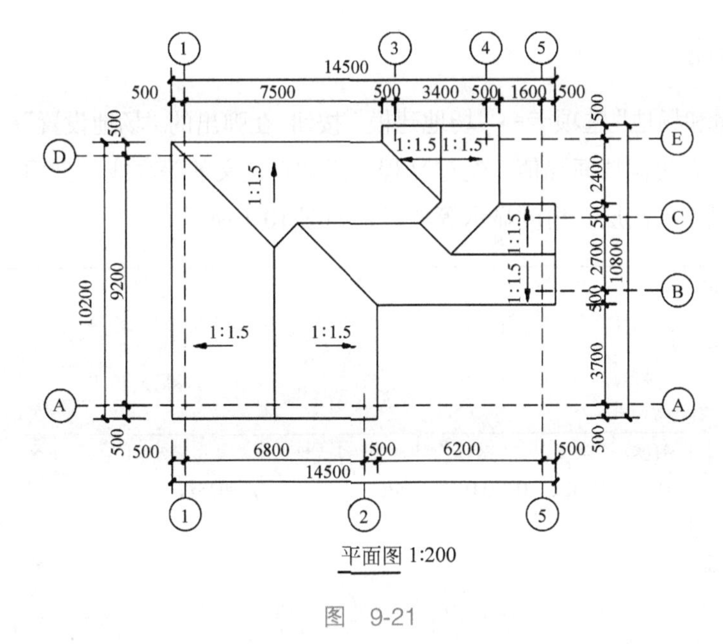

图　9-21

解题思路：本题难度较低，主要注意这里的坡度不是角度而是比值。

操作过程：

（1）新建项目文件。

（2）修改标高二的高度为 6.3m。

（3）按要求创建图示轴网。

（4）创建迹线屋顶，新建一个厚度为 150mm 的屋顶，材质不限。

（5）绘制屋顶轮廓，注意沿轴线有 500mm 的悬挑，而且部分轮廓线没有屋顶坡度。

（6）生成屋顶。

（7）保存文件。

第10章　场地

场地作为房屋的地下基础，要通过模型表达出建筑与实际地坪间的关系，以及建筑的周边道路情况。

10.1　设置场地

教学视频：地形和场地

单击“体量和场地”选项卡→“场地建模”按钮，在弹出的“场地设置”对话框中，可设置等高线间隔值、经过高程、添加自定义的等高线、剖面填充样式、基础土层高层、角度显示等项目，如图 10-1 所示。

场地设置

显示等高线

间隔(A)：5000.0　　经过高程：0.0

附加等高线：

	开始	停止	增量	范围类型	子类别
1	0.0	10000	1000.0	多值	次等高线

插入(I)　删除(D)

剖面图形

剖面填充样式(S)：土壤 - 自然

基础土层高程(E)：-3000.0

属性数据

角度显示(N)：与北/南方向的角度

单位(U)：度 分 秒

确定　取消　应用　帮助(H)

图　10-1

10.2 创建地形表面、子面域与建筑地坪

10.2.1 地形表面

地形表面是建筑场地地形或地块地形的图形表示。在默认情况下，楼层平面视图不显示地形表面，可以在三维视图或在专用的“场地”视图中创建。

单击打开“场地”平面视图→“体量与场地”选项栏→“场地建模”面板→“地形表面”命令，进入地形表面的绘制模式。

单击“工具”面板下“放置点”命令，在“选项栏”中输入高程值，在视图中单击放置点，修改高程值，放置其他点，连续放置则生成等高线，如图 10-2 所示。

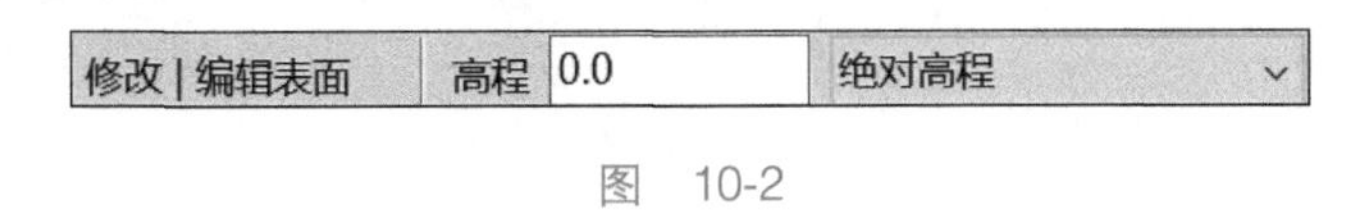

图 10-2

分别设置高程为 0mm、500mm、1000mm、2000mm、3000mm，绘制如图 10-3 所示场地。

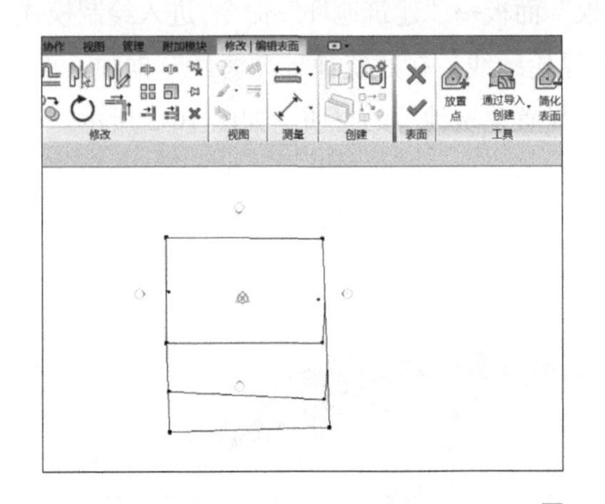

图 10-3

单击地形“属性”框设置材质，完成地形表面设置。

10.2.2 子面域与建筑地坪

“子面域”工具是在现有地形表面中绘制的区域，不会剪切现有的地形表面。例如，可以使用子面域在地形表面绘制道路或停车场区域。“子面域”工具和“建筑地坪”工具不同，“建筑地坪”工具会创建出单独的水平表面，并剪切地形，而创建子面域不会生成单独的地坪面，而是在地形表面上圈定了某块可以定义不同属性集（例如材质）的表面区域。

1. 子面域

单击“体量与场地”选项卡→“修改场地”面板→“子面域”命令，进入绘制模式。用线绘制工具绘制子面域边界轮廓线。如图 10-4 所示，单击子面域“属性”中的“材质”，

设置子面域材质，完成子面域的绘制。

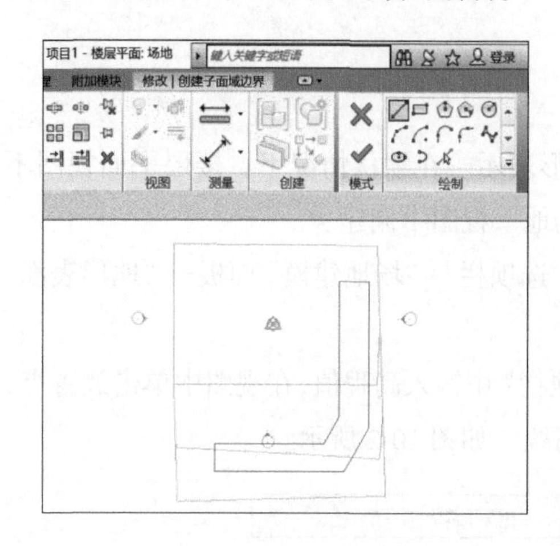
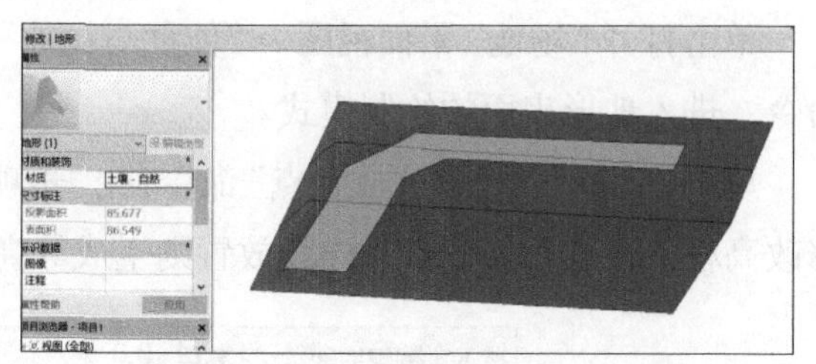

图 10-4

2. 建筑地坪

单击“体量与场地”选项卡→“场地建模”面板→“建筑地坪”命令,进入绘制模式。如用“矩形框”绘制工具，绘制建筑地坪边界轮廓线。在建筑地坪“属性”框中，设置该地坪的标高以及偏移值，在“类型属性”中设置建筑地坪的材质，如图 10-5 所示。

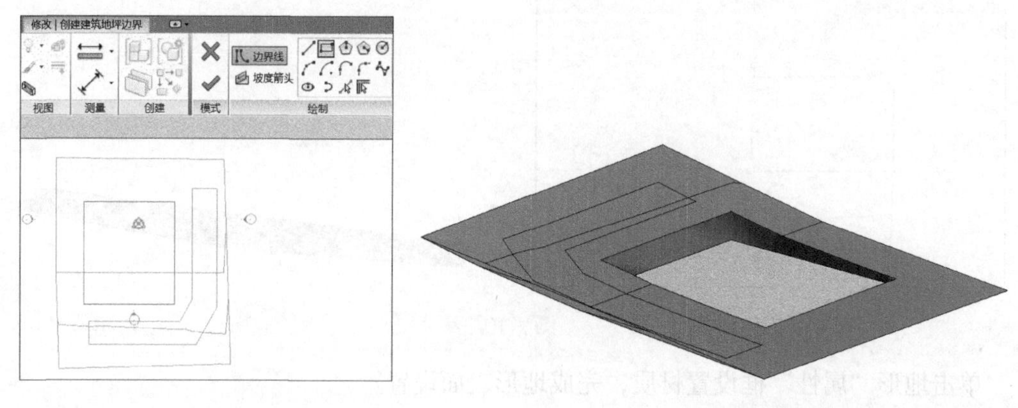

图 10-5

10.3 编辑地形表面

10.3.1 地形表面编辑

选中绘制好的地形表面，单击“修改 | 地形”上下文选项卡→“表面”面板→“编辑表面”命令，在弹出的“修改 | 编辑表面”上下文选项卡的“工具”面板中，可通过“放置点”“通过导入创建”以及“简化表面”三种方式修改地形表面高程点,如图 10-6 所示。

（1）放置点：增加高程点的放置。

（2）通过导入创建：通过导入外部文件创建地形表面。

（3）简化表面：减少地形表面中的点数。

10.3.2 修改场地

打开“场地”平面视图或三维视图，可看到“体量与场地”选项卡的“修改场地”面板中包含多个场地修改命令。

（1）拆分表面：单击“体量与场地”选项卡→“修改场地”面板→“拆分表面”命令，选择要拆分的地形表面，进入绘制模式。用“线”绘制工具，绘制表面边界轮廓线，在表面“属性”框的“材质”中设置新表面材质，完成绘制。

（2）合并表面：单击“体量与场地”选项卡→“修改场地”面板→“合并表面”命令，勾选“删除公共边上的点”复选框，选择要合并的主表面，再选择次表面，将两个表面合二为一。

（3）建筑红线：可通过两种方式创建建筑红线，如图 10-6 所示。

方法一：单击“体量与场地”选项卡→“修改场地”面板→“建筑红线”命令，选择“通过绘制来创建”进入绘制模式。用“线”绘制工具，选择绘制的建筑红线，并单击“编辑表格”按钮。

方法二：单击“体量与场地”选项卡→“修改场地”面板→“建筑红线”命令，选择“通过输入距离和方向角来创建”，如图 10-7 所示。

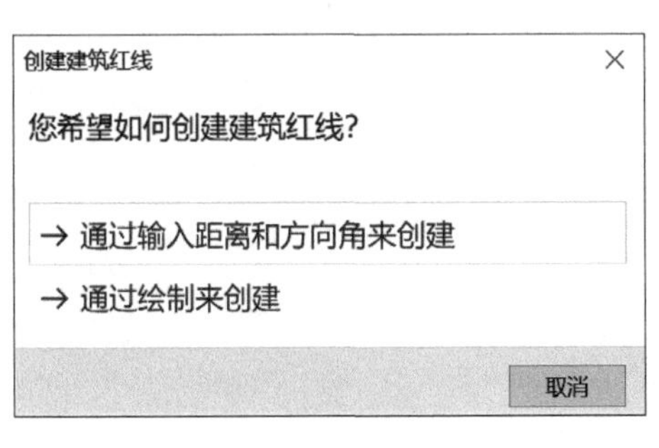

图 10-6

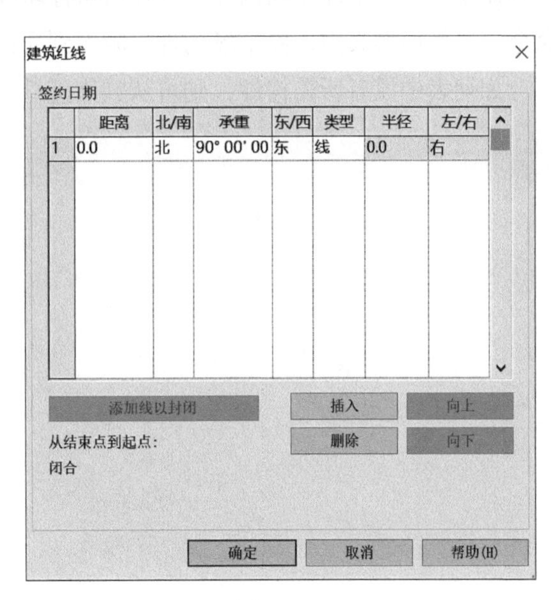

图 10-7

10.4 放置场地构件

进入“场地”平面视图后，单击“体量与场地”选项卡→“场地建模”面板→“场地构建”命令，从下拉列表中选择所需的构件，如树木、RPC 人物等，单击鼠标放置构件，如

图 10-8 所示。

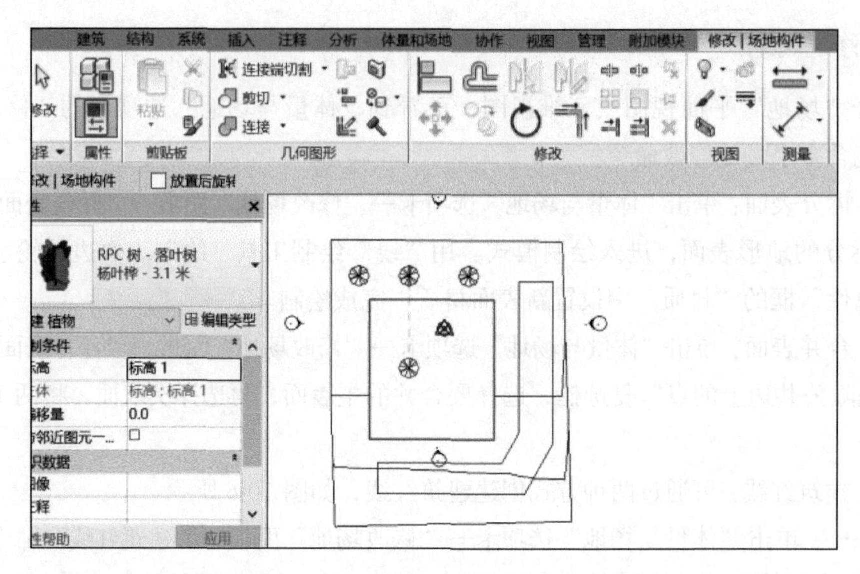

图 10-8

打开“场地”平面，单击“体量与场地”选项卡→“场地建模”面板→“停车场构件”命令，从下拉列表中选择所需不同类型的停车场构件，单击放置构件。可以用复制、阵列命令放置多个停车场构件。选择所有停车场构件,单击“主体”面板→“拾取新主体”命令，选择地形表面，停车场构件将附着到表面上。

如列表中没有所需构件，则可从族库里载入。

第 11 章　明细表、房间和面积

11.1　创建明细表

工作中需创建明细表、数量和材质提取，以确定并分析在项目中使用的构件和材质。明细表是模型的另一种视图。

明细表可以显示项目中任意类型图元的列表。明细表以表格形式显示信息，这些信息是从项目的图元属性中提取的，可以将明细表导出到其他软件程序中，如电子表格程序。

在修改项目时，所有明细表都会自动更新。例如，如果移动一面墙，则房间明细表中的面积也会相应更新。修改项目中建筑构件的属性时，相关的明细表会自动更新。

例如，可以在项目中选择一扇门，并修改其制造商属性。门明细表将反映制造商属性的变化。

明细表主要有以下几种类型。

（1）明细表（或数量）。

（2）关键字明细表。

（3）材质提取。

（4）注释明细表（或注释块）。

（5）修订明细表。

（6）视图列表。

（7）图纸列表。

（8）配电盘明细表。

（9）图形柱明细表。

添加窗明细表步骤如下（图 11-1）。

（1）在左边的可选栏里选择需要的参数，单击“添加”按钮（图 11-2）。

（2）依次添加“族与类型”“类型”“宽度”“高度”“合计”字段，如果需要其他参数，可以根据需要继续添加，还可以通过“删除”“上移”“下移”等编辑明细表参数和横向排序（图 11-3）。

教学视频：
明细表添加
和图纸的创建

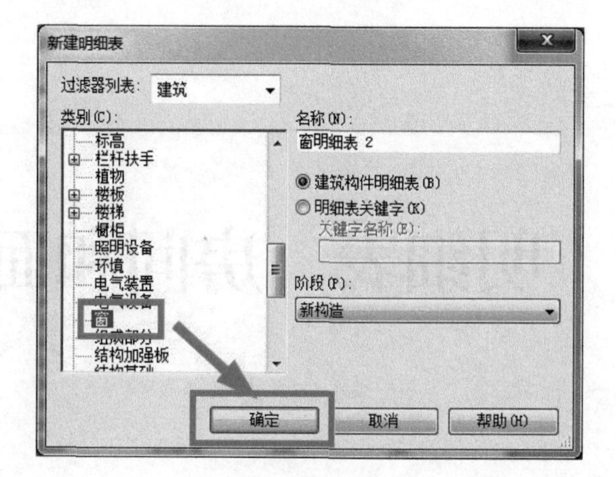

图 11-1

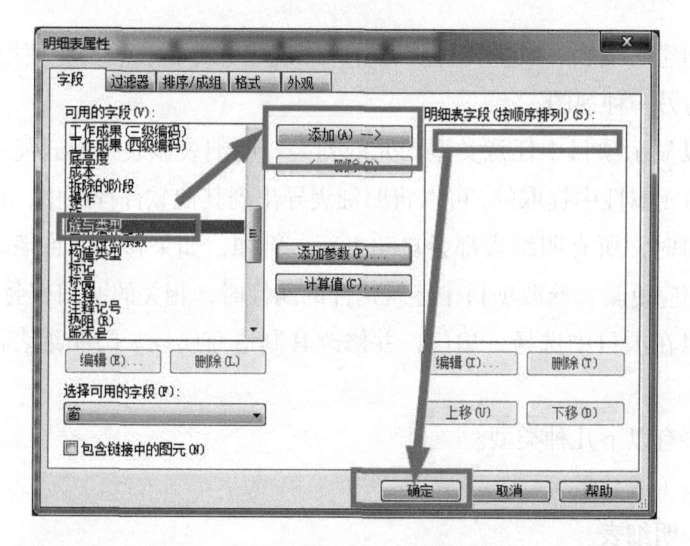

图 11-2

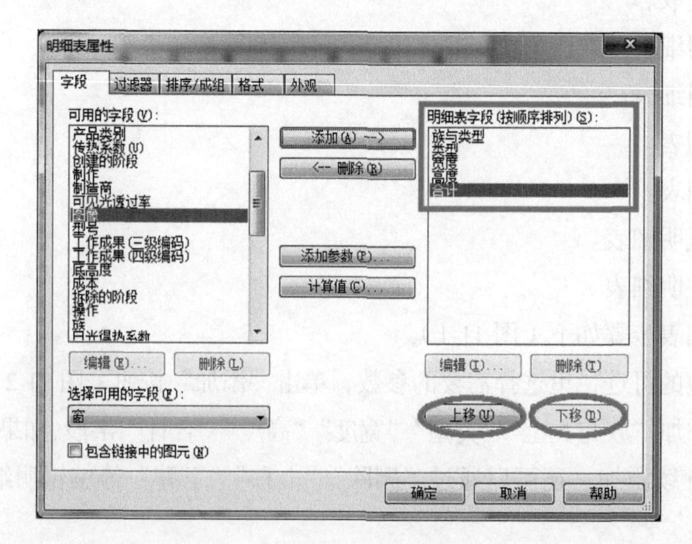

图 11-3

（3）单击“计算值”编辑面积计算，输入名称，将类型改成“面积”，在公式栏选择“宽度”输入“*”号，再选择“高度”，得到“宽度 * 高度”的计算公式，单击“确定”按钮（图 11-4）。

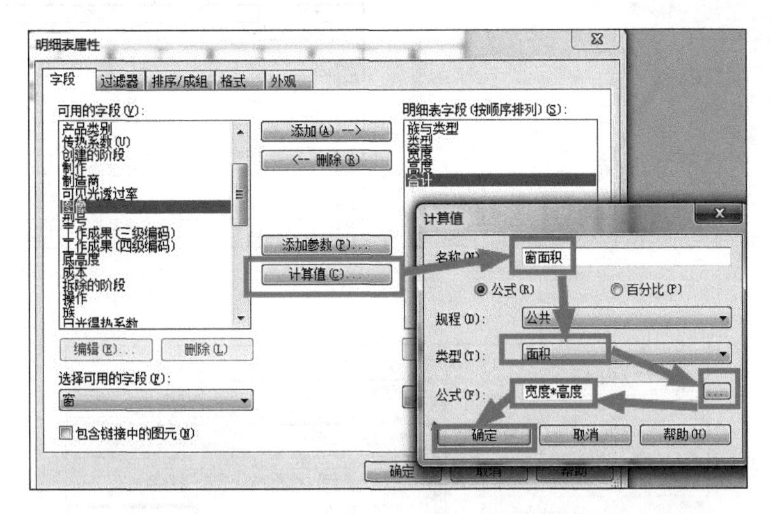

图 11-4

（4）单击“排序 / 成组”选项卡，排序方式选择“族与类型”，取消选中“逐项列举每个实例”复选框（图 11-5）。

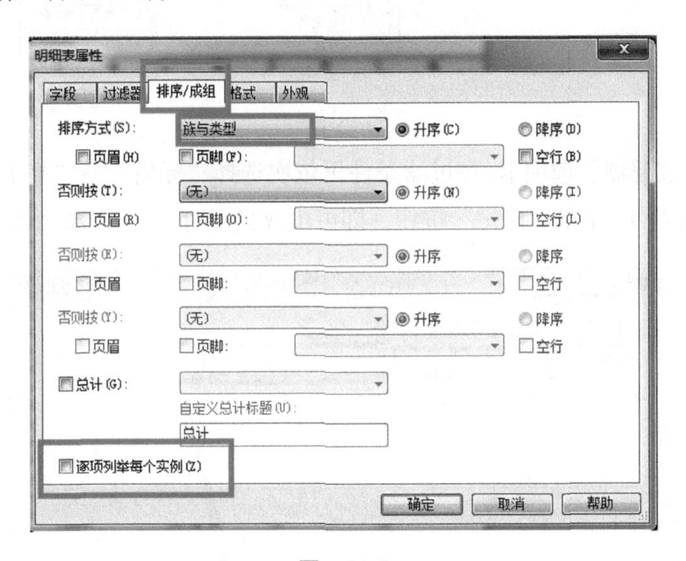

图 11-5

（5）单击“确定”按钮，即可得到初步的明细表，如果这时面积的单位和精度不符合要求，可以选中“面积”一栏，在菜单栏单击“格式单位”，取消选中“使用项目设置”复选框，调整相关选项，单击“确定”按钮即可（图 11-6）。

（6）采用以上方法生成的是针对整个项目的明细表，如果需要生成单个标准层的明细，可以通过过滤器设定，其方法如下：在属性栏中继续添加“标高”参数（图 11-7）。

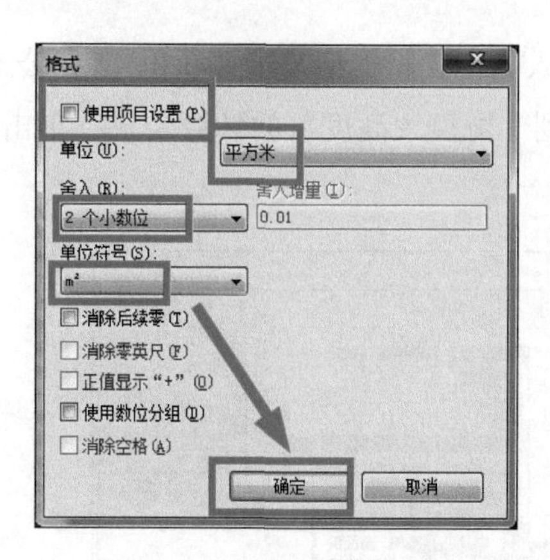

<窗明细表 2>

C	D	E	F
宽度	高度	窗面积	合计
600	1400	0.84 m²	11
2100	5200	10.92 m²	4
1660	1800	2.99 m²	22
1860	1800	3.35 m²	80
1960	1800	3.53 m²	22
2060	1800	3.71 m²	22
1860	1750	3.26 m²	22
2060	1800	3.71 m²	44
600	1400	0.84 m²	237
1000	1400	1.40 m²	69
1300	1400	1.82 m²	44
1500	1800	2.70 m²	44

图 11-6

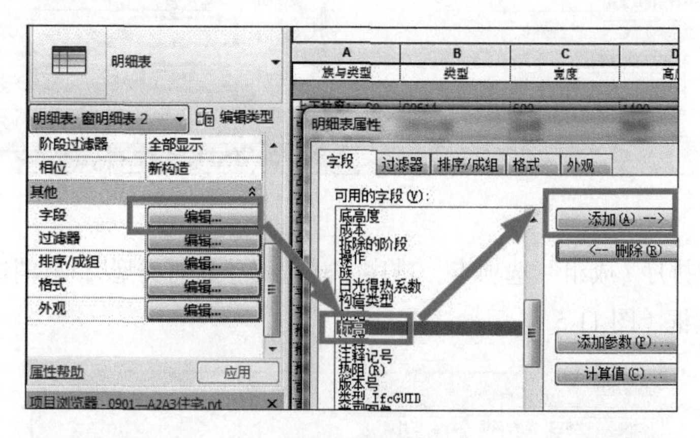

图 11-7

（7）单击“过滤器”选项卡,在过滤条件里依次选择“标高”→“等于”→“F3”选项（标准层的一个标高），单击“确定”按钮，即可生成只针对 F3 标准层的窗明细（图 11-8）。

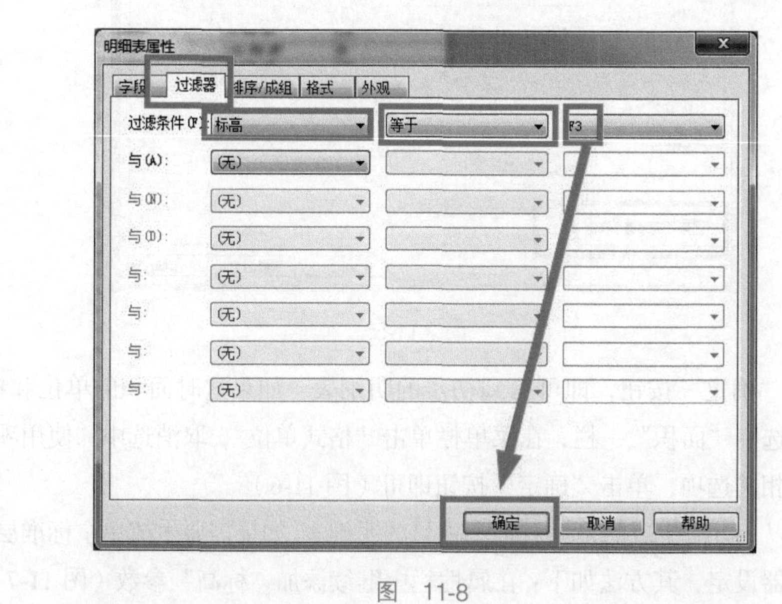

图 11-8

（8）也可以安装 RevitBus 插件，利用其明细表导出功能直接导出 Excel 表格。

（9）生成及导出门明细表、墙柱明细等也可采用类似的办法。如果有的工程量无法在 Revit 里面直接生成，则需要导出到 Excel 表格中编辑计算。

11.2　创建房间

创建房间步骤如下。

教学视频：房间和面积的创建

（1）打开平面视图。

（2）单击“建筑”选项卡→“房间和面积”面板→“房间”命令。

（3）要随房间显示房间标记，确保选中“在放置时进行标记”→“修改 | 放置房间”选项卡→“标记”面板（在放置时进行标记）（图 11-9）。

如果在放置房间时忽略房间标记，请关闭此选项。

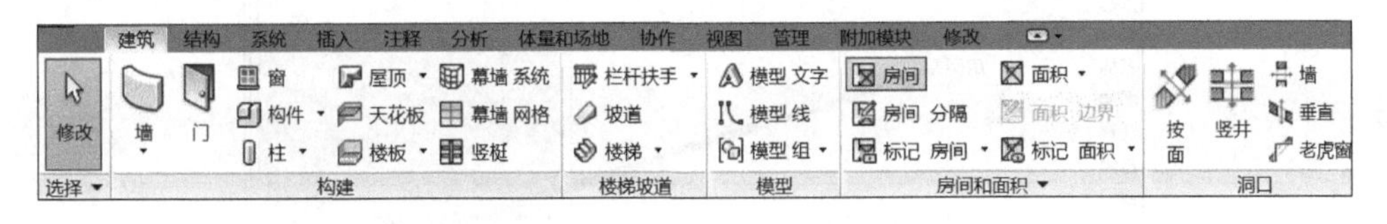

图　11-9

（4）在选项栏上执行下列操作（图 11-10）。

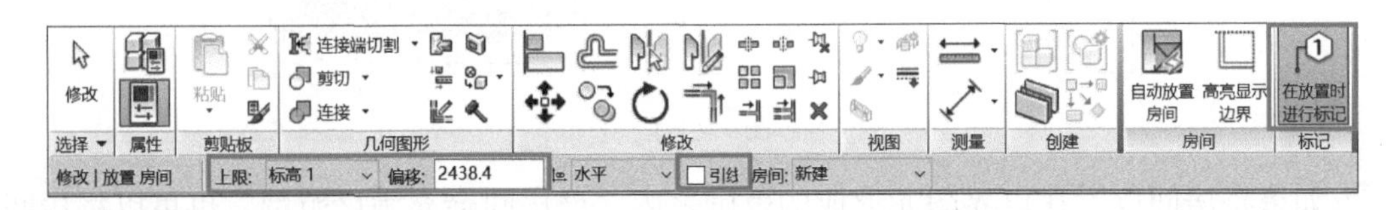

图　11-10

“上限”和“高度偏移”参数共同定义了房间的上边界。

例如，如果要向标高 1 楼层平面添加一个房间，并希望该房间从标高 1 扩展到标高 2 或标高 2 上方的某个点，则可将“上限”指定为“标高 2”。

“偏移”：房间上边界距该标高的距离。输入正值表示向“上限”标高上方偏移，输入负值表示向其下方偏移。应指明所需的房间标记方向。

“引线”：要使房间标记带有引线，可选择该选项。

“房间”：选择“新建”创建新房间，或者从列表中选择一个现有房间。

（5）要查看房间边界图元，可单击“修改 | 放置房间”选项卡→“房间”面板→“高亮显示边界”命令。

（6）在绘图区域单击以放置房间（图 11-11）。

（7）重命名该房间：在房间属性栏修改房间编号及名称（图 11-12）。

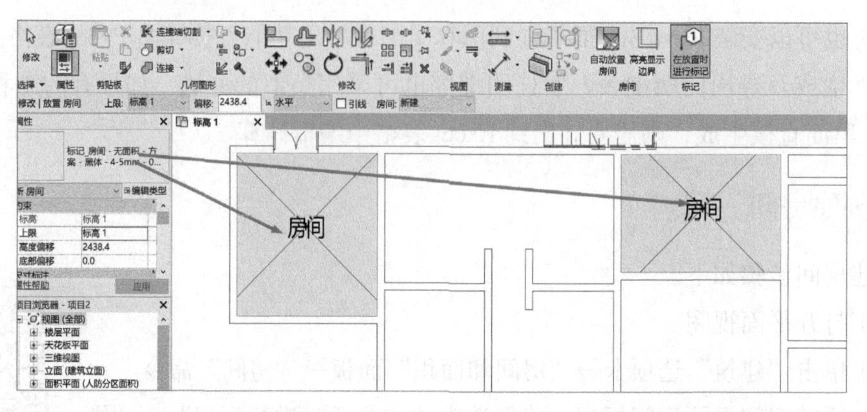

图 11-11

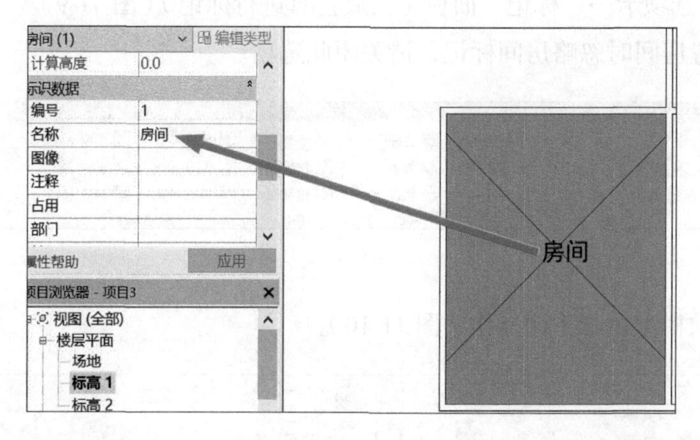

图 11-12

如果将房间放置在边界图元形成的范围之内，该房间会充满该范围。也可以将房间放置到自由空间或未完全闭合的空间，稍后在此房间的周围绘制房间边界图元。添加边界图元时，房间会充满边界。

11.2.1 房间颜色方案

可以根据特定值或一定的范围，将颜色方案应用于楼层平面视图和剖面视图。可以将每个视图应用不同颜色方案。

使用颜色方案可以将颜色和填充样式应用到以下对象中：房间、面积、空间和分区、管道、风管。要使用颜色方案，必须先在项目中定义房间或面积。

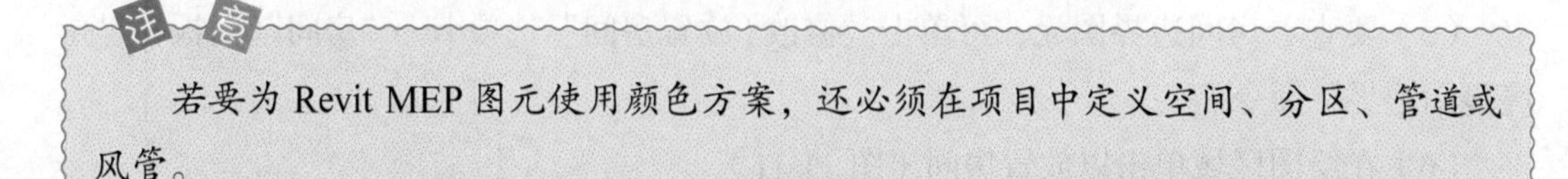

若要为 Revit MEP 图元使用颜色方案，还必须在项目中定义空间、分区、管道或风管。

单击“建筑”选项卡→“房间和面积”面板下拉列表→颜色方案如图 11-13 所示。

如方案类别选择“房间”，应把复制颜色方案 1 命名为“房间颜色按名称”。

如方案标题改为按“名称”，颜色选择“名称”，完成房间颜色方案编辑后，单击“确定”按钮，如图 11-14 所示。

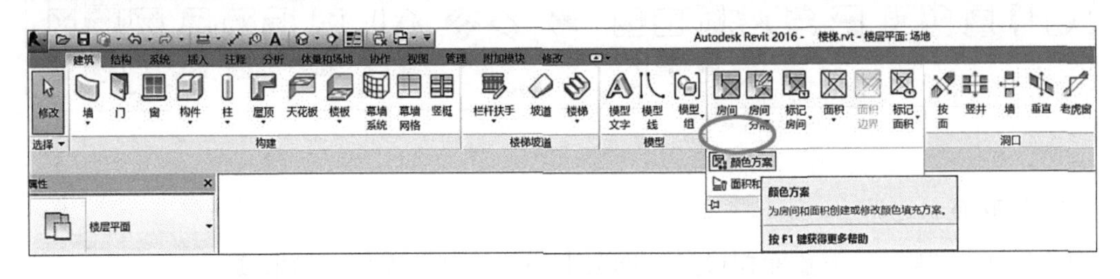

图　11-13

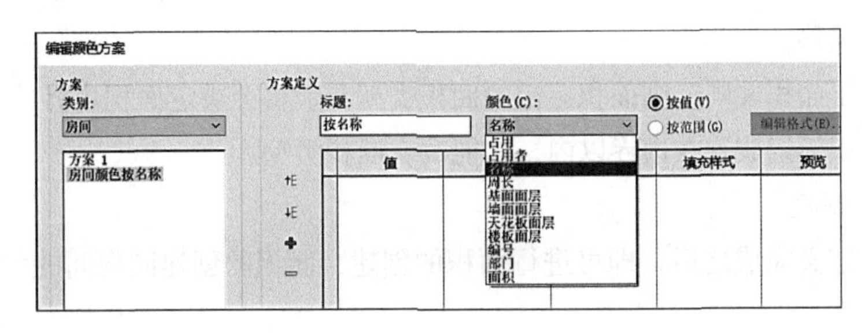

图　11-14

11.2.2　面积和面积方案

面积是对建筑模型中的空间进行再分割形成的，其范围通常比各个房间范围大。面积不一定以模型图元为边界。可以绘制面积边界，也可以拾取模型图元作为边界。

1. 面积平面的创建

（1）单击“建筑”选项卡→“房间和面积”面板→“面积”下拉列表→“面积平面”命令。

（2）在“新建面积平面”对话框中，选择“净面积”作为“类型”，如图 11-15 所示。

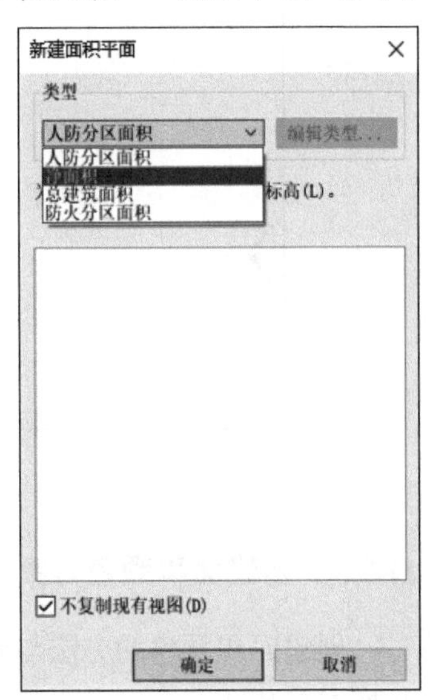

图　11-15

（3）为面积平面视图选择楼层。

（4）要创建唯一的面积平面视图，请选中“不复制现有视图”复选框。要创建现有面积平面视图的副本，可取消选中“不复制现有视图”复选框。

（5）单击“确定”按钮。

2. 定义面积边界

（1）定义面积边界，类似于房间分割，将视图分割成一个个面积区域，即打开一个面积平面视图。

面积平面视图在“项目浏览器”中的“面积平面”下列出。

（2）单击“建筑”选项卡→“房间和面积”面板→“面积”下拉列表（面积边界线），如图 11-16 所示。

（3）绘制或拾取面积边界，通过使用“拾取线”来应用面积规则。

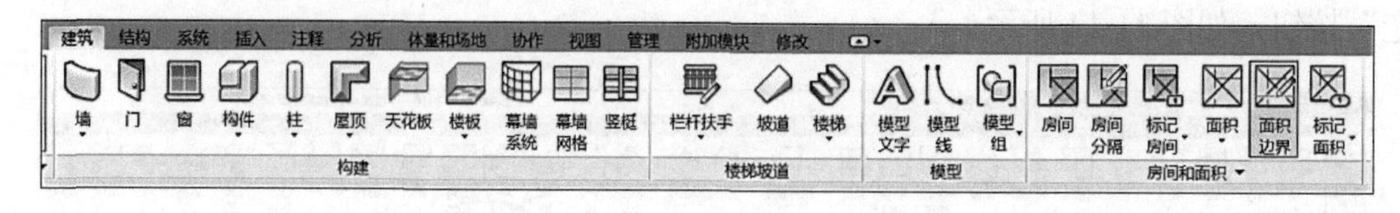

图　11-16

3. 拾取面积边界

（1）单击“修改 | 放置面积边界”选项卡→“绘制”面板→拾取线。

（2）如果不希望 Revit 应用面积规则，请在选项栏上取消选中“应用面积规则”复选框，并指定偏移。

如果应用了面积规则，则面积标记的面积类型参数将会决定面积边界的位置。

必须将面积标记放置在边界以内，才能改变面积类型。

4. 面积的创建

面积边界定义完成之后，即可进行面积的创建，面积的创建同房间的创建步骤相同，如图 11-17 所示。

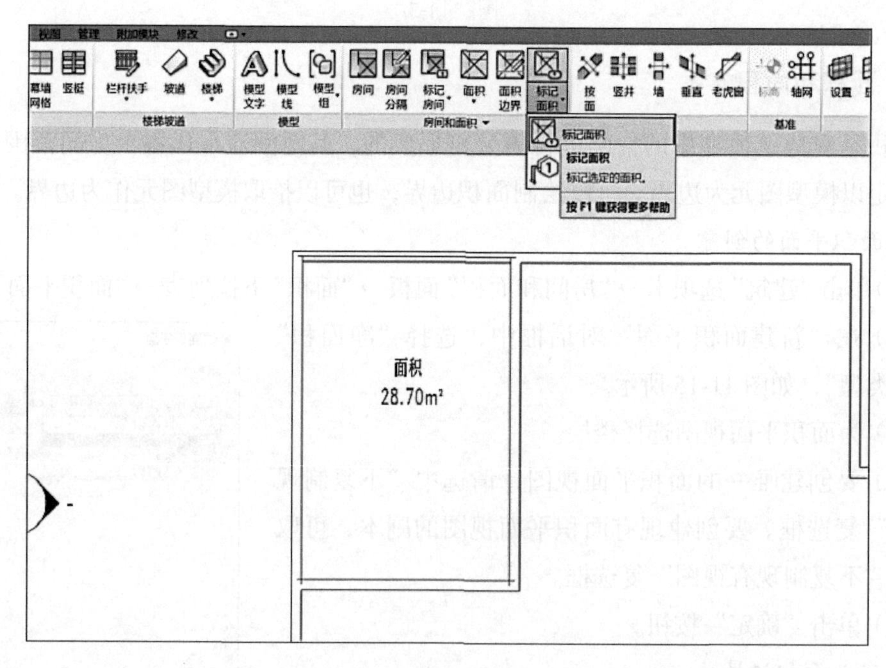

图　11-17

11.2.3　创建面积颜色方案

创建面积颜色的方法与创建房间颜色的方案相同，方案“类型”应选择“净面积”选项，此处不再赘述。

1. 放置房间颜色方案

（1）转到平面视图，在注释里选择颜色填充图例，在视图空白区域放置图例。

（2）放置好的图例没有定义颜色方案，选中图例，上下文选项卡即出现“编辑方案”按钮，如图 11-18 所示。

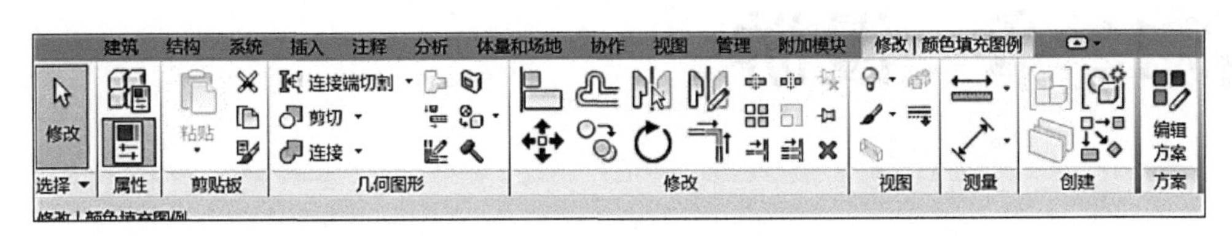

图　11-18

（3）界面弹出对话框,选择事先编辑好的颜色方案,单击“应用”按钮和“确定”按钮，即完成房间颜色方案的创建。

2. 放置面积颜色方案

界面转换到面积平面视图“面积平面（净面积）F1”，在注释里选择颜色填充图例，在视图空白区域放置图例，与放置房间颜色方案图例不同，放置面积方案图例时则会直接弹出对话框，选择实现编辑好的面积颜色方案即可。

第 12 章　漫游

12.1　相机的创建

教学视频：
漫游创建

（1）打开一个平面视图、剖面视图或立面视图。

（2）在视图面板中选择“相机”选项。

（3）在绘图区域中单击以放置相机，将光标拖曳到所需目标，然后单击，即可放置“相机”，如图 12-1 所示。

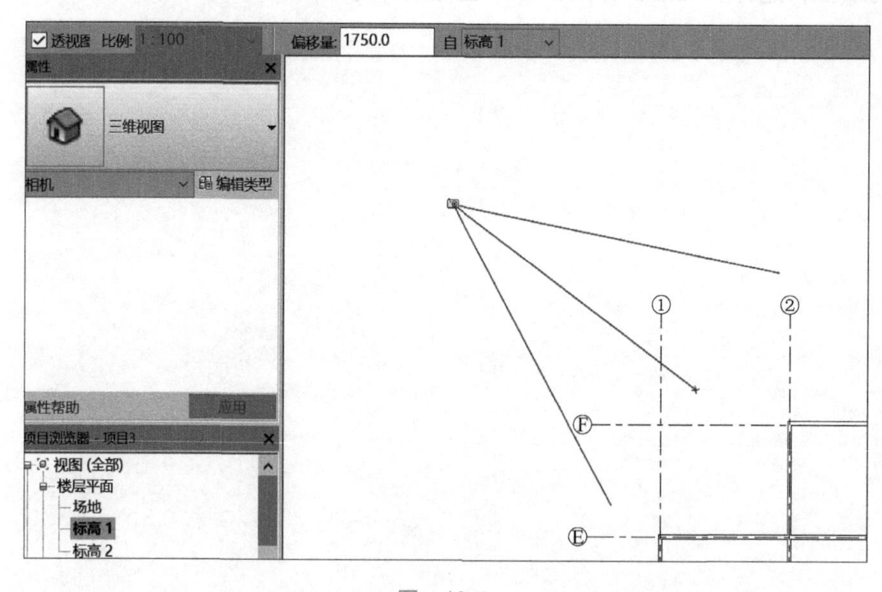

图　12-1

12.2　修改相机设置

选中相机，在“属性”栏里修改“视点高度”“目标高度”以及“远裁剪偏移”，也可在绘图区域拖曳视点和目标点的水平位置，如图 12-2 所示。

创建漫游路径步骤如下。

（1）打开要放置漫游路径的视图。

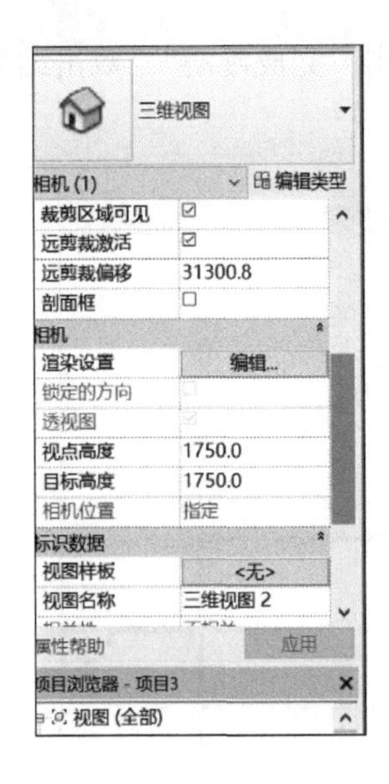

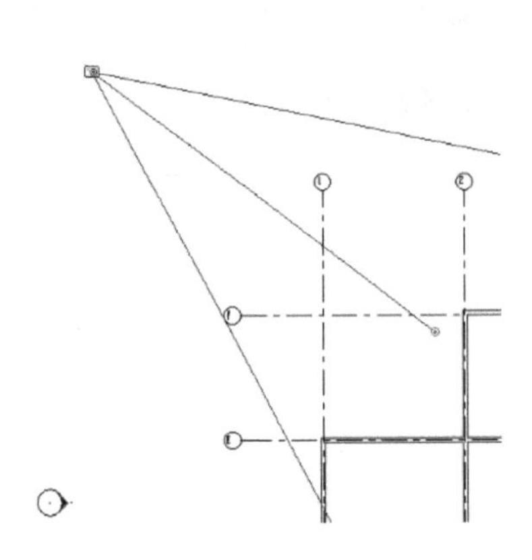

图 12-2

注意

通常在平面视图创建漫游，也可以在其他视图（包括三维视图、立面视图及剖面视图）中创建漫游。

（2）单击“视图”选项卡→“创建”面板→“三维视图”下拉列表→“漫游”选项，如图 12-3 所示。

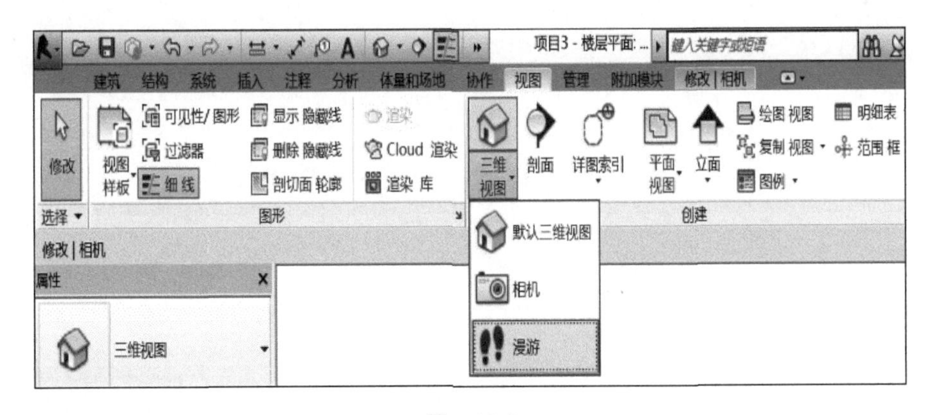

图 12-3

如果需要，在“选项栏”取消选中“透视图”复选框，将漫游作为正交三维视图创建。

（3）如果在平面视图中，通过设置相机距所选标高的偏移，可以修改相机的高度。在“偏移”文本框内输入高度值，并从“自”菜单中选择标高值。这样相机将显示为沿楼梯梯段上升。

（4）将光标放置在视图中并单击，即可放置关键帧。沿所需方向移动光标即可绘制路径，如图 12-4 所示。

（5）要完成漫游路径，可以执行下列任一操作：单击“完成漫游”，双击结束路径创建，或按 Esc 键。

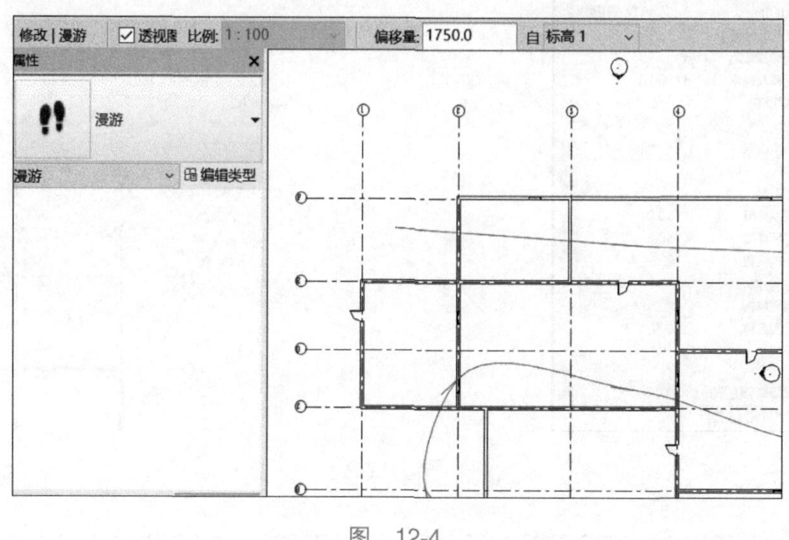

图 12-4

第 13 章　布图与打印

1. 图纸布置

（1）创建图纸视图，指定标题栏。选择“视图”选项卡中的“视图”选项，在弹出的“新建图纸”对话框中选择“选择标题栏”，如图 13-1 所示。

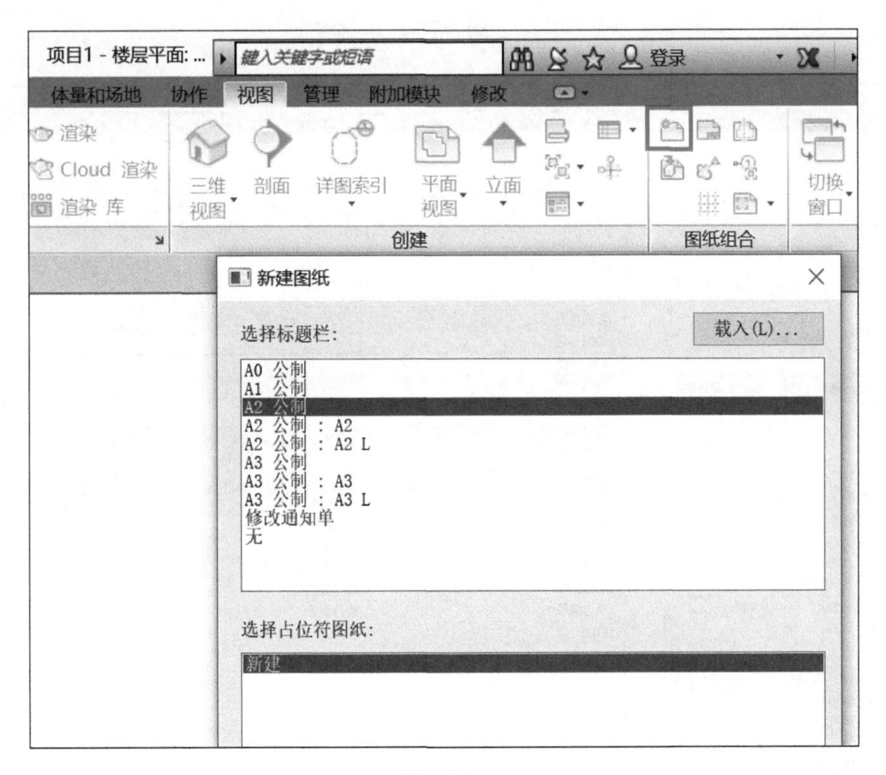

图　13-1

（2）将指定的视图布置在图纸视图中，并转到图纸视图，将 F1 楼层平面视图从项目浏览器中拖入视图，如图 13-2 所示。

2. 项目信息设置

选择“管理”选项卡中的“项目信息”选项，在弹出的“项目属性”对话框中输入相关信息，如图 13-3 所示。

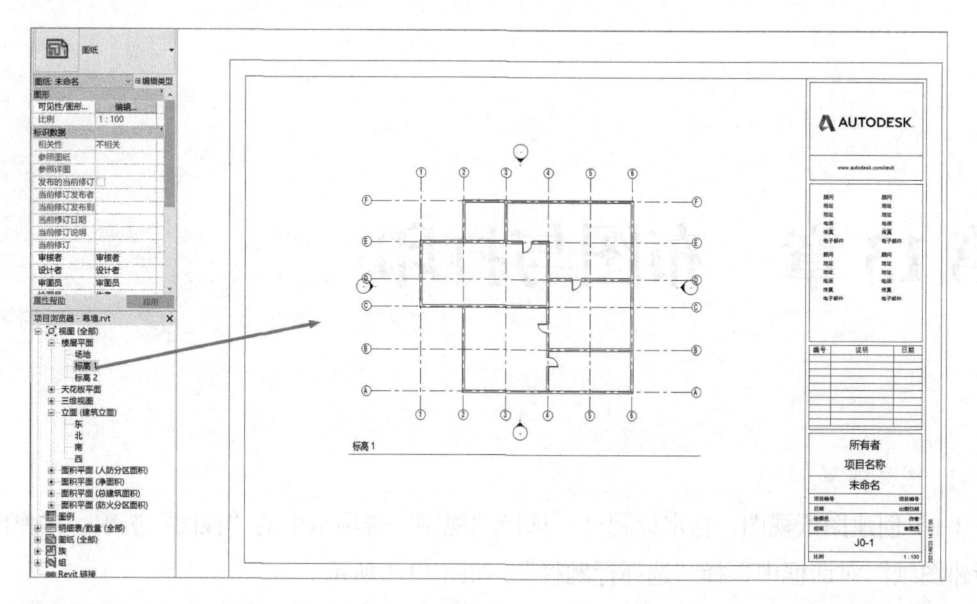

图 13-2

图 13-3

3. 打印

（1）单击“应用”按钮，选择“打印”选项。

（2）在弹出的“打印”对话框中，在“打印范围”中单击“选择”按钮，勾选需要出图的图纸，单击“确定”按钮，如图 13-4 所示。

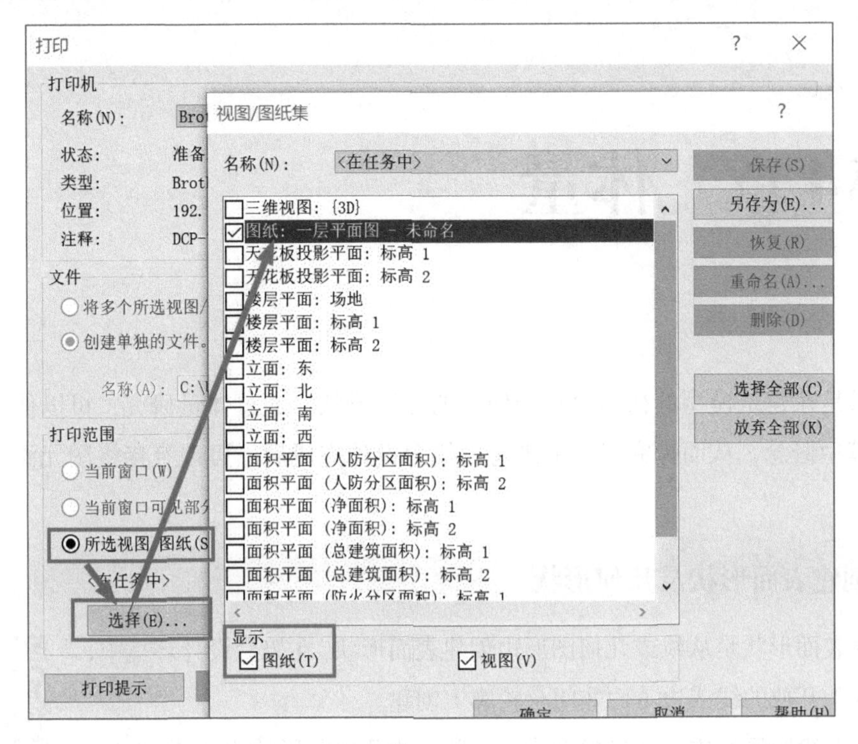

图　13-4

第 14 章　体量

体量是在建筑模型的初始设计中使用的三维形状。通过体量研究，可以使用造型形成建筑模型概念，从而探究设计的理念，概念设计完成后，可以直接将图元添加到这些形状中。

14.1　创建表面形状及几何形状

创建表面形状是从线或几何图形边创建表面形状。在概念设计环境中，表面要基于开放的线或边（而非闭合轮廓）创建。

教学视频：
体量的创建

（1）在绘图区域中，选择模型线、参照线或几何图形的边（图 14-1）。

（2）单击“修改 | 线”选项卡→“形状”面板→创建形状。此时线或边将拉伸成为表面（图 14-2）。

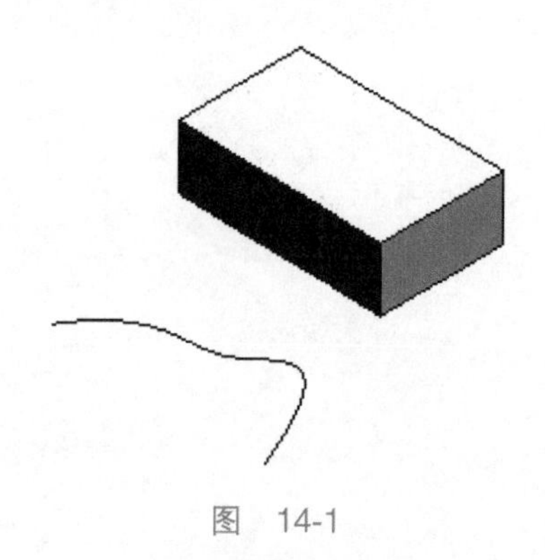

图　14-1

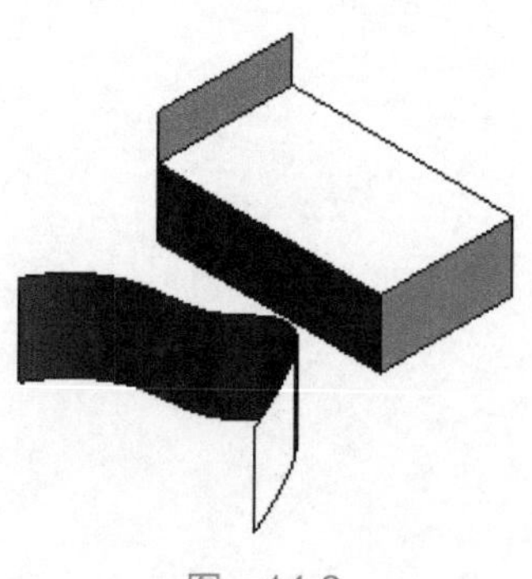

图　14-2

创建几何形状步骤如下。

（1）在绘图区域中选择闭合的模型轮廓线、参照线或几何图形的轮廓边或面（图 14-3）。

（2）单击“修改 | 线”选项卡→“形状”面板→创建形状。线或边将拉伸成为几何形状（图 14-4）。

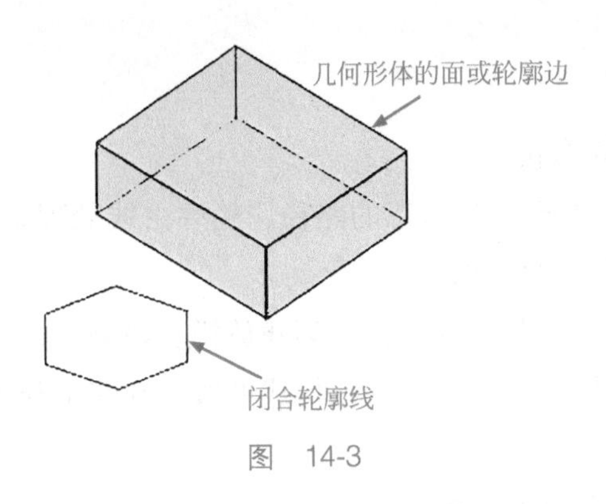

图 14-3

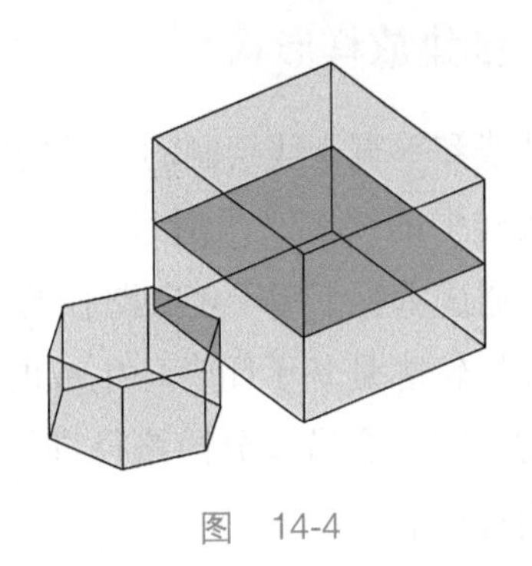

图 14-4

14.2 创建旋转形状

可从线和共享工作平面的二维轮廓来创建旋转形状。旋转中的线用于定义旋转轴，二维形状绕该轴旋转后形成三维形状。

（1）在某个工作平面上绘制一条线。

（2）在同一工作平面上邻近该线绘制一个闭合轮廓。

可以使用未构成闭合环的线来创建表面旋转。

（3）选择线和闭合轮廓（图 14-5）。

（4）单击“修改 | 线”选项卡→“形状”面板→创建形状（图 14-6）。

（5）（可选）若要打开旋转，请选择旋转轮廓的外边缘（图 14-7）。

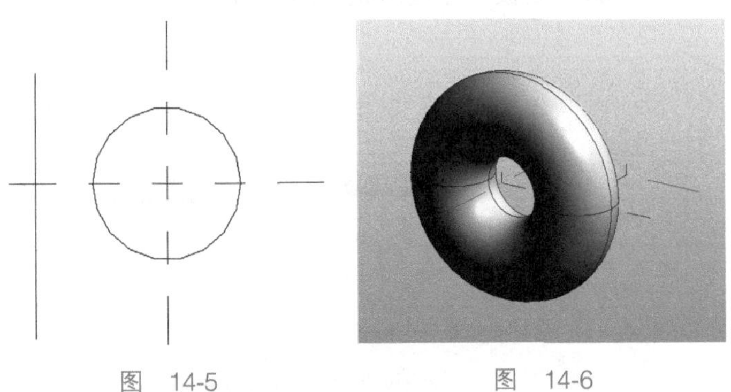

图 14-5　　图 14-6

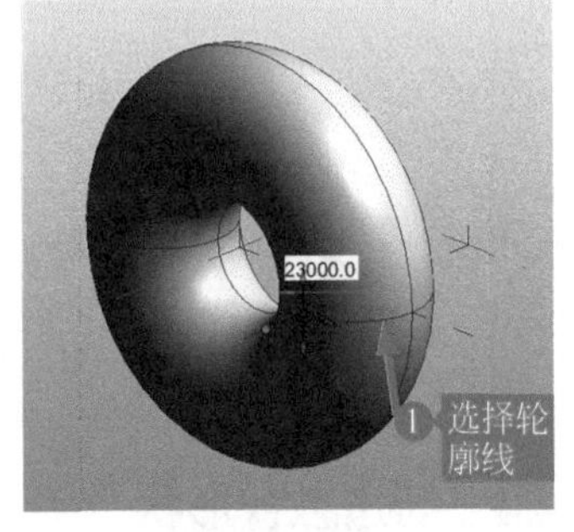

图 14-7

使用透视模式有助于识别边缘。

（6）将橙色控制箭头拖曳到新位置，或者在属性栏里精确设置旋转角度。

14.3 创建放样形状

从线和垂直于线绘制的二维轮廓创建放样形状。

放样中的线定义了通过放样二维轮廓来创建三维形态的路径。轮廓由线处理组成，线处理通过垂直于用于定义路径的一条或多条线绘制而成。

如果轮廓是基于闭合环生成的，可以使用多分段的路径来创建放样。如果轮廓不是闭合的，则不会沿多分段路径进行放样。如果路径是由一条线构成的段，则使用开放的轮廓创建扫描。

（1）绘制一系列连在一起的线来构成路径（图 14-8）。

（2）单击“创建”选项卡→“绘制”面板→点图元，然后沿路径单击以放置参照点（图 14-9）。

（3）选择参照点，将显示出工作平面（图 14-10）。

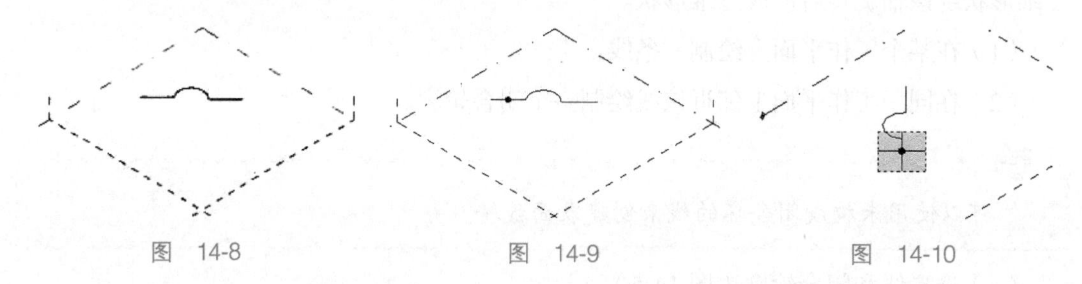

图 14-8　　图 14-9　　图 14-10

（4）在工作平面上绘制一个闭合轮廓（图 14-11）。

（5）选择线和轮廓。

（6）单击“修改 | 线”选项卡→“形状”面板→创建形状（图 14-12）。

图 14-11　　图 14-12

14.4 创建融合形状

通过在单独工作平面上绘制的两个或多个二维轮廓来创建放样形状。生成放样几何图形时，轮廓可以是开放的，也可以是闭合的。

（1）在某个工作平面上绘制一个闭合轮廓（图 14-13）。

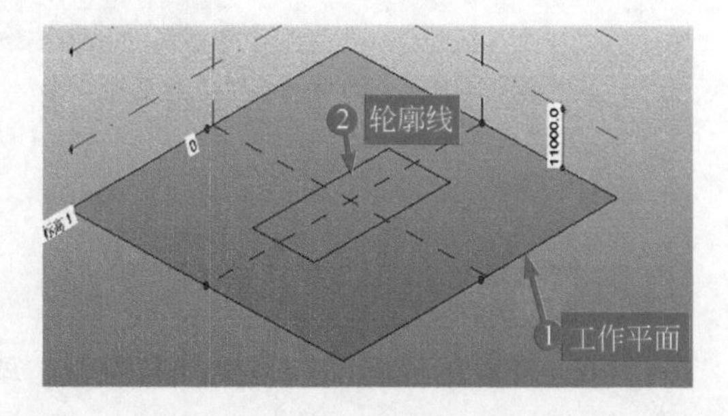

图 14-13

（2）选择其他工作平面（图 14-14）。

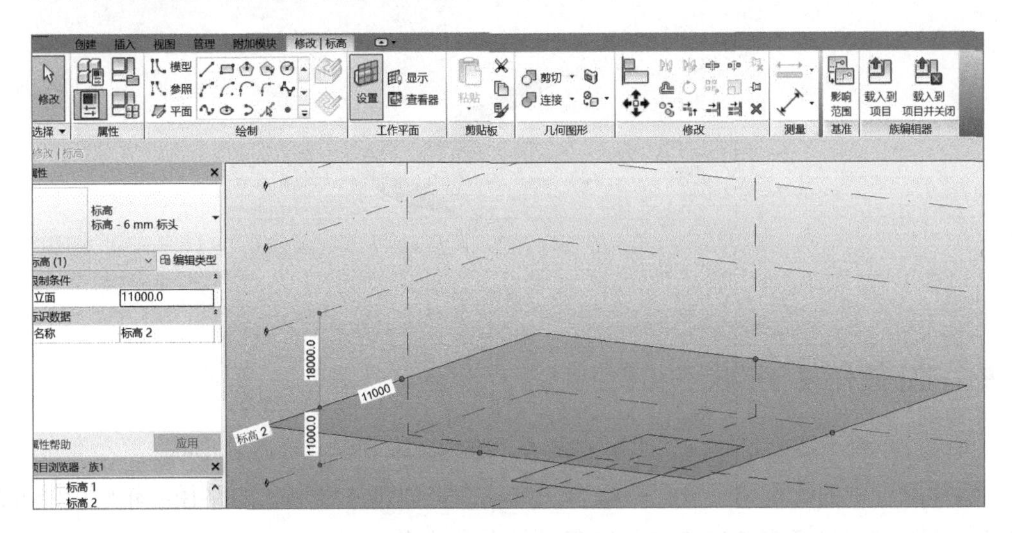

图 14-14

（3）绘制新的闭合轮廓（图 14-15）。

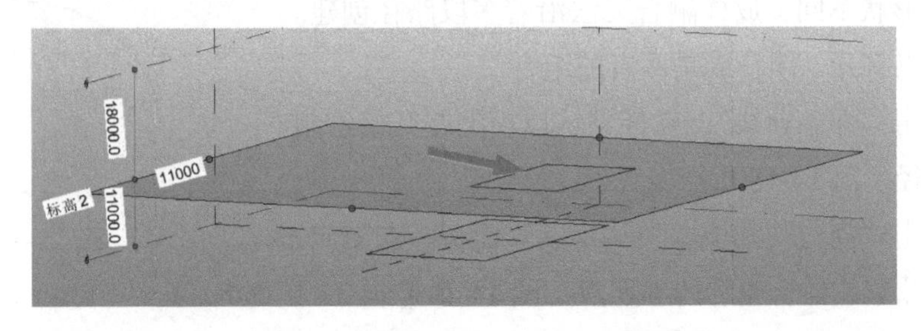

图 14-15

（4）在保持每个轮廓都在唯一工作平面的同时，重复步骤（2）和步骤（3）。

（5）选择所有轮廓（图 14-16）。

图 14-16

（6）单击“修改 | 线”→选项卡“形状”面板→创建形状（图 14-17）。

图 14-17

14.5 创建放样融合形状

可通过垂直于线绘制的线和两个或多个二维轮廓来创建放样融合形状。

放样融合中的线定义了放样并融合二维轮廓来创建三维形状的路径。轮廓由线处理组成，线处理通过垂直于用于定义路径的一条或多条线绘制而成。

与放样形状不同，放样融合无法沿着多段路径创建。但是轮廓可以打开、闭合或是两者的组合。

（1）单击“样条曲线”，软件默认以模型线开始绘制线以形成路径（图 14-18）。

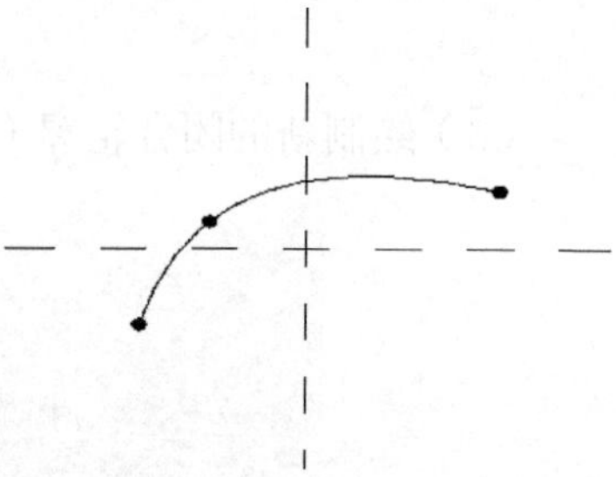

图 14-18

（2）单击“创建”选项卡→“绘制”面板→点图元，然后沿路径放置放样合轮廓的参照点（图 14-19）。

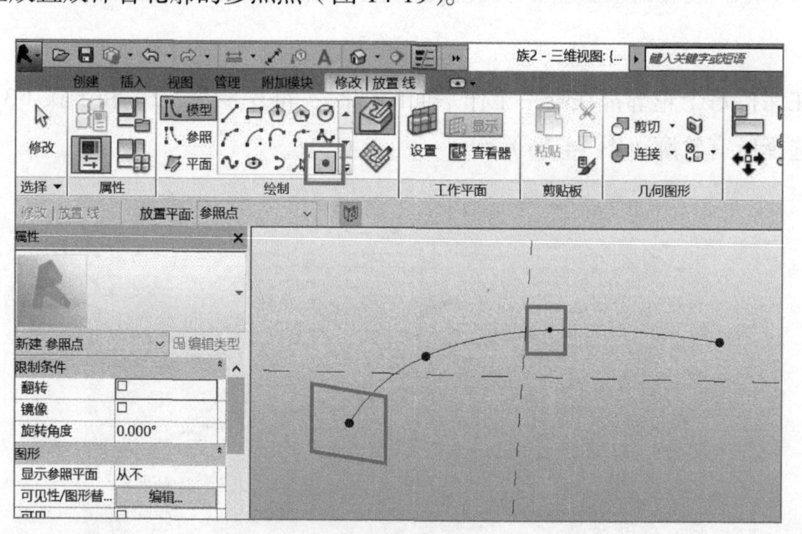

图 14-19

（3）选择一个参照点，单击工作平面→设置命令，并在其工作平面上绘制一个闭合轮廓。

（4）绘制其余参照点的轮廓（图 14-20）。

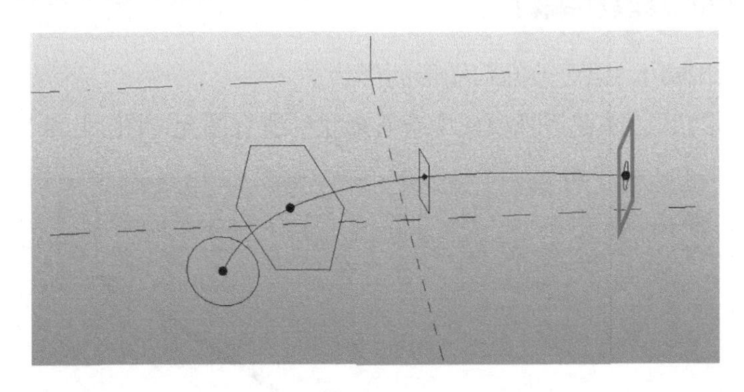

图　14-20

（5）选择路径和轮廓。选中绘制的所有轮廓和线段，单击“形状”面板→创建形状→实心形状（图 14-21）。

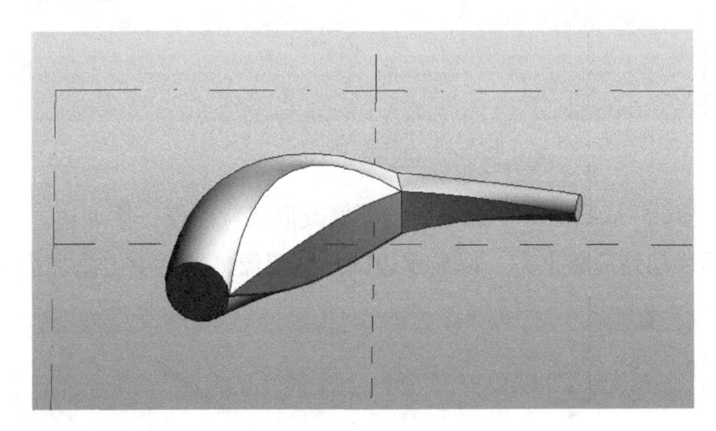

图　14-21

14.6　创建空心形状

用“创建空心形状”工具来创建负几何图形（空心）以剪切实心几何图形。创建空心形状的基本方法与创建实心形状相同，只是在“创建形状”面板下选择“空心形状”。

（1）在“创建”选项卡→“绘制”面板，选择一个绘图工具。

（2）单击绘图区域，然后绘制一个相交、实心几何图形的闭合环。

（3）选择闭环。

（4）单击“修改 | 线”选项卡→“形状”面板→创建形状→下拉菜单→空心形状，即可创建一个空心形状（图 14-22）。

（5）（可选）单击“修改 | 形状图元”选项卡→“形状”面板→实心形状，以将该形状转换为实心形状。

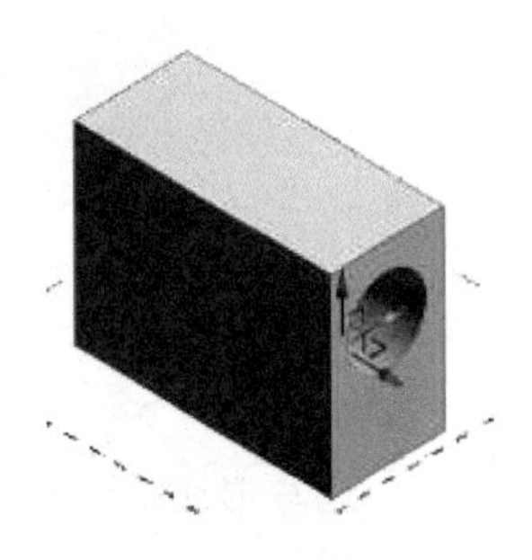

图　14-22

14.7 体量模型的修改和编辑

可向形状中添加边，以更改几何图形的形状。

（1）选择“形状”，并在透视模式中查看形状的所有图元（图 14-23）。

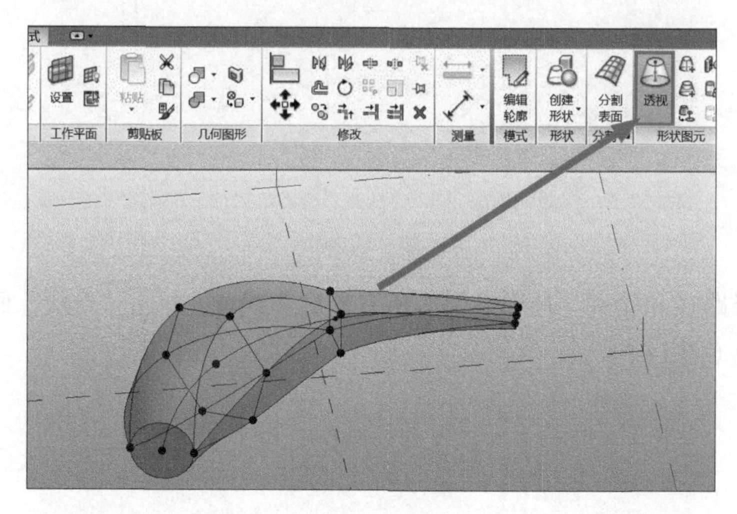

图 14-23

（2）单击“修改 | 形状图元”选项卡→“修改形状”面板→添加边。

（3）将光标移动到形状上方，以显示边的预览图像，然后单击添加边（图 14-24）。

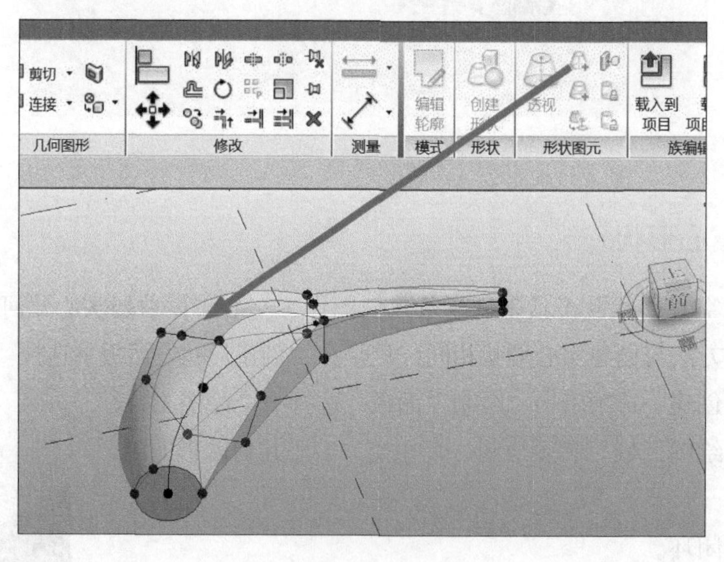

图 14-24

边与形状的纵断面中心平行，而该形状则与绘制时所在的平面垂直。要在形状顶部添加一条边，请在垂直参照平面上创建该形状。

边显示在沿形状轮廓周边的形状上，并与拉伸的轨迹中心线平行。

（4）选择边。

（5）单击三维控制箭头操纵该边（图 14-25）。

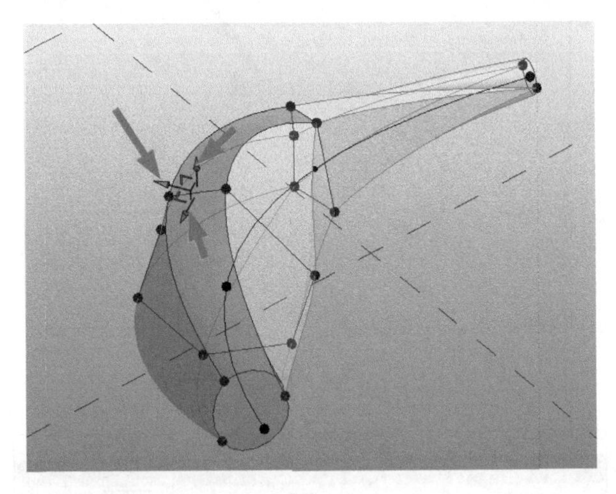

图 14-25

几何图形会根据新边的位置进行调整（图 14-26）。

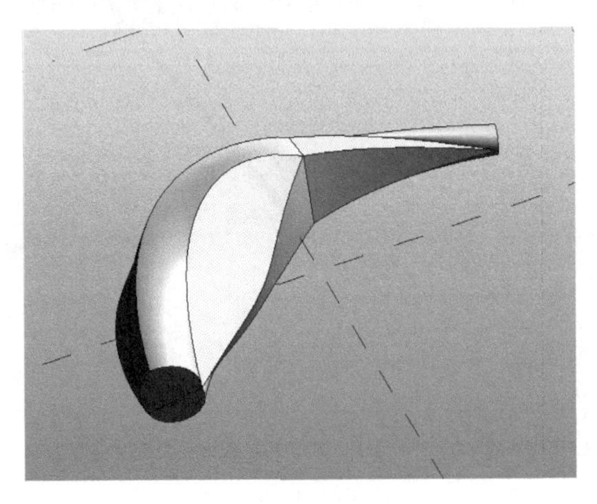

图 14-26

14.8 向形状中添加轮廓

（1）选择一个形状。

（2）单击“修改 | 形状图元”选项卡→“形状图元”面板→“透视”选项（图 14-27）。

（3）单击“修改 | 形状图元”选项卡→“形状图元”面板→添加轮廓。

（4）将光标移动到形状上方以预览轮廓的位置。单击以放置轮廓。

生成的轮廓平行于最初创建形状的几何图元，垂直于拉伸的轨迹中心线（图 14-28）。

（5）通过修改轮廓形状来更改形状（图 14-29）。

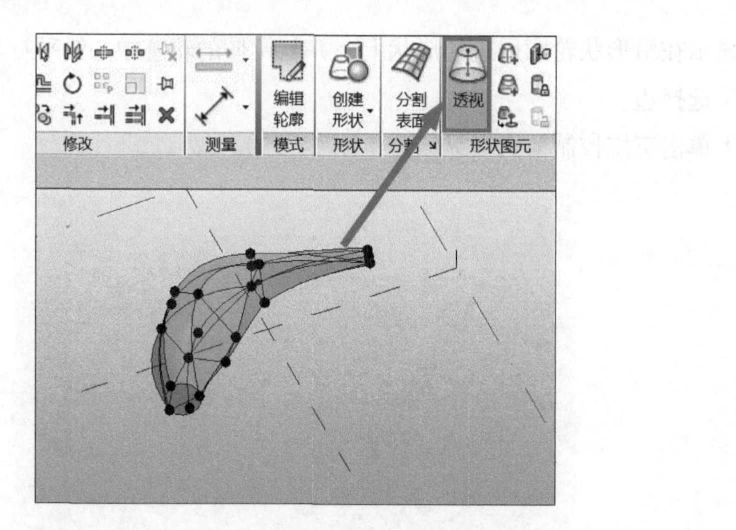

图 14-27

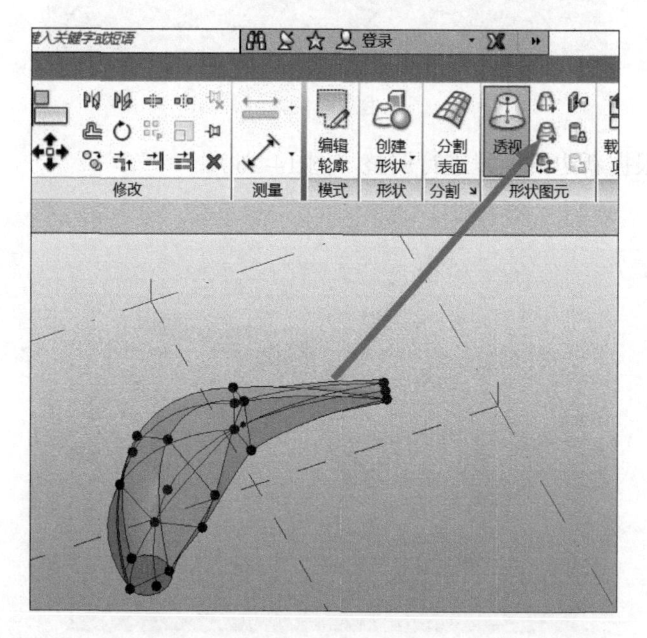

图 14-28

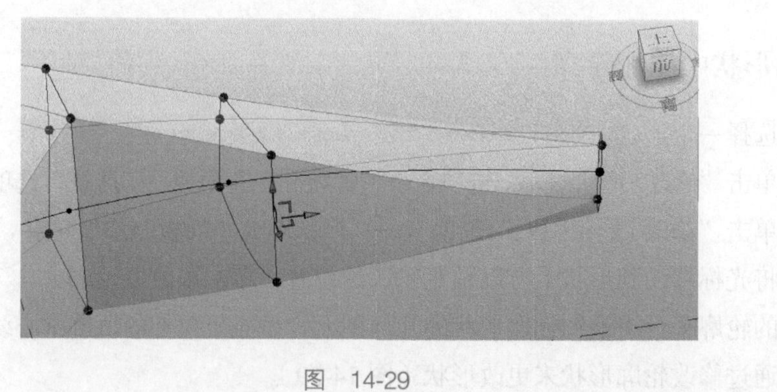

图 14-29

（6）当完成表格选择后，单击“修改 | 形状图元”选项卡→“形状图元”面板→“透视”选项（图 14-30）。

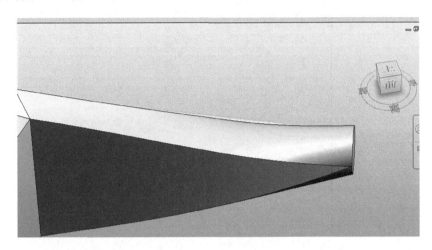

图 14-30

14.9 修改编辑体量

（1）选择一个形状（图 14-31）。

（2）单击“修改 | 形状图元”选项卡→“形状图元”面板→透视。

形状会显示其几何图形和节点（图 14-32）。

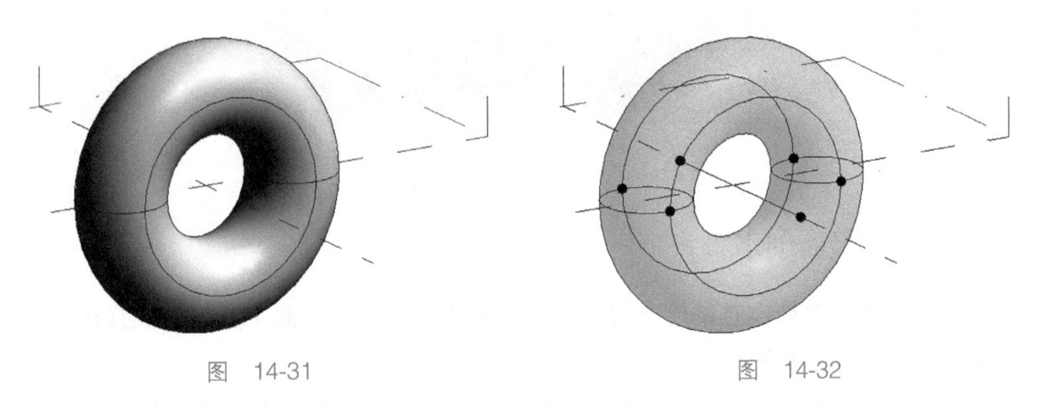

图 14-31　　图 14-32

（3）选择形状和三维控件显示的任意图元以重新定位节点和线。

也可以在透视模式中添加和删除轮廓、边和顶点。如有必要，请重复按 Tab 键以高亮显示可选择的图元（图 14-33）。

（4）重新调整源几何图形以调整形状。

在此示例中，将修改一个节点（图 14-34）。

（5）完成后，请选择形状并单击“修改 | 形状图元”选项卡→“形状图元”面板→透视，以返回到默认的编辑模式。

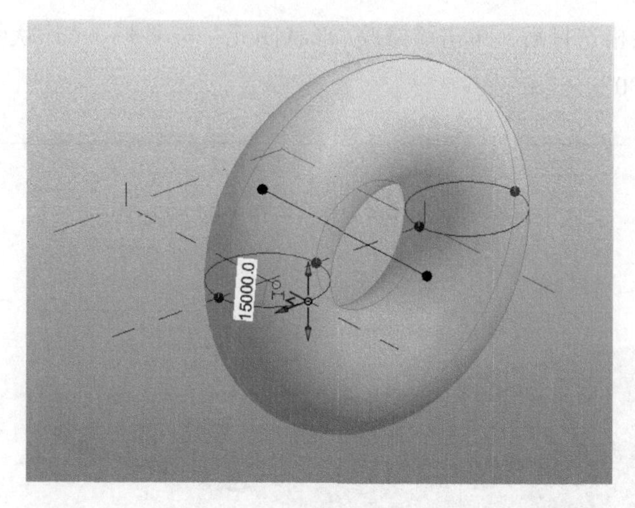

图 14-33

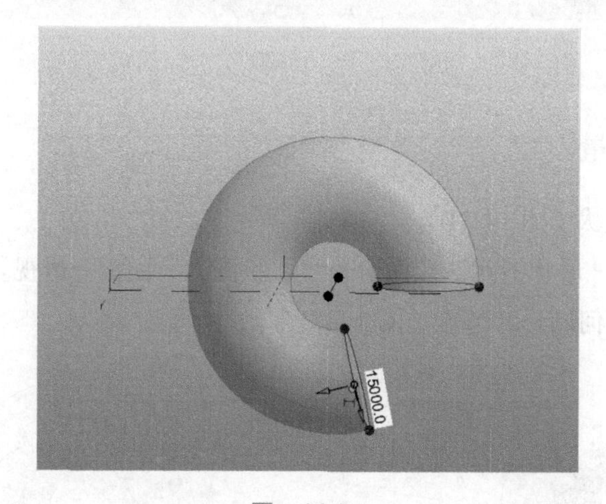

图 14-34

14.10 基于体量面创建墙

使用“面墙”工具，通过拾取线或面从体量实例创建墙。此工具将墙放置在体量实例或常规模型的非水平面上。

使用“面墙”工具创建的墙不会自动更新。要更新墙，请使用“更新到面”工具。

1. 从体量面创建墙

（1）打开显示体量的视图。

（2）单击“体量和场地”选项卡→“面模型”面板→面墙（图 14-35）。

（3）在类型选择器中，选择一个墙类型。

（4）在选项栏上，选择所需的标高、高度、定位线的值。

移动光标以高亮显示某个面。

单击以选择该面，创建墙体（图 14-36）。

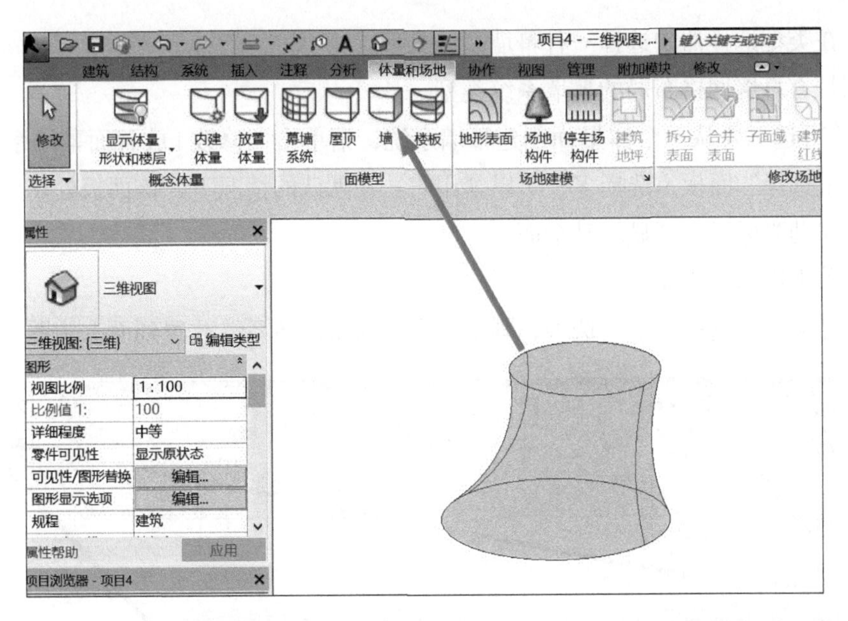

图　14-35

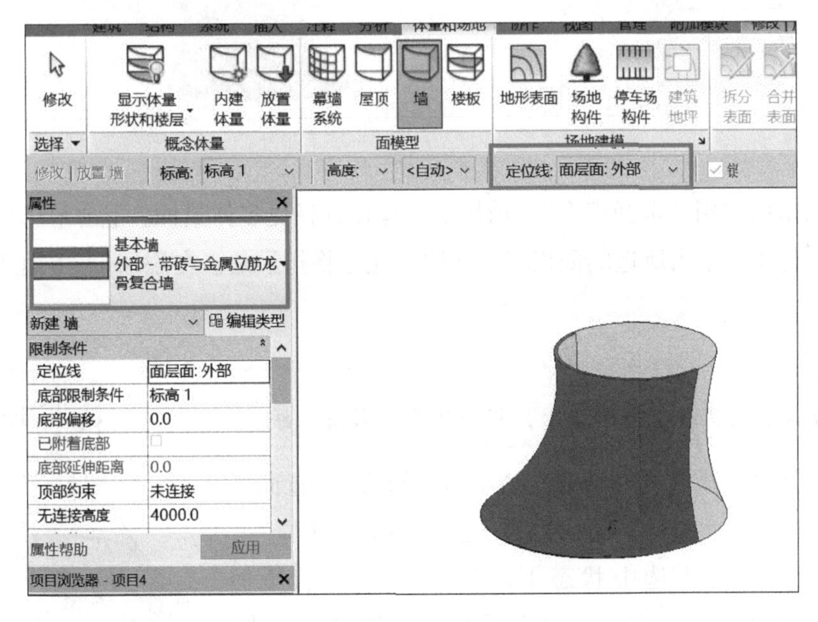

图　14-36

2. 基于体量面创建楼板幕墙系统

使用“面幕墙系统”工具在任何体量面或常规模型面上创建幕墙系统。

幕墙系统没有可编辑的草图。如果需要关于垂直体量面的可编辑的草图，请使用幕墙。

对于无法编辑幕墙系统的轮廓，如果要编辑轮廓，可先放置一面幕墙。

（1）打开显示体量的视图。

（2）单击“体量和场地”选项卡→“面模型”面板→面幕墙系统。

（3）在类型选择器中选择一种幕墙系统类型。

使用带有幕墙网格布局的幕墙系统类型。

（4）（可选）要从一个体量面创建幕墙系统，请单击“修改 | 放置面幕墙系统”选项卡→“多重选择”面板（选择多个）以禁用它。在默认的情况下，该面板处于启用状态。

（5）移动光标以高亮显示某个面。

（6）单击以选择该面。

如果已清除“选择多个”选项，则系统会立即将幕墙系统放置到面上（图 14-37）。

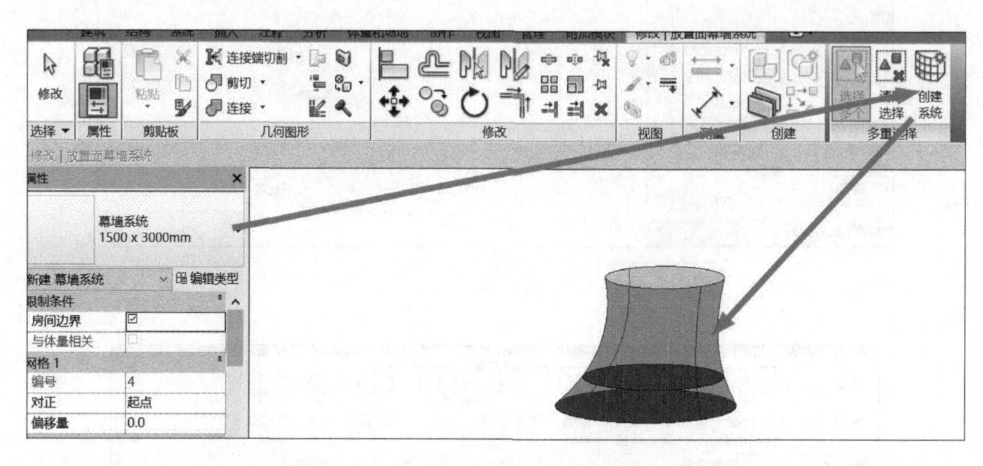

图 14-37

（7）如果已启用“选择多个”，请按如下操作选择更多体量面：单击未选择的面以将其添加到选择中。单击所选的面以将其删除。光标将指示是正在添加（+）面还是正在删除（–）面。

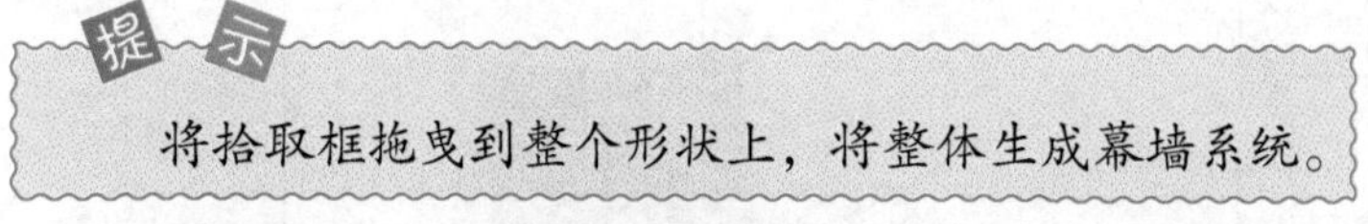

提示
将拾取框拖曳到整个形状上，将整体生成幕墙系统。

要清除选择并重新开始选择，请单击“修改 | 放置面幕墙系统”选项卡→“多重选择”面板→（清除选择）。

在所需的面处于选中状态下，单击“修改 | 放置面幕墙系统”选项卡→“多重选择”面板→“创建面幕墙”（图 14-38）。

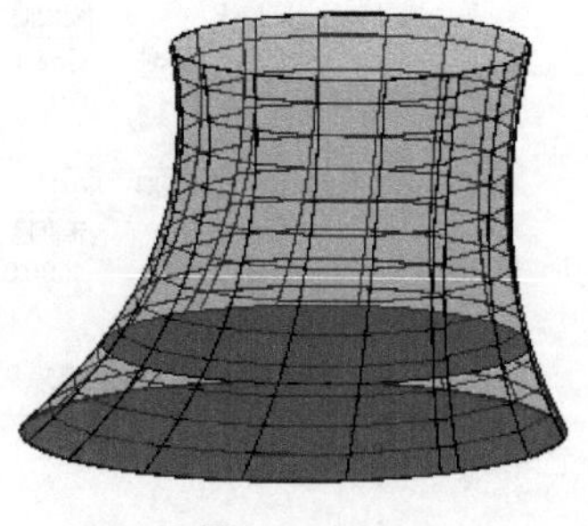

图 14-38

14.11 基于体量面创建楼板

要从体量实例创建楼板，可使用“面楼板”工具或“楼板”工具。

要使用“面楼板”工具，可先创建体量楼层。体量楼层在体量实例中计算楼层面积。

从体量楼层创建楼板的步骤如下。

（1）打开显示概念体量模型的视图，选择体量创建体量楼层（图 14-39）。

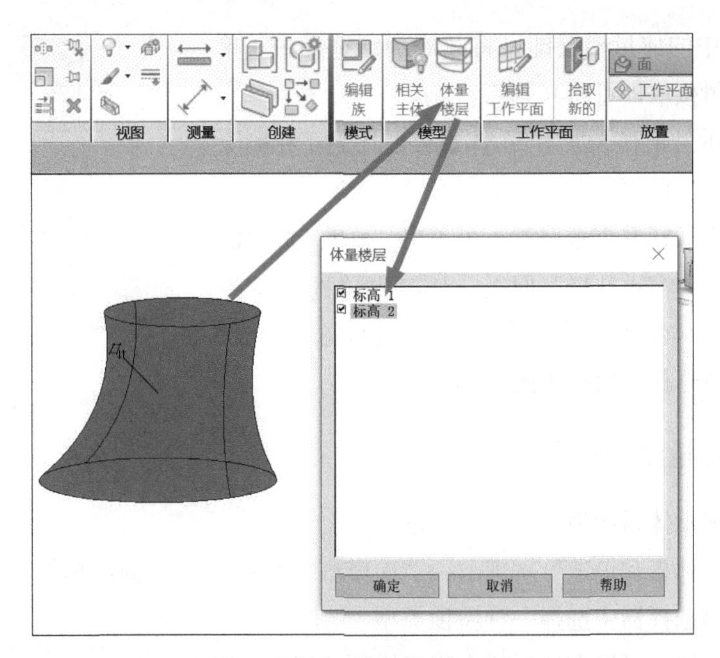

图 14-39

（2）单击“体量和场地”选项卡→“面模型”面板（面楼板）。

（3）在类型选择器中，选择一种楼板类型。

（4）（可选）要从单个体量面创建楼板，请单击“修改 | 放置面楼板”选项卡→“多重选择”面板→（选择多个）以禁用此选项。在默认的情况下，该面板处于启用状态。

（5）移动光标以高亮显示某一个体量楼层。

（6）单击以选择体量楼层。

如果已清除“选择多个”选项，则立即会有一个楼板被放置在该体量楼层上（图 14-40）。

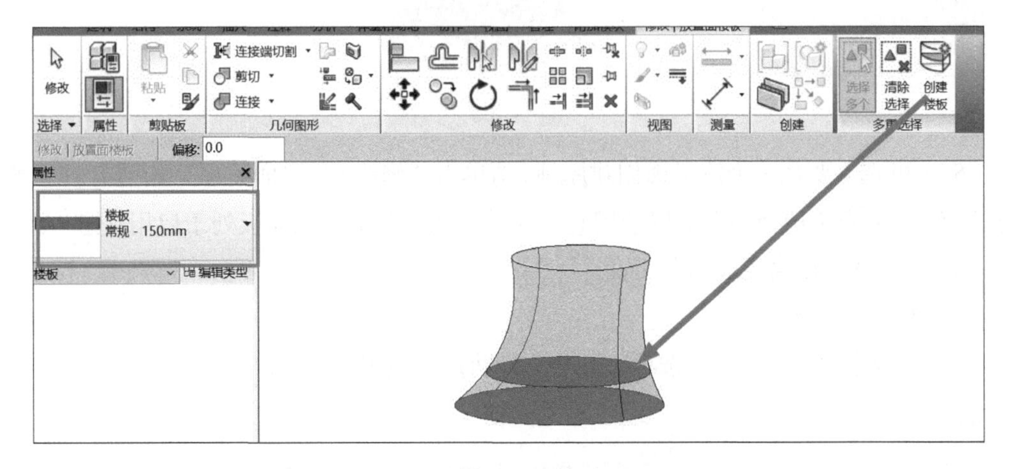

图 14-40

（7）如果已启用“选择多个”，请选择多个体量楼层。

单击未选中的体量楼层即可将其添加到选择中。单击已选中的体量楼层即可将其删除。

光标将指示是正在添加（+）体量楼层还是正在删除（–）体量楼层。

要清除整个选择并重新开始，可单击“修改 | 放置面楼板”选项卡→“多重选择”面板→（清除选择）。

选中需要的体量楼层后，单击“修改 | 放置面楼板”选项卡→“多重选择”面板（图 14-41）。

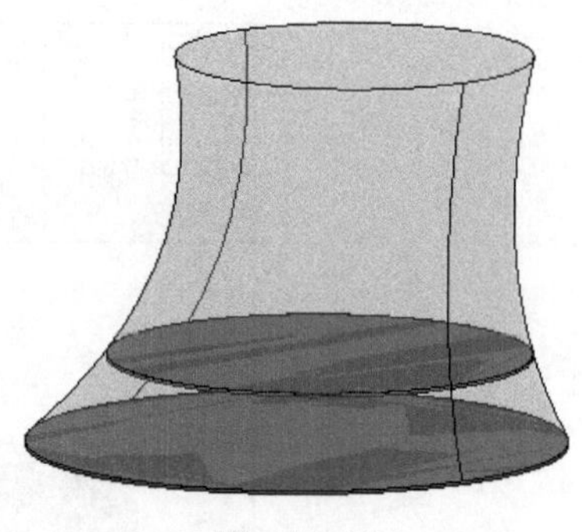

图 14-41

14.12 基于体量面创建屋顶

（1）打开显示体量的视图。

（2）单击“体量和场地”选项卡→“面模型”面板→（面屋顶）。

（3）在类型选择器中选择一种屋顶类型。

（4）如果需要，可以在选项栏上指定屋顶的标高（图 14-42）。

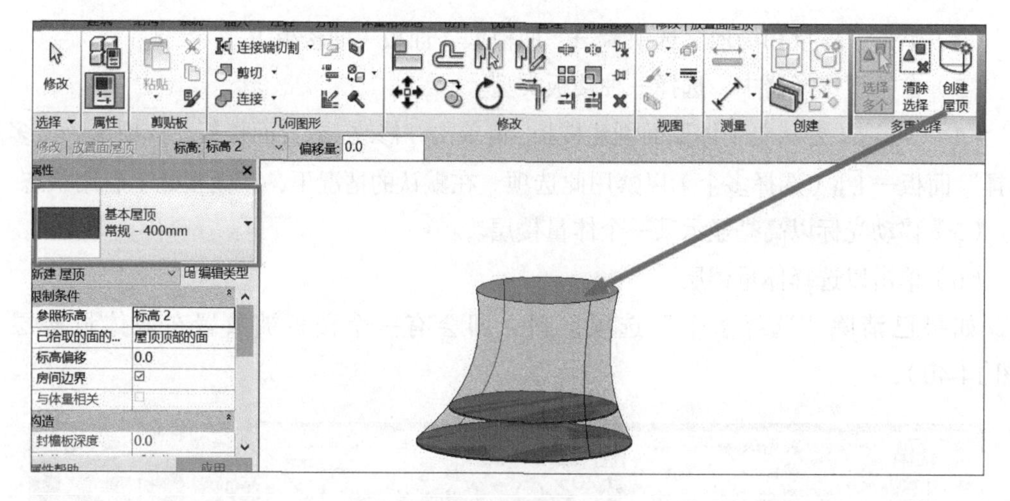

图 14-42

（5）（可选）要从一个体量面创建屋顶，请单击“修改 | 放置面屋顶”选项卡→“多重选择”面板→（选择多个）以禁用它。在默认的情况下，该面板处于启用状态。

（6）移动光标以高亮显示某个面。

（7）单击以选择该面。

如果已清除“选择多个”选项，则会立即将屋顶放置到面上。

通过在“属性”选项板中修改屋顶的“已拾取的面的位置”属性，可以修改屋顶的拾取面位置（顶部或底部）。

（8）如果已启用“选择多个”，请按如下操作选择更多体量面：

单击未选择的面将其添加到“选择”中。单击所选的面可将其删除。

光标将指示是正在添加（+）面还是正在删除（-）面。

要清除选择并重新开始选择，可单击“修改 | 放置面屋顶”选项卡→“多重选择”面板→（清除选择）。

选中所需的面以后，单击“修改 | 放置面屋顶”选项卡→“多重选择”面板→“创建屋顶”（图 14-43）。

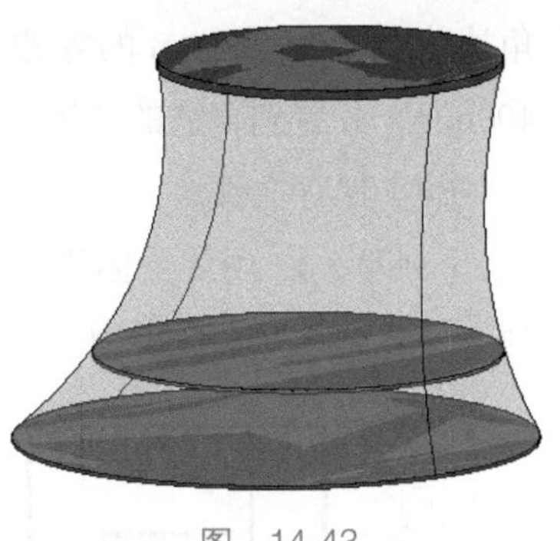

图　14-43

14.13　实例操作

【例题 1】 图 14-44 为某牛腿柱。请按图示尺寸要求建立该牛腿柱的体量模型。最终结果以“牛腿柱”为文件名保存在文件夹中。

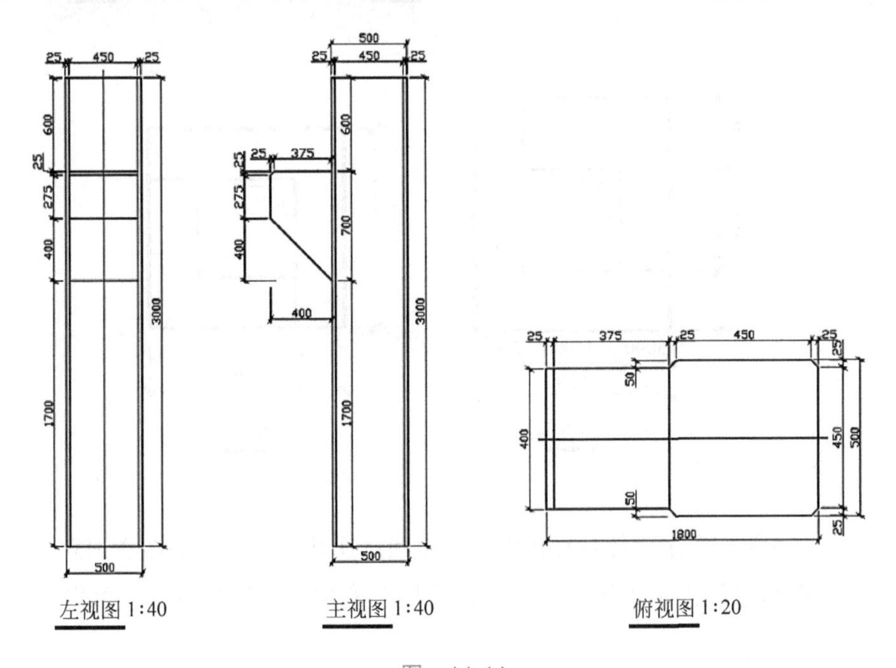

图　14-44

解题思路：本题比较简单，该体量模型可以看作两个拉伸图形的组合。

操作过程：

（1）新建概念体量。

（2）在标高一创建一个 500mm×500mm 的矩形，四个角的位置各剪掉一个直角边为 25mm×25mm 的等腰直角三角形，对这个轮廓形状创建实心形状，拉伸高度为 3000mm。

（3）借助参照平面线确定位置，在主立面创建题中梯形形状，左上角剪掉一个直角边为 25mm×25mm 的等腰直角三角形，对这个形状轮廓创建实心形状，拉伸长度为 400mm，放置到合适的位置。

（4）保存文件。

【例题 2】 用体量创建图 14-45 中的“仿央视大厦”模型，请将模型以“仿央视大厦”为文件名保存到文件夹中。

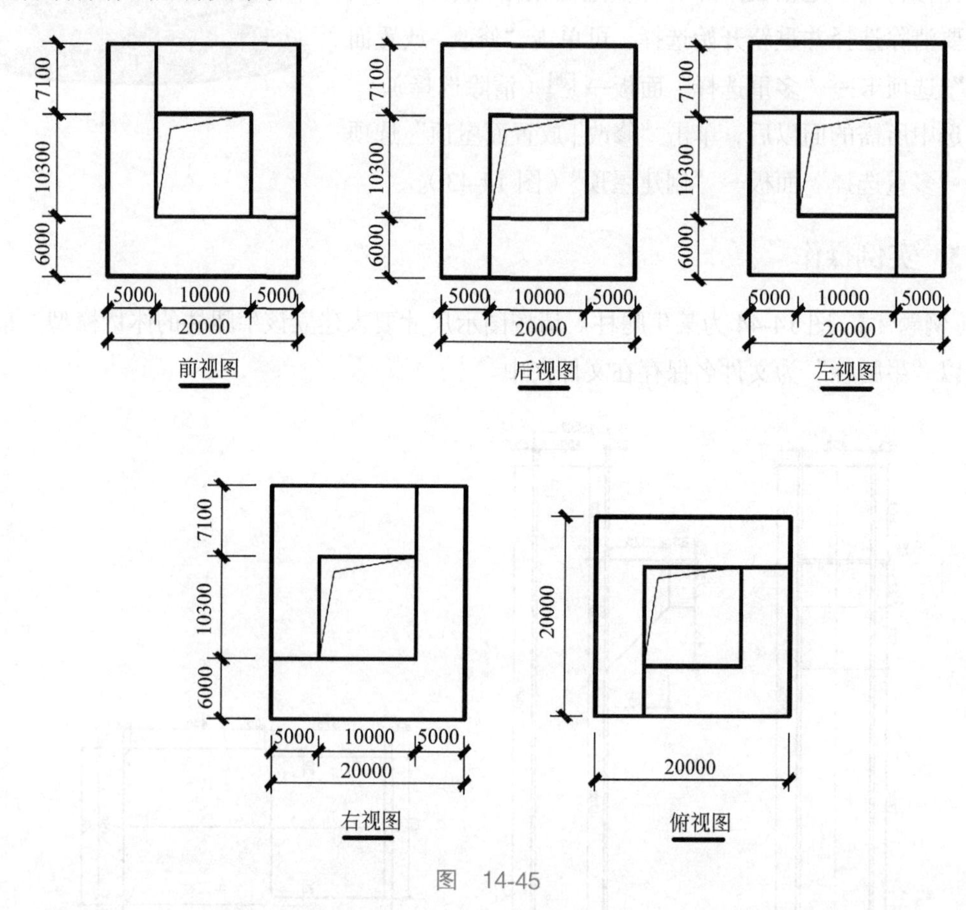

图 14-45

解题思路：本题难度主要体现在识图，要能通过这几个平、立面图意识到这是个什么形状的模型。题目已经提示了这是“仿央视大厦”模型，不清楚的话，可以搜索央视大厦图片。

操作步骤：

（1）新建概念体量文件。

（2）用模型线创建一个 20000mm×20000mm 的矩形。

（3）对其创建实心形状，拉伸 7100mm+10300mm+6000mm=23400mm 的高度。

（4）打开前视图，照题中位置用模型线创建一个 15000mm×（10300mm+7100mm）的矩形，对这个矩形创建空心形状，向内侧拉伸 15000mm。

（5）打开后视图，根据题目在合适的位置用模型线创建一个 15000mm×（6000mm+

10300mm）的矩形，对这个矩形创建空心形状，向内侧拉伸 15000mm。

（6）保存文件。

【例题 3】 请用体量面墙建立如图 14-46 所示 200 厚斜墙，按图中尺寸在墙面开一圆形洞口，并计算开洞后墙体的体积和面积。请将模型文件以“斜墙”为文件名保存到文件夹中。

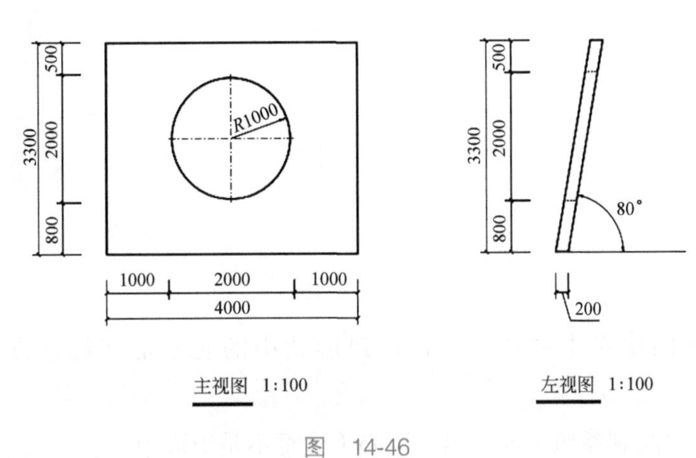

图　14-46

解题思路：本题难度不大，大部分同学可能第一反应想到用公制常规模型来做，这样做是可以，但是计算墙体总体积时比较麻烦；可用体量面墙生成墙体，建立一个斜的体量面，按面生成面墙，墙体总体积会在属性栏自动计算并显示出来。

操作过程：

（1）新建概念体量——公制体量。

（2）从左视图中进入西立面，绘制 80° 参照平面和 3300mm 的标高，如图 14-47 所示。

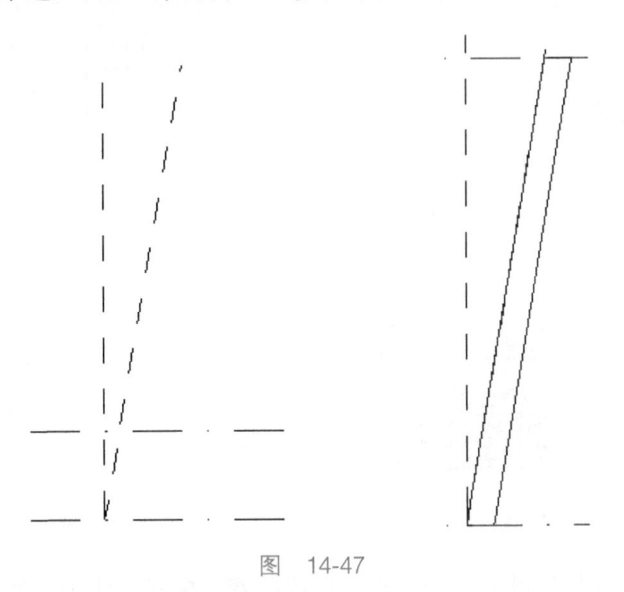

图　14-47

（3）绘制左视图轮廓线，如图 14-48 所示。

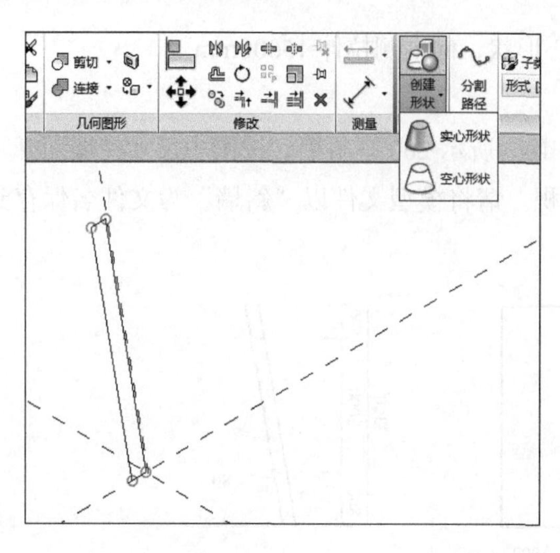

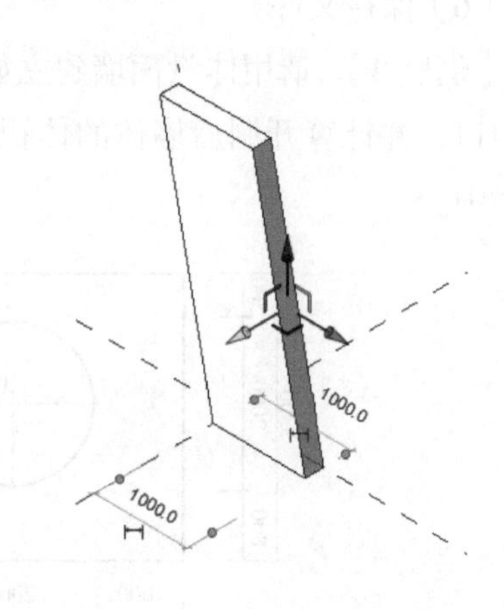

图 14-48

（4）在三维图中单击墙体，选择创建形状中的实心形状红轴方向尺寸，改为4000mm。

（5）在南立面绘制参照平面，确定圆心（注意不是矩形中心），如图 14-49 所示。

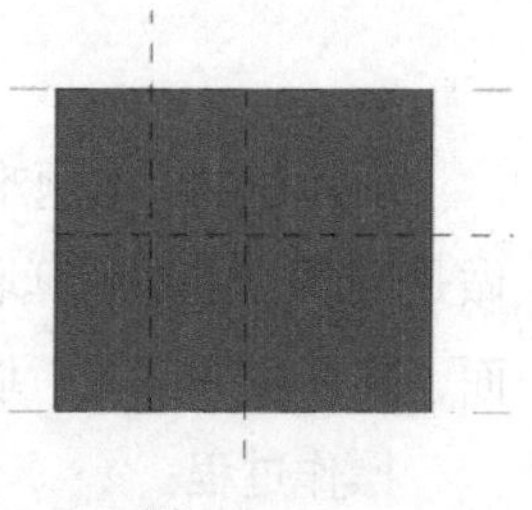

图 14-49

（6）模型线选择圆形，在工作平面上绘制直径为 1000mm 的圆，如图 14-50 所示。

（7）在三维中选择圆形，创建空心形状，在出现的选项中，不要选择球形，如图 14-51 所示。

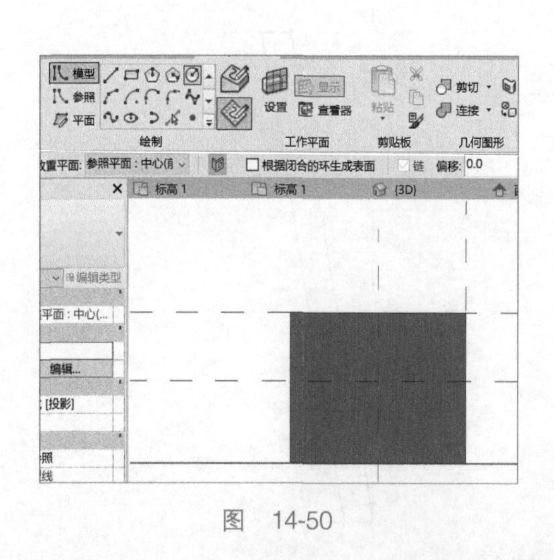

图 14-50

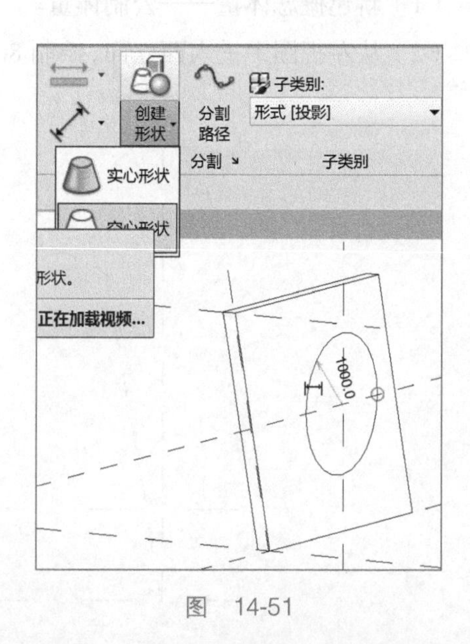

图 14-51

（8）拉伸空心，如果没有完全空心，则按照着色模式，便于选择要选择的部位，如

图 14-52 所示。

（9）新建项目，把体量载入项目，并使用面墙命令绘制 200mm 厚面墙，如图 14-53 所示。

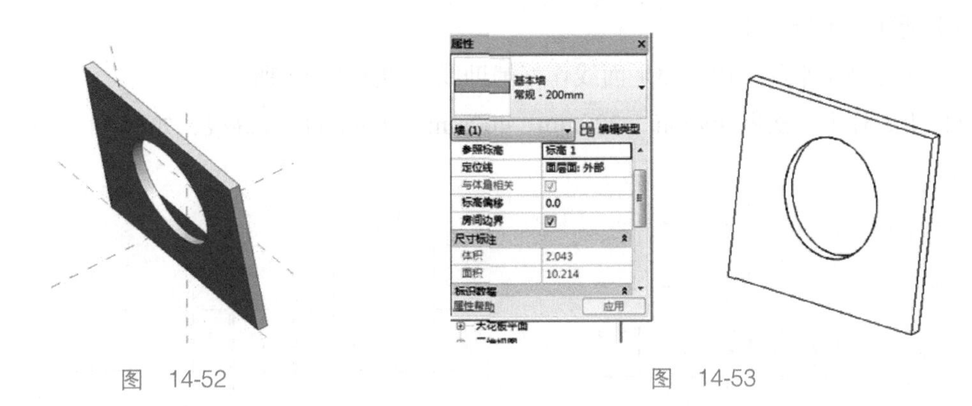

图　14-52　　　　图　14-53

【例题 4】 根据图 14-54 中给定的投影尺寸，创建形体体量模型，基础底标高为 –2.1m，设置该模型材质为混凝土。请将模型体积用“模型体积”为文件，以文本格式保存在文件夹中，模型文件以“杯形基础”为文件名保存到文件夹中。

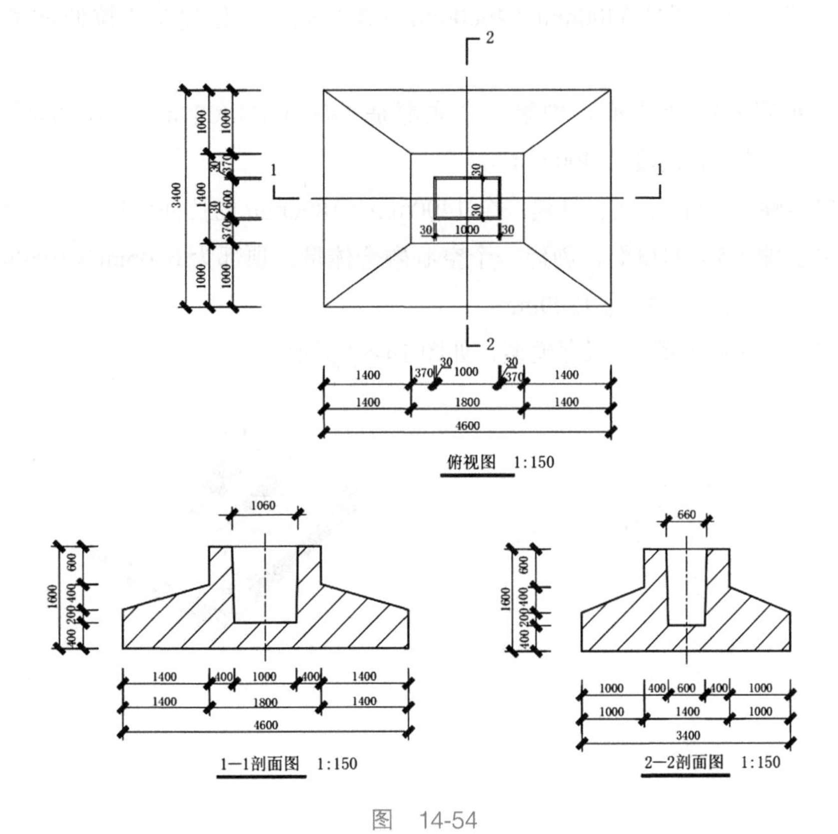

图　14-54

解题思路：本题中模型体积可以拆分为四个部分：底部的矩形拉伸、中间的融合体积、上部的矩形拉伸和内部的空心融合，由此只需创建两个实心拉伸体积、一个实心融合和一个空心融合即可。做完以后，用“连接”命令将这四个部分彼此连接。保存文件。

操作过程：

（1）新建一个概念体量。

（2）在标高 1 平面，用参照平面线作好辅助线，如图 14-55 所示。

立面上，往上依次做 400mm、200mm、400mm、600mm 的标高线，如图 14-56 所示。

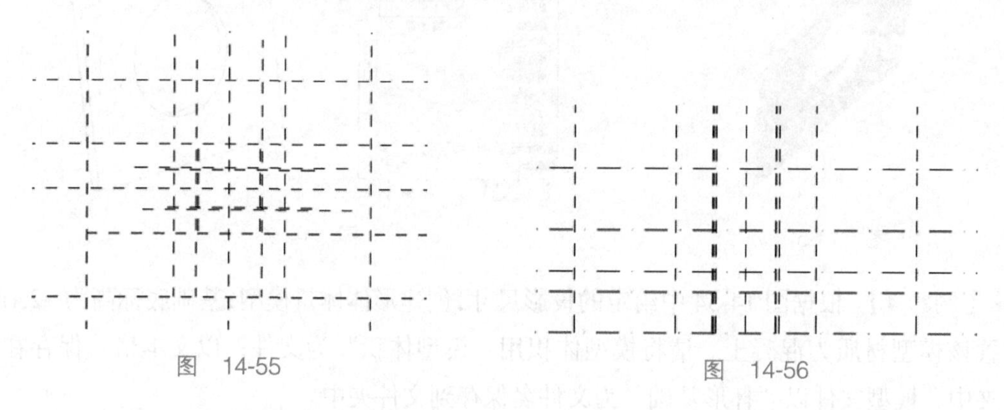

图 14-55　　图 14-56

（3）创建一个底部是 3400mm×4600mm 的矩形轮廓，创建实心拉伸体量，高度为 600mm。

（4）接步骤（3）上表面，创建一个底部是 3400mm×4600mm，顶部是 1400mm×1800mm 的融合体量，高度为 400mm。

（5）接步骤（4）的顶面，创建一个 1400mm×1800mm 的拉伸体量，高度为 600mm。

（6）接步骤（5）的顶面，创建一个空心融合体量，顶部为 660mm×1060mm，底部为 600mm×1000mm，高度为 1200mm。

（7）单击“完成模型”，保存模型，如图 14-57 所示。

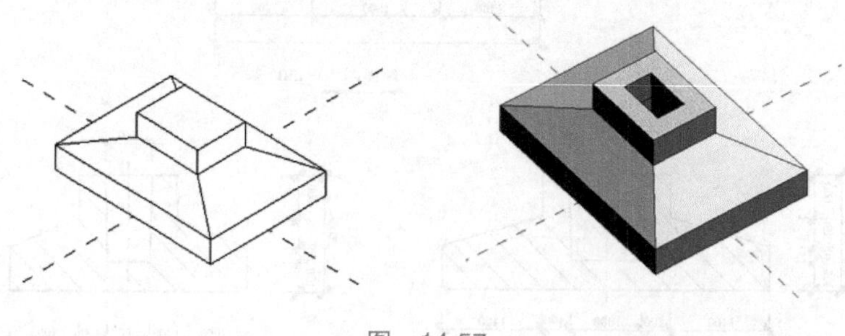

图 14-57

第 15 章　族

15.1　关于族

Revit 软件包含三种类型的族：系统族、可载入族和内建族。

在项目中创建的大多数图元都是系统族或可装载的族。可以组合可装载的族来创建嵌套和共享族。非标准图元或自定义图元是使用内建族创建的。

1. 系统族

系统族可以创建要在建筑现场装配的基本图元，如墙、屋顶、楼板、风管、管道。能够影响项目环境，且包含标高、轴网、图纸和视口类型的系统设置也是系统族。系统族是在 Revit 中预定义的，用户不能将其从外部文件中载入项目中，也不能将其保存到项目之外的位置。

2. 可载入族

可载入族是用于创建下列构件的族。

（1）安装在建筑内和建筑周围的建筑构件，如窗、门、橱柜、装置、家具和植物。

（2）安装在建筑内和建筑周围的系统构件，如锅炉、热水器、空气处理设备和卫浴装置。

（3）常规自定义的一些注释图元，例如符号和标题栏，它们具有高度可自定义的特征。

因此，可载入的族是用户在 Revit 中最经常创建和修改的族。与系统族不同，可载入的族是在外部 RFA 文件中创建的，并可导入或载入项目中。对于包含许多类型的可载入族，可以创建和使用类型目录，以便载入项目所需的类型。

3. 内建族

内建图元是用户需要创建当前项目专有的独特构件时所创建的独特图元。可以创建内建几何图形，以便参照其他项目几何图形，使其在所参照的几何图形发生变化时进行相应的大小调整和其他调整。创建内建图元时，Revit 将为该内建图元创建一个族，该族包含单个族类型。

创建内建图元涉及许多与创建可载入族相同的族编辑器工具。

创建族时，软件会提示用户选择一个与该族所要创建的图元类型相对应的族样板。该样板相当于一个构建块，其中包含开始创建族时以及 Revit 在项目中放置族时所需要的信息。

尽管大多数族样板都是根据所要创建的图元族的类型进行命名，但也有一些样板在族名称之后包含下列描述符之一。

（1）基于墙的样板。

（2）基于天花板的样板。

（3）基于楼板的样板。

（4）基于屋顶的样板。

（5）基于线的样板。

（6）基于面的样板。

基于墙的样板、基于天花板的样板、基于楼板的样板和基于屋顶的样板称为基于主体的样板。对于基于主体的族而言，只有存在其主体类型的图元时，才能放置在项目中。

15.2 族创建

15.2.1 族文件的创建和编辑

使用族编辑器可以对现有族进行修改，或创建新的族。用于打开族编辑器的方法取决于要执行的操作。

可以使用族编辑器来创建和编辑可载入族以及内建图元。

选项卡和面板因所要编辑的族类型而异。不能使用族编辑器来编辑系统族。

1. 通过项目编辑现有族

（1）在绘图区域中选择一个族实例，并单击“修改 |< 图元 >”选项卡→“模式”面板→（编辑族）。

（2）双击绘图区域中的族实例。

2. 在项目外部编辑可载入族

（1）单击 →“打开”→“族”。

（2）浏览到包含族的文件，然后单击“打开”按钮。

3. 使用样板文件创建可载入族

（1）单击 →“新建”→“族”。

（2）浏览到样板文件，然后单击“打开”按钮。

4. 创建内建族

（1）在功能区上，单击（内建模型）。

“建筑”选项卡→“构建”面板→“构件”下拉列表→（内建模型）

“结构”选项卡→“模型”面板→“构件”下拉列表→（内建模型）

“系统”选项卡→“模型”面板→“构件”下拉列表→（内建模型）

（2）在“族类别和族参数”对话框中，选择相应的族类别，然后单击“确定”按钮。

（3）输入内建图元族的名称，然后单击“确定”按钮。

5. 编辑内建族

（1）在图形中选择内建族。

（2）单击“修改 |< 图元 >”选项卡→“模型”面板→（编辑内建图元）。

15.2.2 创建族形体的基本方法

创建族形体的方法与体量的创建方法一样，包含拉伸、融合、放样、旋转及放样融合五种基本方法，可以创建实心和空心形状，如图 15-1 所示。

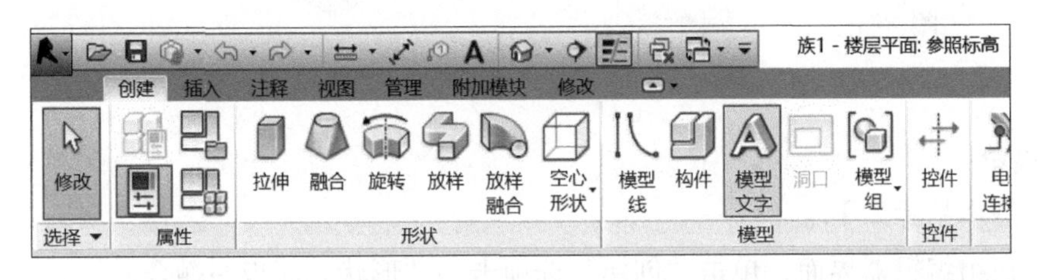

图 15-1

1. 拉伸

拉伸基本步骤如下 。

（1）在组编辑器界面，单击“创建”选项卡→“形状”面板→拉伸。

（2）在“绘制”面板选择一种绘制方式，在绘图区域绘制想要创建的拉伸轮廓。

（3）在“属性”面板里设置好拉伸得起点和终点，如图 15-2 所示。

（4）在“模式”面板单击完成编辑模式完成拉伸创建，如图 15-3 所示。

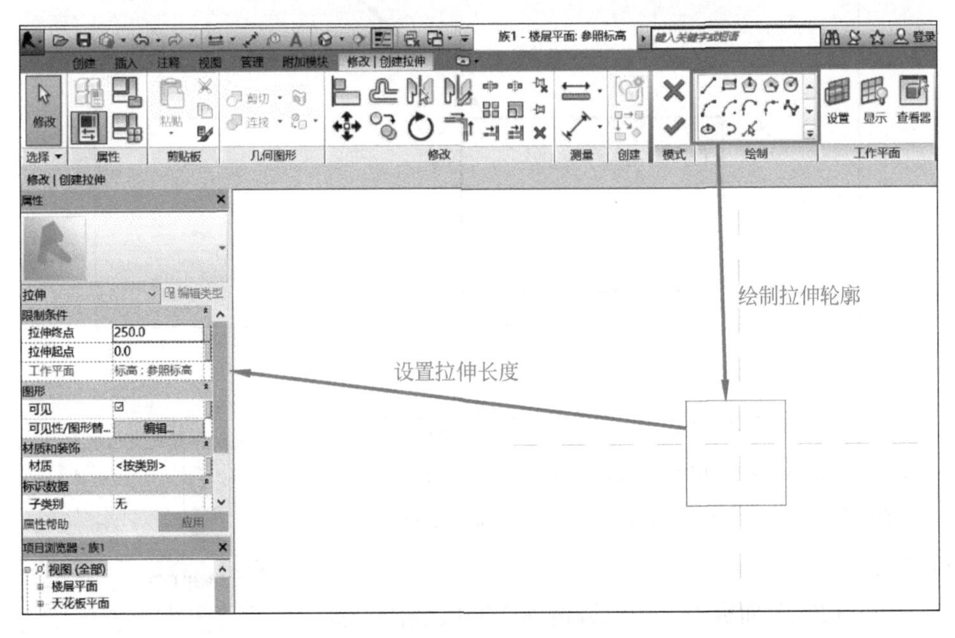

图 15-2

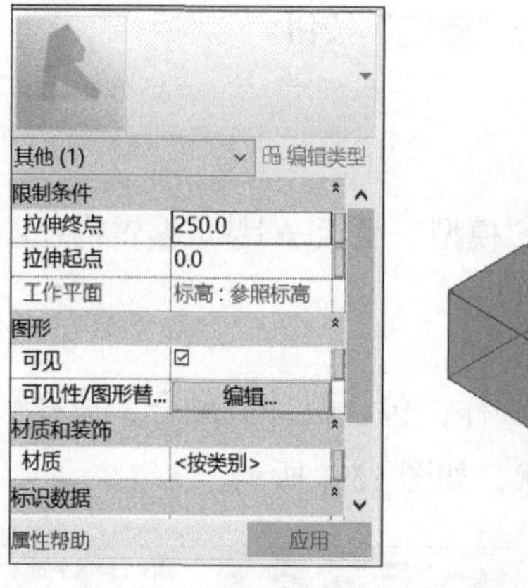

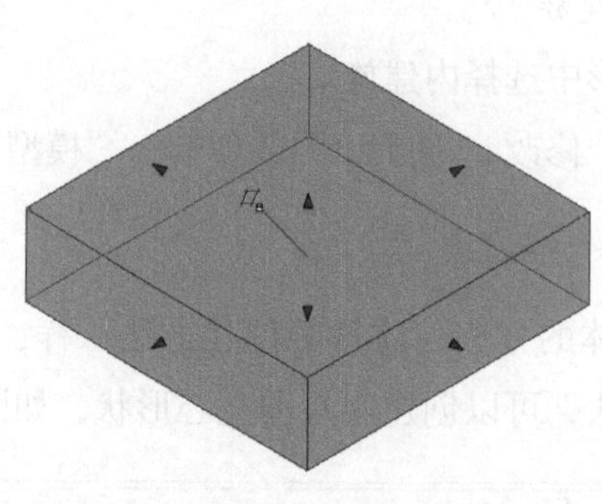

图 15-3

2. 融合

融合基本步骤如下。

（1）在组编辑器界面，单击“创建”选项卡→“形状”面板→融合。

（2）在“绘制”面板选择一种绘制方式，在绘图区域绘制想要创建的融合底部轮廓，如图 15-4 所示。

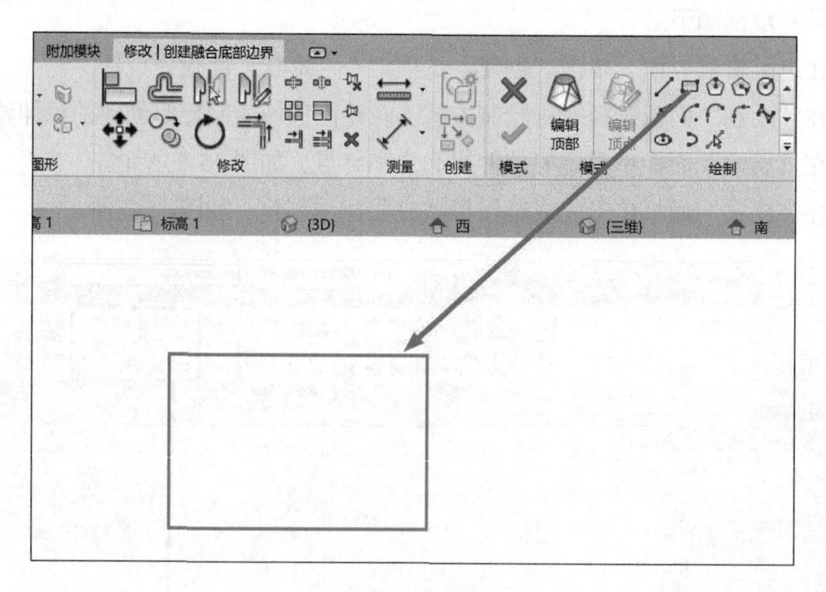

图 15-4

（3）绘制完底部轮廓后，在“模式”面板选择“编辑顶部”，进行融合顶部轮廓的创建，如图 15-5 所示。

（4）在“属性”面板里设置好融合的端点高度，如图 15-6 所示。

（5）在“模式”面板单击完成编辑模式完成融合的创建，如图 15-7 所示。

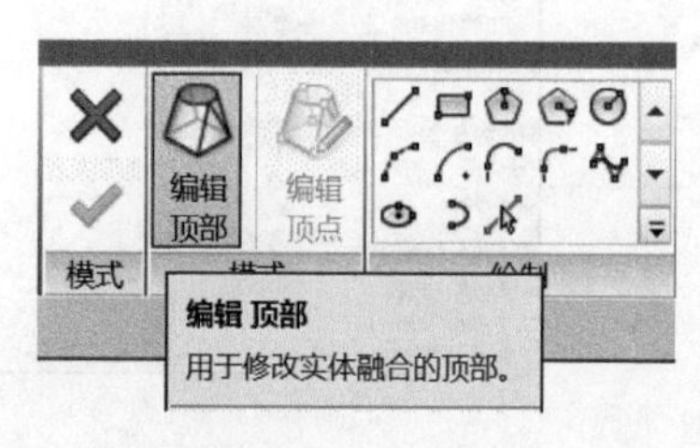

图 15-5

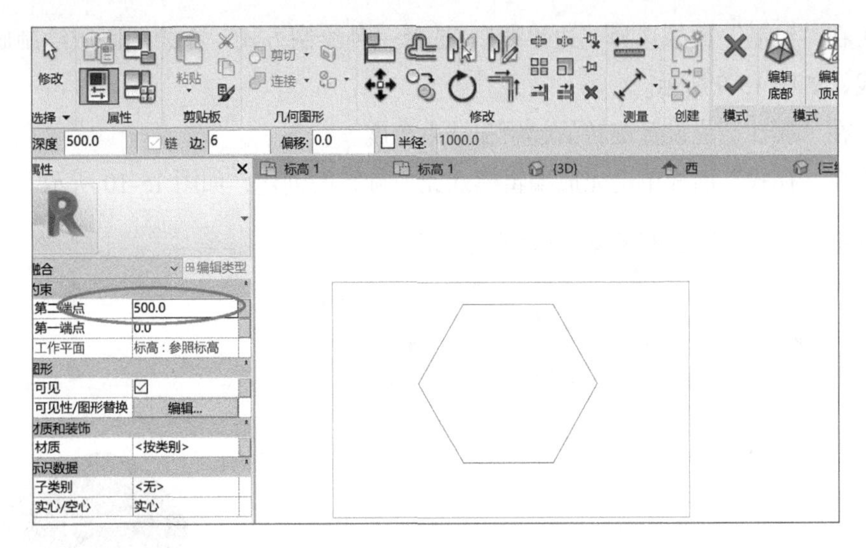

图　15-6

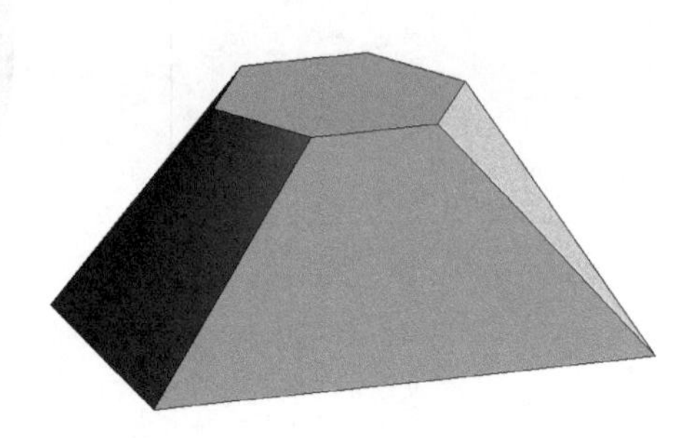

图　15-7

3. 旋转

旋转基本步骤如下。

（1）在组编辑器界面，单击“创建”选项卡→“形状”面板→旋转。

（2）在“绘制”面板→选择“轴线”→选择“直线”绘制方式→在绘图区域绘制旋转轴线，如图 15-8 所示。

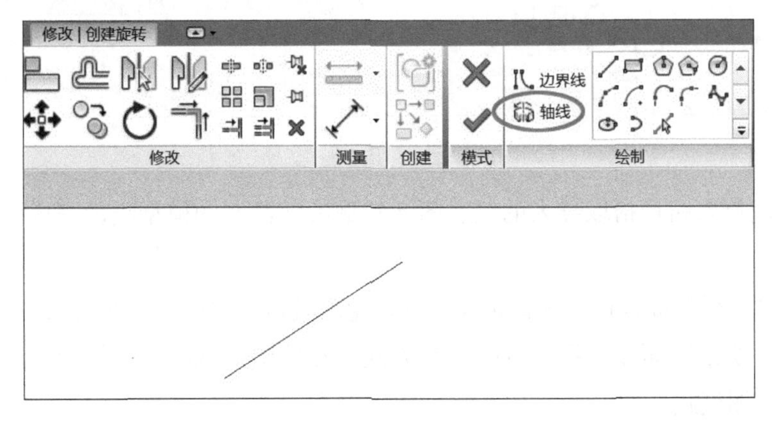

图　15-8

（3）在“绘制”面板选择“边界线”，选择一种绘制方式，在绘图区域绘制旋转轮廓的边界线，如图 15-9 所示。

（4）在“属性”栏设置旋转的起始和结束角度。

（5）在“模式”面板单击完成编辑模式完成旋转的创建，如图 15-10 所示。

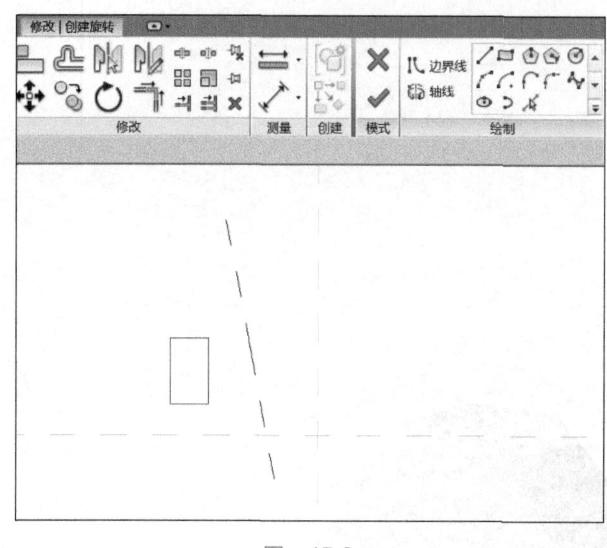

图 15-9

图 15-10

4. 放样

放样基本步骤如下。

（1）在组编辑器界面，单击“创建”选项卡→“形状”面板→放样。

（2）在“放样”面板选择“绘制路径”或“拾取路径”。

若采用绘制路径，在“绘制”面板选择相应的绘制方式，在绘图区域绘放样的路径线，完成路径绘制草图模式，如图 15-11 和图 15-12 所示。

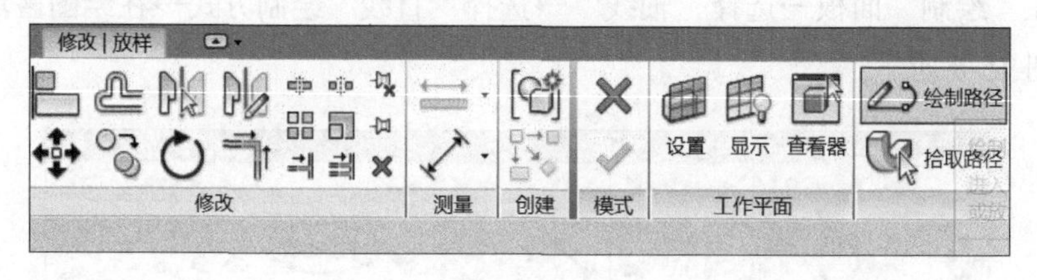

图 15-11

也可采用拾取路径拾取导入的线、图元轮廓线或绘制的模型线，完成路径绘制草图模式。

（3）在“放样”面板选择编辑轮廓，进入轮廓编辑草图模式，如图 15-13 所示。

（4）在“绘制”面板选择相应的绘制方式，在绘图区域绘制旋转轮廓的边界线，完成轮廓编辑草图模式。

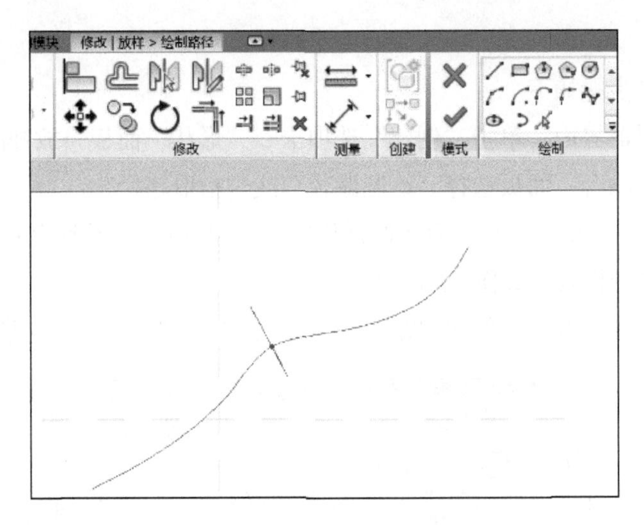

图 15-12

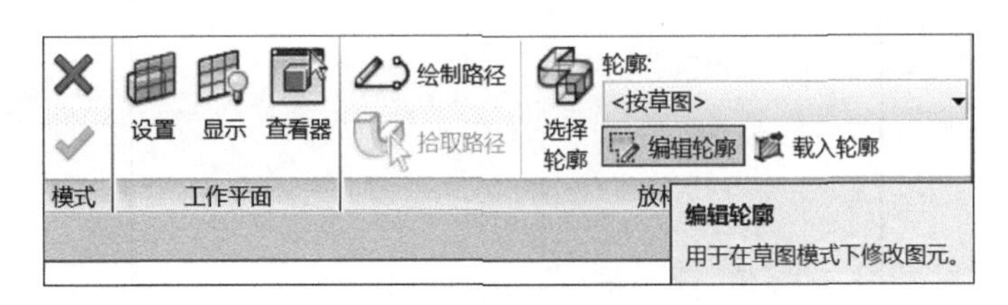

图 15-13

注 意

绘制轮廓时，所在的视图可以是三维视图，或者打开查看器进行轮廓绘制，如图 15-14 所示。

（5）在“模式”面板单击完成编辑模式，完成放样的创建，如图 15-15 所示。

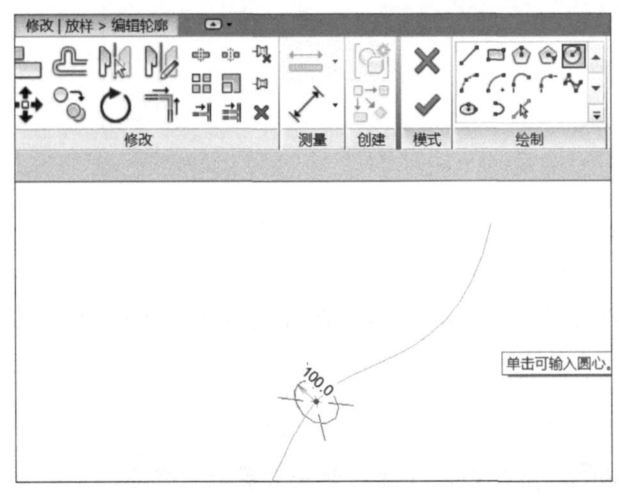

图 15-14

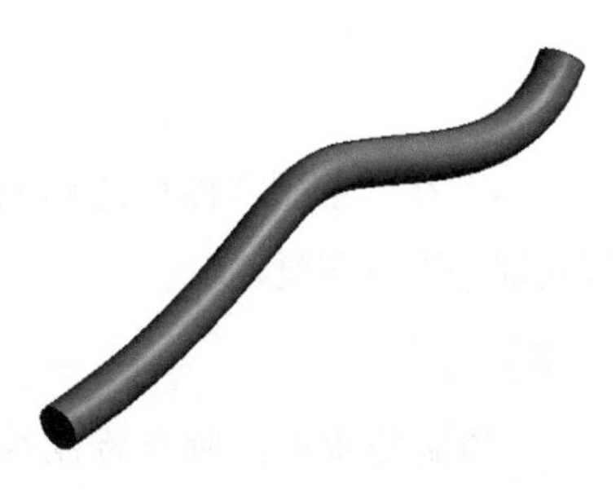

图 15-15

5. 放样融合

放样融合基本步骤如下。

（1）在组编辑器界面，单击“创建”选项卡→“形状”面板→放样融合。

（2）在“放样融合”面板选择“绘制路径”或“拾取路径”。

若采用绘制路径，在“绘制”面板选择相应的绘制方式，在绘图区域绘放样的路径线，在完成路径绘制草图模式，如图 15-16 所示。

若采用拾取路径拾取导入的线、图元轮廓线或绘制的模型线，完成路径绘制草图模式。

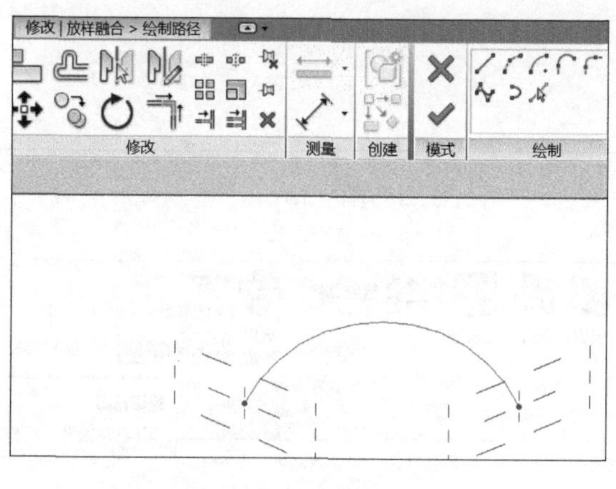

图 15-16

（3）在“放样融合”面板选择“编辑轮廓”进入轮廓编辑草图模式。分别选择两个轮廓，进行轮廓编辑，如图 15-17 所示。

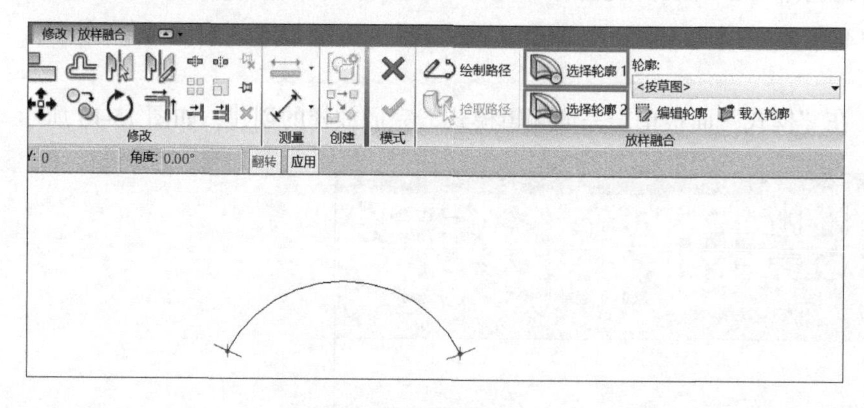

图 15-17

（4）在“绘制”面板选择相应的绘制方式，在绘图区域绘制旋转轮廓的边界线，完成轮廓编辑草图模式。

绘制轮廓时，所在的视图可以是三维视图，或者打开查看器进行轮廓绘制，如图 15-18 所示。

（5）重复步骤（4），完成轮廓 2 的创建，如图 15-19 所示。

（6）在“模式”面板单击完成编辑模式，完成放样融合的创建，如图 15-20 所示。

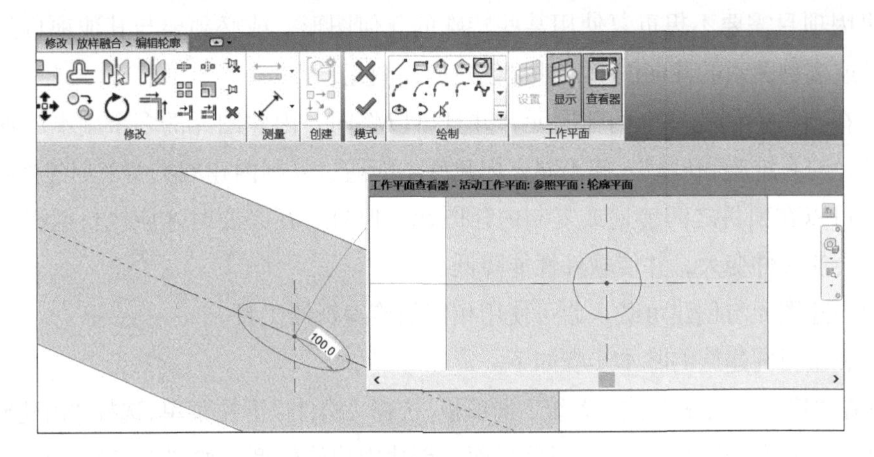

图　15-18

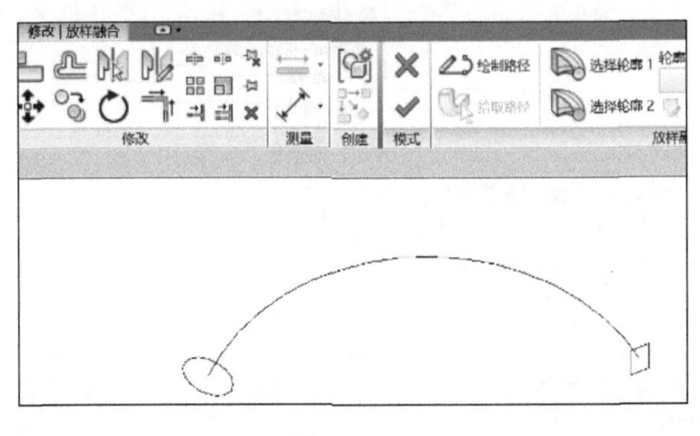

图　15-19

6. 空心形状

空心形状的创建基本方法与实心形状的创建方式相同。空心形状用于剪切实心形状，以得到想要的形体，如图 15-21 所示。空心形状的创建方法可参考实心形状的创建。

图　15-20

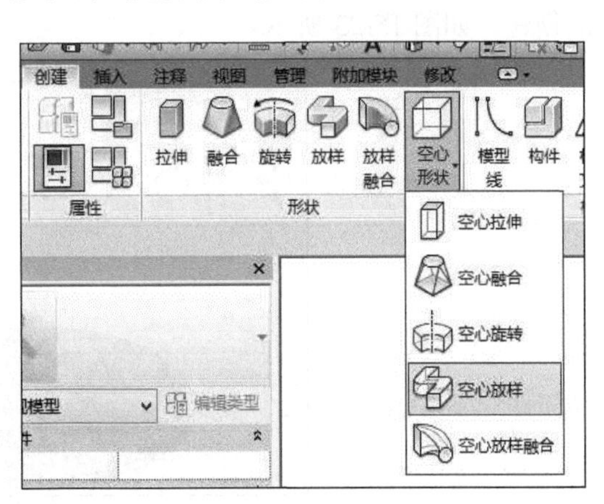

图　15-21

15.3 内建族与项目

如果因项目需要不想重复使用某些特殊的几何图形，或必须要与其他项目几何图形保持一种或多种关系的几何图形，即可创建内建图元。

可以在项目中创建多个内建图元，并且可以将同一内建图元的多个副本放置在项目中。但是，与系统族和可载入族不同，内建族不能通过复制内建族类型来创建多种类型。

尽管可以在项目之间传递或复制内建图元，但只有在必要时才应执行此操作，因为内建图元会使文件变大，并使软件性能降低。

创建内建图元与创建可载入族可使用相同的族编辑器工具。

创建和编辑内建族的基本步骤如下。

（1）在“建筑”“结构”或“系统”选项板，选择“构件”下拉菜单，选择“内建模型”→需要创建的“族类别”，进入族编辑器界面，创建内建族模型，如图15-22所示。

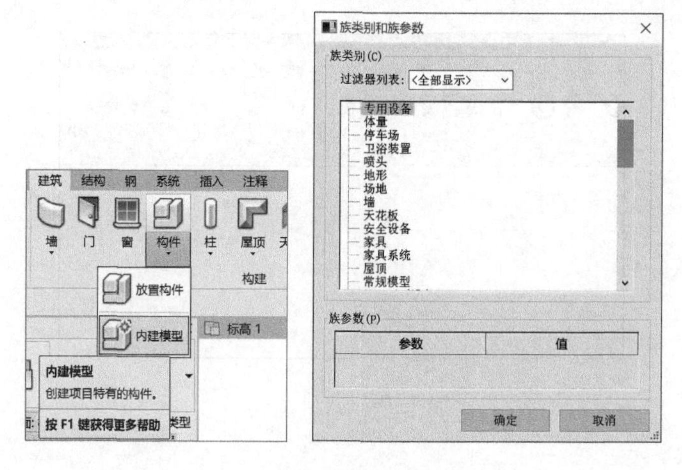

图 15-22

（2）在完成内建族创建后，在“在位编辑”选项卡执行“完成模型”即可完成内建族的创建，如图15-23所示。

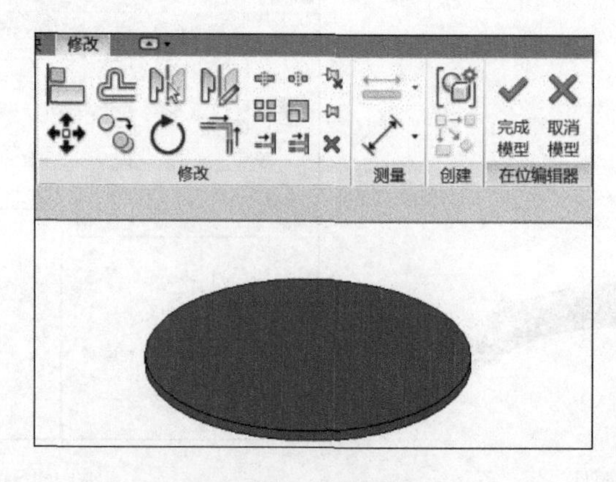

图 15-23

（3）若需要再次对已建好的内建族进行修改，可选中内建族，在上下文选项卡执行“在位编辑”，重新进入“族编辑器界面”修改编辑族，编辑完成后，重复步骤（2）完成修改，如图 15-24 所示。

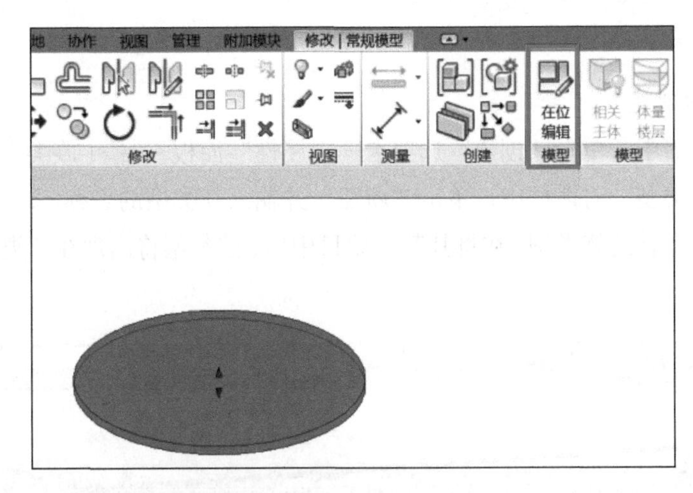

图 15-24

15.4 族参数的添加

15.4.1 族参数的种类和层次

族参数的名称和说明如表 15-1 所示。

表 15-1 族参数的名称和说明

名　称	说　明
文字	完全自定义，可用于收集唯一性的数据
整数	始终表示为整数的值
数目	用于收集各种数字数据，可通过公式定义，也可以是实数
长度	可用于设置图元或子构件的长度，可通过公式定义，这是默认的类型
区域	可用于设置图元或子构件的面积，可将公式用于此字段
体积	可用于设置图元或子构件的长度，可将公式用于此字段
角度	可用于设置图元或子构件的角度，可将公式用于此字段
坡度	可用于创建定义坡度的参数
货币	可以用于创建货币参数
URL	提供指向用户定义的 URL 的网络链接
材质	建立可在其中指定特定材质的参数
图像	建立可在其中指定特定光栅图像的参数
是/否	使用“是”或“否”定义参数，最常用于实例属性
族类型	用于嵌套构件，可在族载入项目中后替换构件
分割的表面类型	建立可驱动分割表面构件（如面板和图案）的参数，可将公式用于此字段

族参数的层次包含实例参数和类型参数。

通过添加新参数，就可以对包含于每个族实例或类型中的信息进行更多的控制。

可以创建动态的族类型，以增加模型中的灵活性。

15.4.2 创建族参数和指定族类别

1. 族参数的创建

（1）族编辑器中，单击“创建”选项卡→“属性”面板→ （族类型）。

（2）在“族类型”对话框中，单击“新建”并输入新类型的名称。

这将创建一个新的族类型，在将其载入项目中后，该类型将出现在“类型选择器”中，如图 15-25 所示。

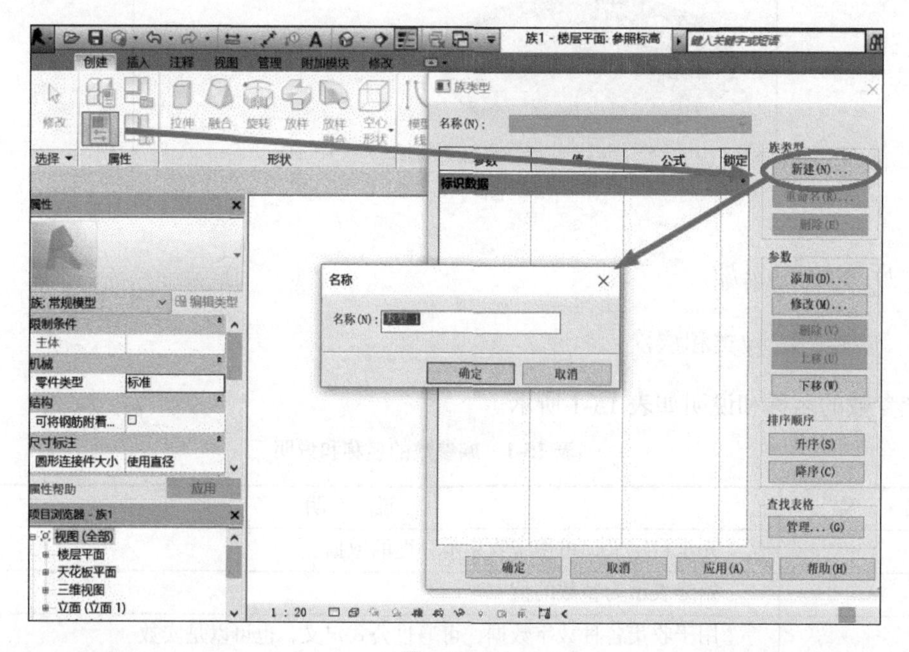

图 15-25

（3）在“参数”下单击“添加”。

（4）在“参数属性”对话框的“参数类型”下，选择“族参数”。

（5）输入参数的名称，选择“实例”或“类型”，即可定义参数是“实例”参数还是“类型”参数。

（6）选择规程。

（7）对于“参数类型”，选择适当的参数类型。

（8）对于“参数分组方式”，选择一个值。单击“确定”按钮。

在把族载入项目后，此值可确定参数在“属性”选项板中显示在哪一组标题下，如图 15-26 所示。

在默认情况下，新参数会按字母顺序升序排列添加到参数列表中创建参数时的选定组。

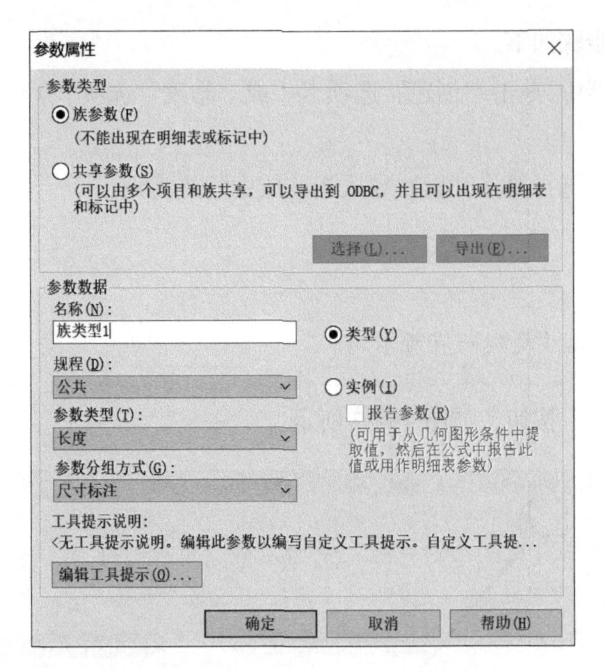

图　15-26

（9）（可选）使用任一“排序顺序”按钮（“升序”或“降序”），根据参数名称在参数组内对其进行字母顺序排列。

（10）（可选）在“族类型”对话框中，选择一个参数，并使用“上移”或“下移”按钮来手动更改组中参数的顺序。

在编辑“钢筋形状”族参数时，“排序顺序”“上移”和“下移”按钮不可用。

2. 指定族类别和族参数

“族类别和族参数”工具可以将预定义的族类别属性指定给要创建的构件。此工具只能用在族编辑器中。

族参数定义应用于该族中所有类型的行为或标识数据。不同的类别具有不同的族参数，具体取决于 Revit 希望以何种方式使用构件。控制族行为的一些常见族参数示例包括“总是垂直”，选中该选项时，该族总是显示为垂直，即 90°，即使该族位于倾斜的主体上，例如楼板。

基于工作平面：选中该选项时，族以活动工作平面为主体。可以使任一无主体的族成为基于工作平面的族。

共享：仅当族嵌套到另一族内，并载入项目中时，才适用此参数。如果嵌套族是共享的，则可以从主体族独立选择、标记嵌套族，将其添加到明细表。如果嵌套族不共享，则主体族和嵌套族创建的构件成为一个单位。

指定族参数的步骤如下。

（1）在族编辑器中，单击“创建”选项卡（或“修改”选项卡）→“属性”面板→ （族类别和族参数）。

（2）从对话框中选择要将其属性导入当前族中的族类别。

（3）指定族参数。

族参数选项根据族类别而有所不同。

（4）单击“确定”按钮，如图 15-27 所示。

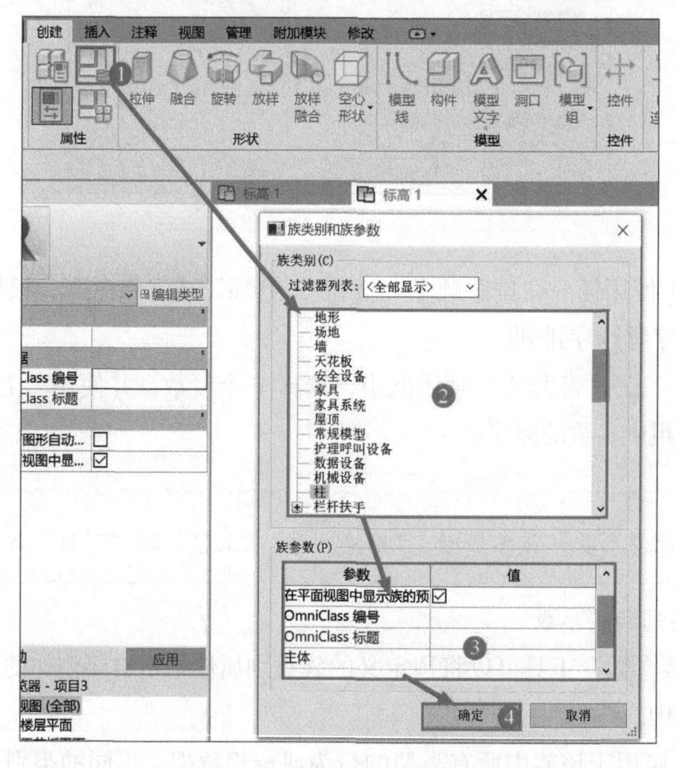

图 15-27

15.5 实例操作

【例题 1】 根据图 15-28 中给定的轮廓与路径，创建内建构件模型。请将模型文件以“柱顶饰条”为文件名保存到文件夹中。

解题思路：本题难度较小，很明显，这个柱顶饰条要用“放样”命令来做，绘制矩形路径，在路径上创建题示轮廓即可，转折点可以创建参照平面定位。

创建过程：

（1）新建族文件，载入公制常规模型。

（2）切换至楼层平面视图，选择“放样”→“绘制路径”中的“直线”命令绘制边长为 600mm 的正方形，完成编辑模式，如图 15-29 所示。

（3）单击编辑轮廓，选择右立面，进入右（东）立面视图，如图 15-30 所示。

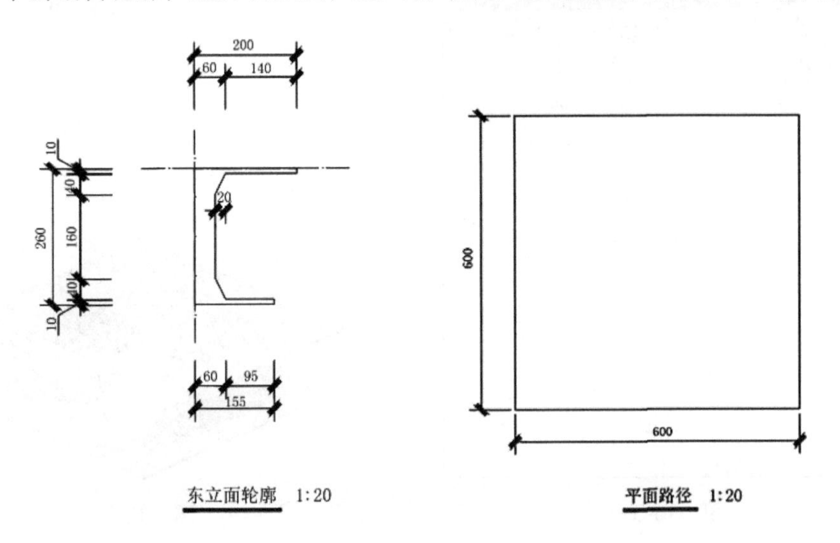

图 15-28

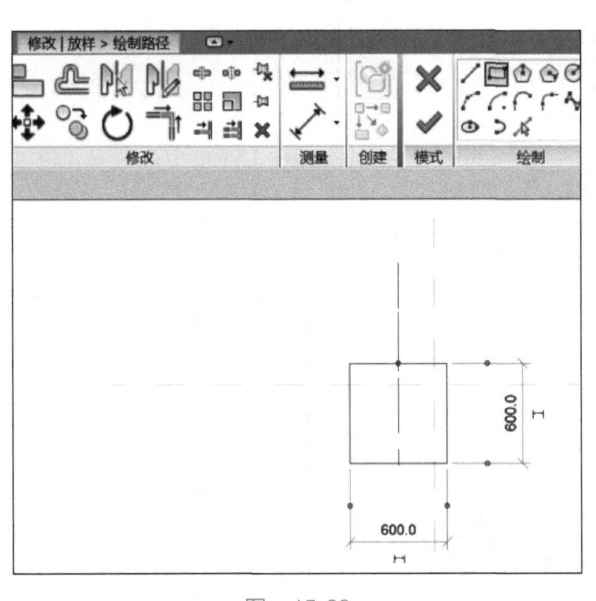

图 15-29

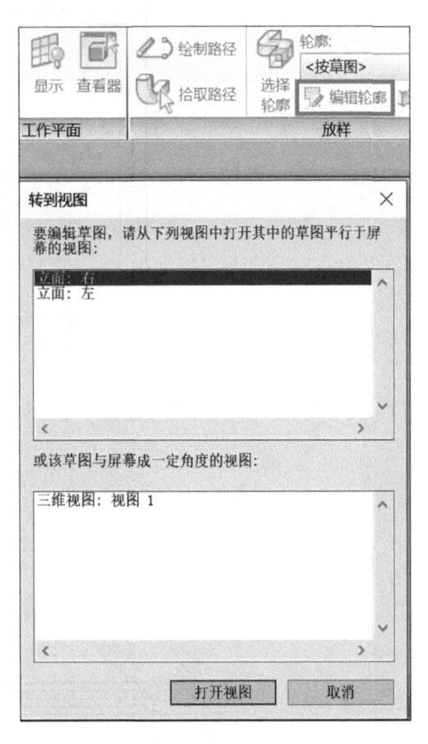

图 15-30

（4）使用“直线绘制”命令，绘制东立面轮廓，如图 15-31 所示，单击“完成编辑模式”，再次单击完成编辑模式完成模型创建，如图 15-32 所示。

【例题 2】 根据图 15-33 给定尺寸，用构件集方式创建模型，整体材质为木材，请将模型以“鸟居 + 考生姓名”为文件名保存到文件夹中。

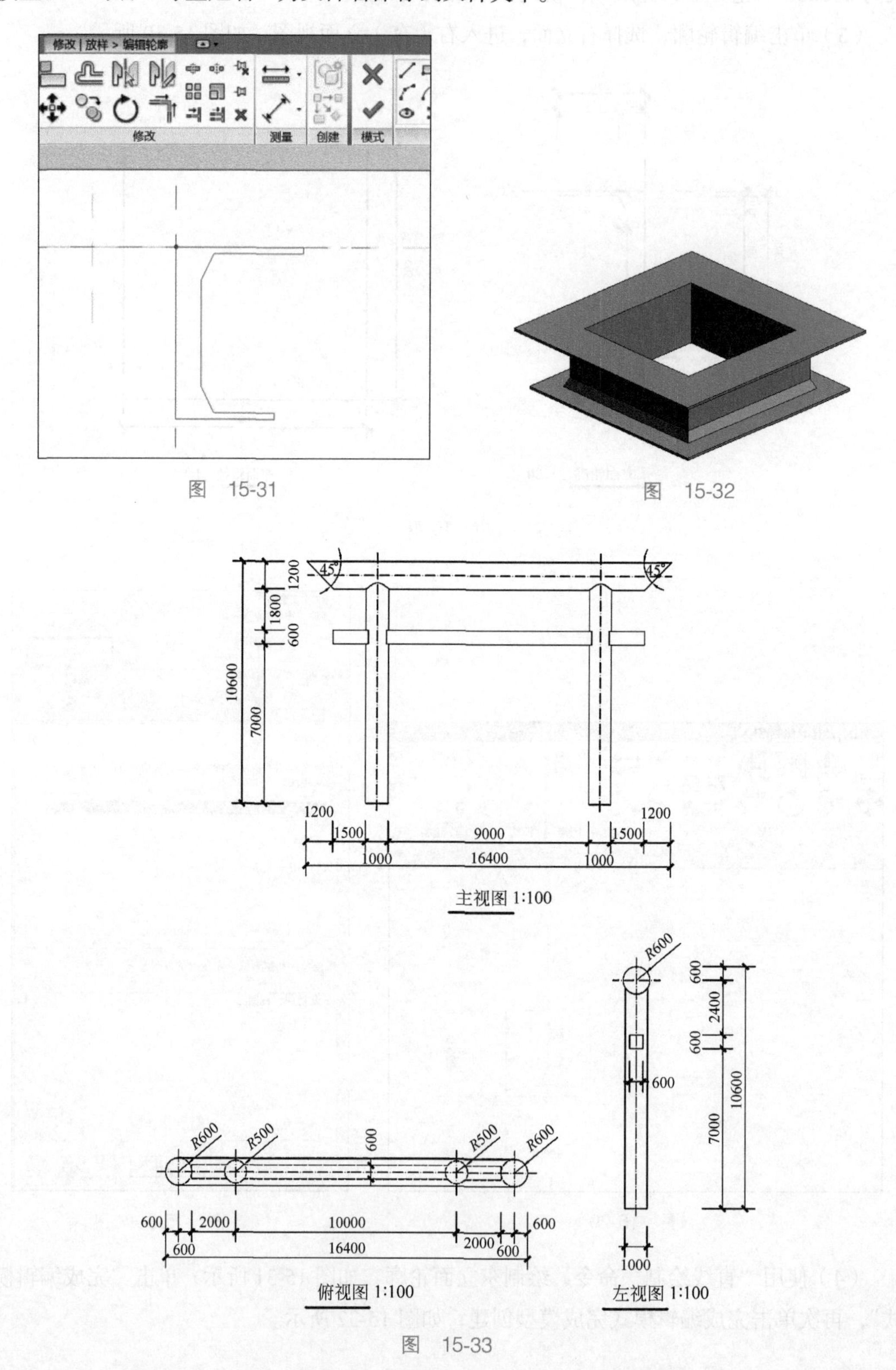

图 15-31

图 15-32

图 15-33

解题思路：本题比较简单，主要是实心拉伸形状。最上面的圆杆可以用三角形的空心形状剪切实心圆柱得到。

创建过程：

（1）新建族文件，载入公制常规模型，如图 15-34 所示。

图 15-34

（2）切换至楼层平面视图，用参照平面绘制该鸟居的定位线，如图 15-35 所示。

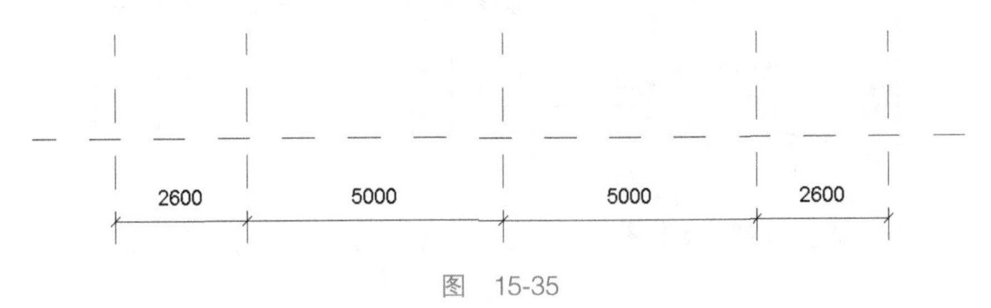

图 15-35

（3）使用“拉伸”命令绘制鸟居的两个竖向柱子，半径为 500mm，拉伸高度设为 10000mm，如图 15-36 所示。

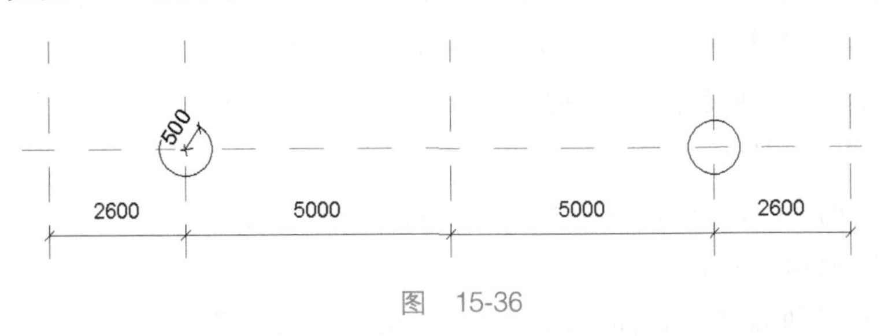

图 15-36

（4）切换至左视图，绘制横向的两个木杆。首先定位最下面一根方形木杆的尺寸，如图 15-37 所示。

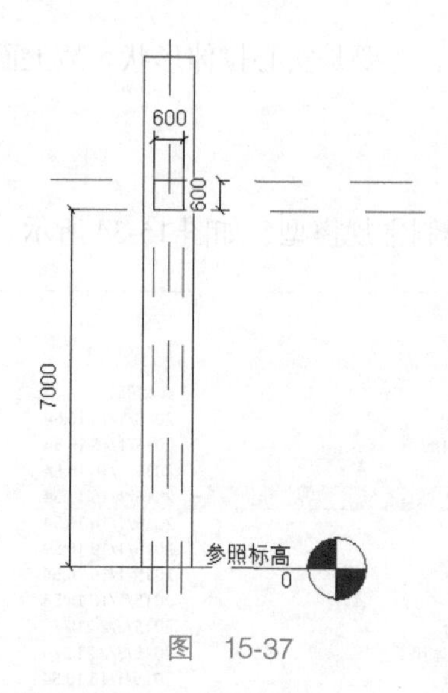

图 15-37

（5）切换至三维视图，调整方形木杆的拉伸尺寸，由主视图可知，方形木杆的总长度为 14000mm，因此拉伸起点与拉伸终点分别是 –7000mm、7000mm，如图 15-38 所示。

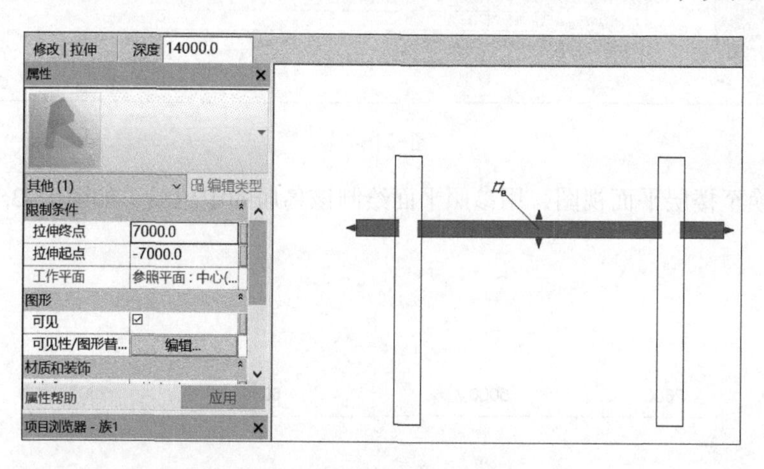

图 15-38

（6）接着绘制最上面的圆杆，切换至左视图，使用“拉伸”命令，绘制半径为 600mm 的圆，完成编辑模式，如图 15-39 所示。

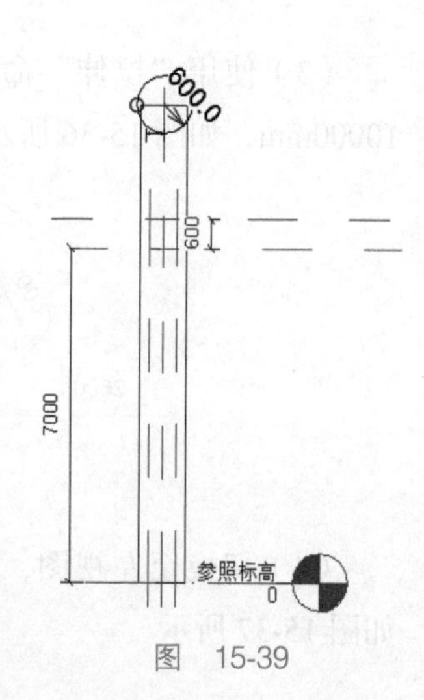

图 15-39

（7）切换至三维视图，与上面方法相同，该圆形木杆总长为 16400mm，拉伸起点与拉伸终点分别是 –8200mm、8200mm，如图 15-40 所示。

（8）切换至前立面，使用空心拉伸绘制三角形截面，完成编辑模式，如图 15-41 所示。

（9）切换至三维视图，拉伸三角形空心形状，对圆杆进行空心剪切，使用“镜像”命令绘制另一边的空心形状，如图 15-42 所示。

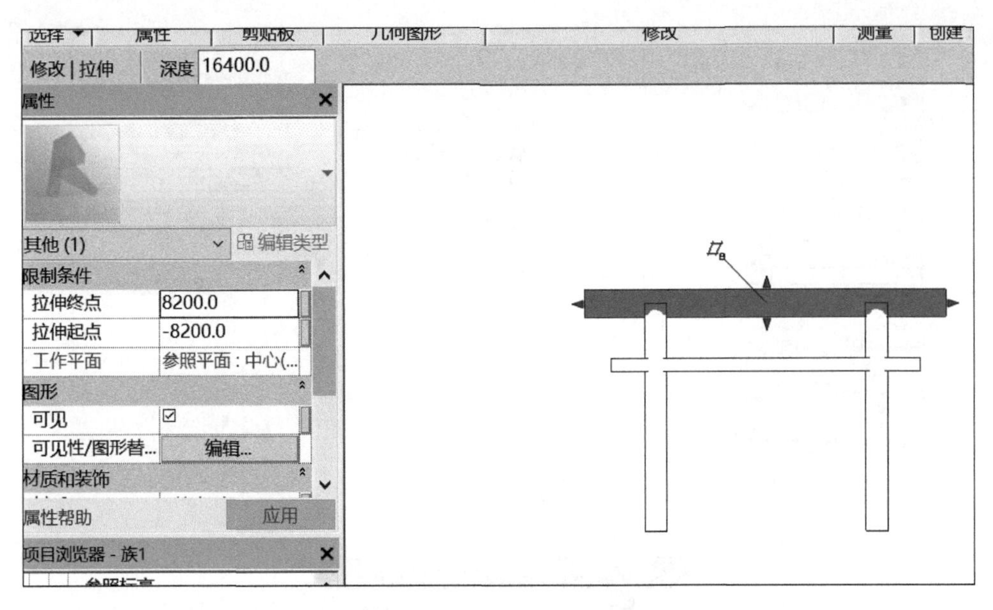

图 15-40

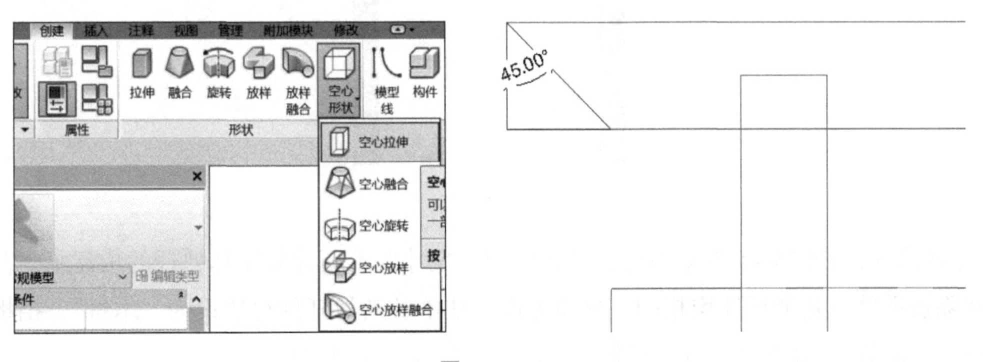

图 15-41

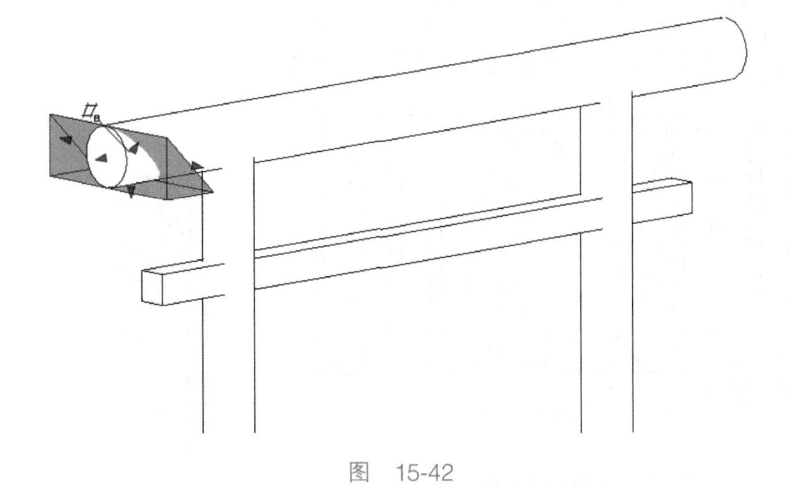

图 15-42

（10）设置材质为木材，完成模型创建，如图 15-43 和图 15-44 所示。

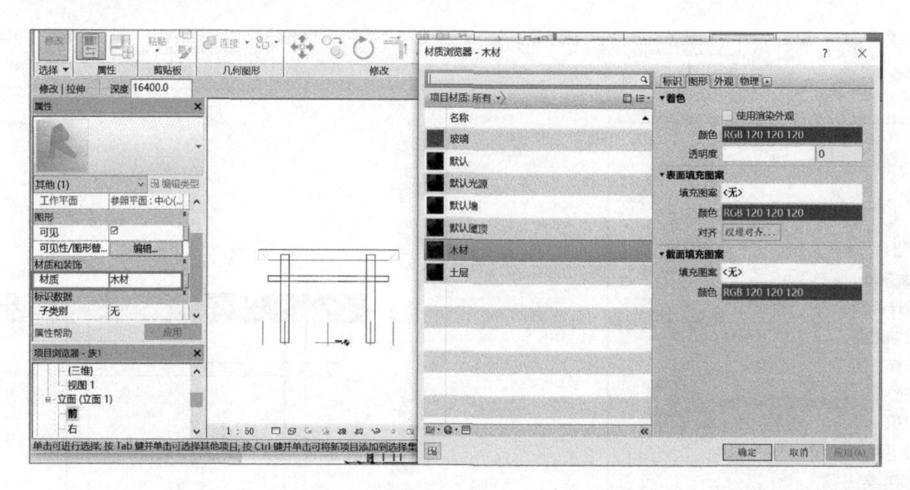

图 15-43

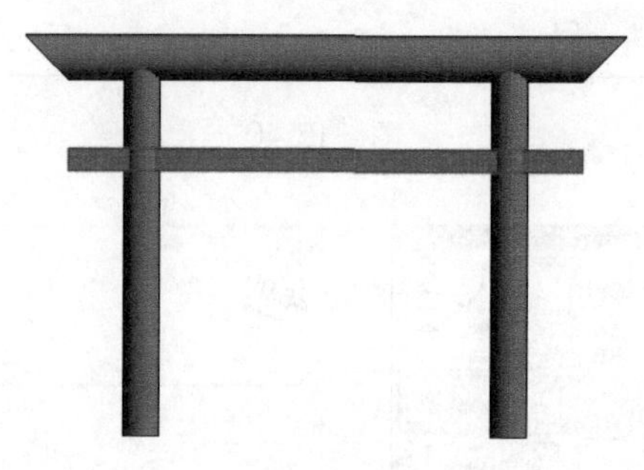

图 15-44

【例题 3】 图 15-45 为某栏杆。请按照图示尺寸要求新建并制作栏杆的构建集，截面尺寸除扶手外，其余杆件均相同。材质方面，扶手及其他杆件材质设为“木材”，挡板材质设为“玻璃”。最终结果以“栏杆”为文件名保存在文件夹中。

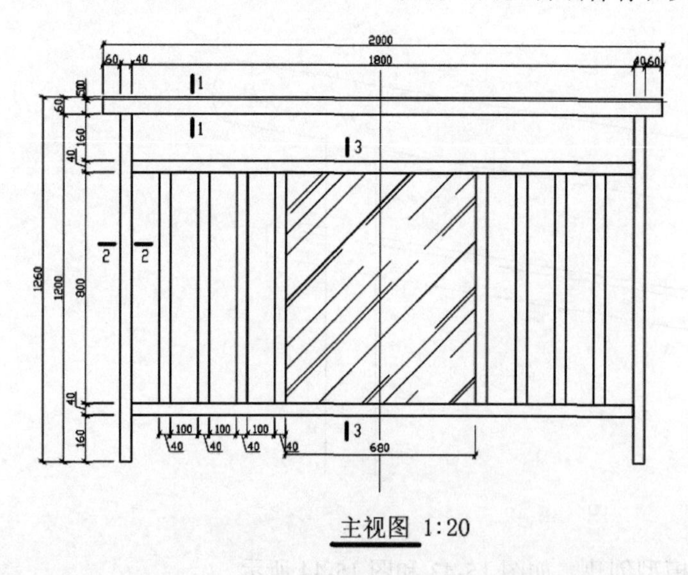

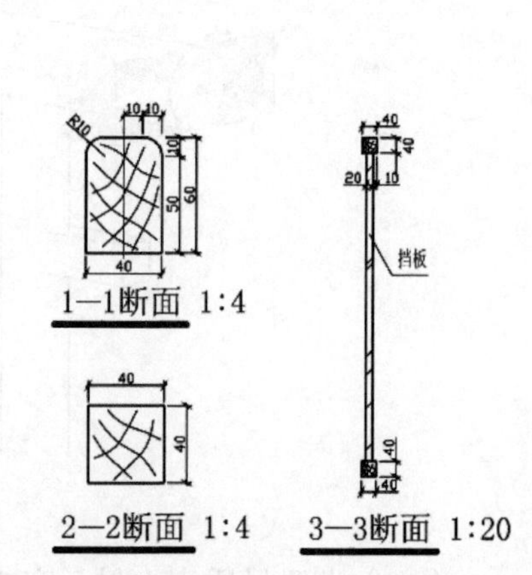

图 15-45

解题思路：本题看起来就是一个栏杆，但是题目要求建立一个构件集，也就是常规模型。该栏杆看似杆件比较多，其实就是多个拉伸形状的组合，看清这一点，就能快速解题。

创建过程：

（1）新建族，选择公制常规模型。

（2）切换至楼层平面视图，创建参照平面充当辅助线，如图 15-46 所示。

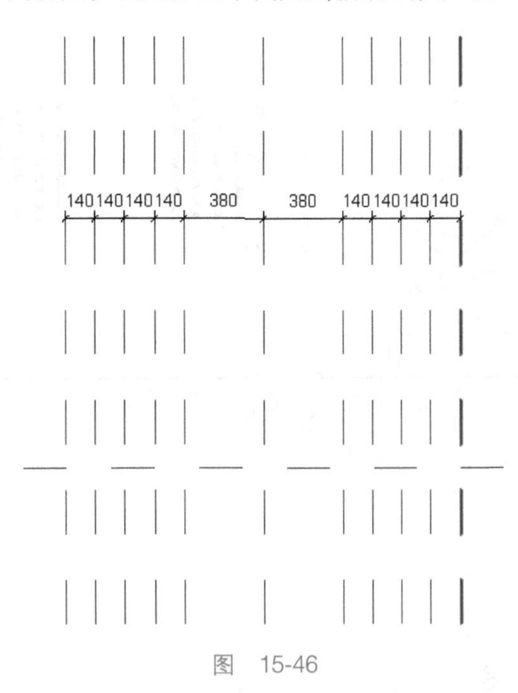

图 15-46

（3）在平面创建矩形拉伸做成栏杆立柱和立杆，用“复制”或“镜像”命令完成所有竖直杆件，如图 15-47 所示。

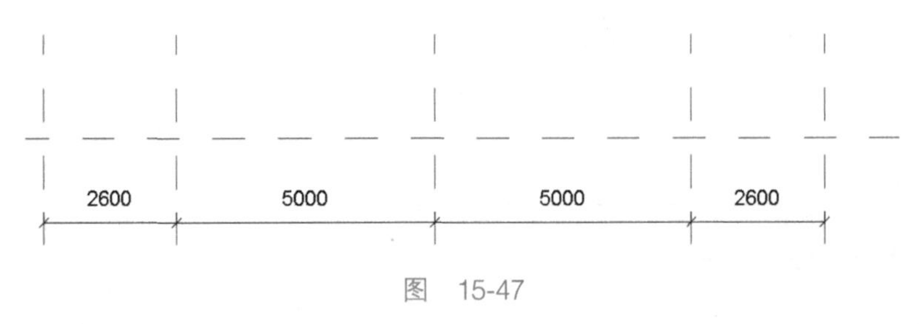

图 15-47

（4）由主视图可知，内侧 8 根栏杆的总高度为 800mm，设置拉伸起点与拉伸终点分别为 200mm、1000mm。再绘制最外侧的两根栏杆，栏杆高度为 1200mm，拉伸起点与拉伸终点分别为 0mm、1200mm，如图 15-48 所示。

（5）切换至左 / 右立面视图，使用参照平面绘制参照线，按照图纸要求，下面两根水平横杆总长度为 1800mm，拉伸起点与拉伸终点分别为 –900mm、900mm，如图 15-49 和图 15-50 所示。

（6）切换至左 / 右立面视图，绘制顶部扶手。使用“圆角弧”命令绘制顶部扶手截面，设置半径为 10mm，如图 15-51 所示，完成编辑模式。

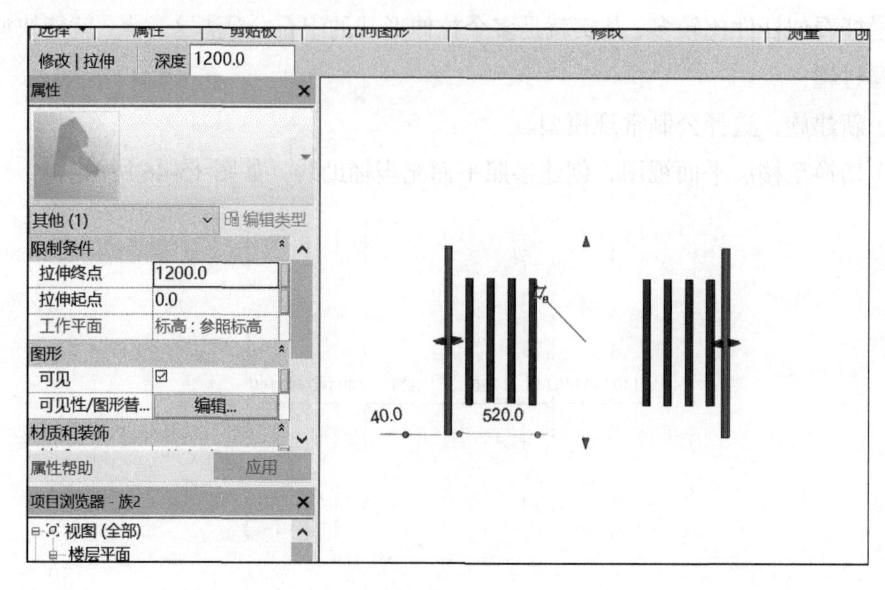

图 15-48

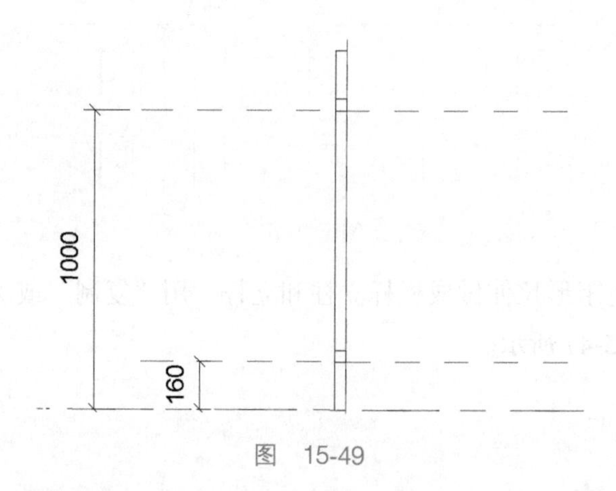

图 15-49

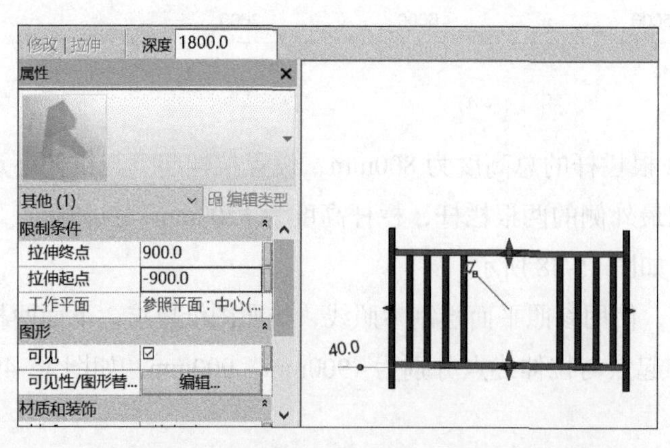

图 15-50

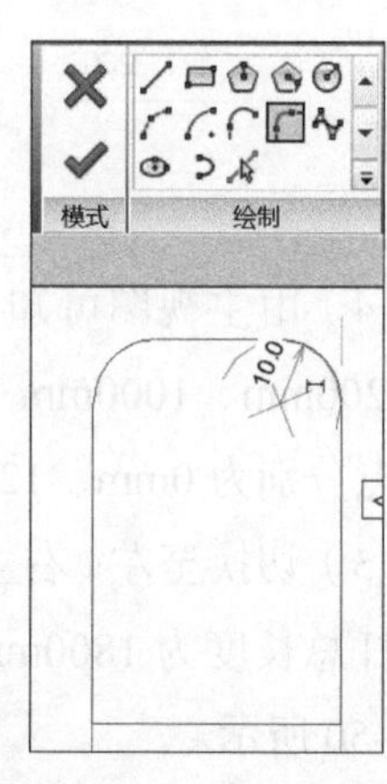

图 15-51

（7）切换至三维视图，设置顶部扶手拉伸起点与拉伸终点数值分别为 –1000mm、1000mm，如图 15-52 所示。

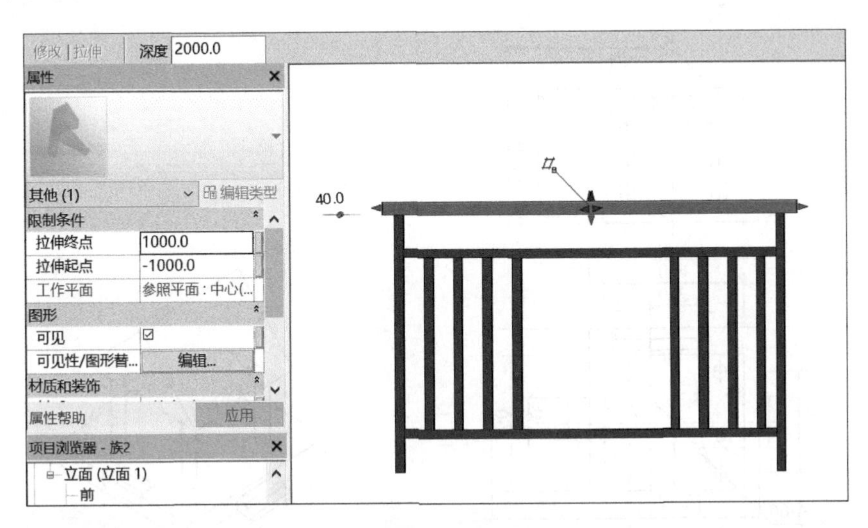

图 15-52

（8）切换至楼层平面视图，绘制挡板。使用参照平面定位挡板尺寸，使用“拉伸”命令绘制挡板，拉伸起点拉伸终点分别为 200mm、1000mm，设置挡板材质为玻璃，其他材质为木材。完成模型创建后，如图 15-53 和图 15-54 所示。

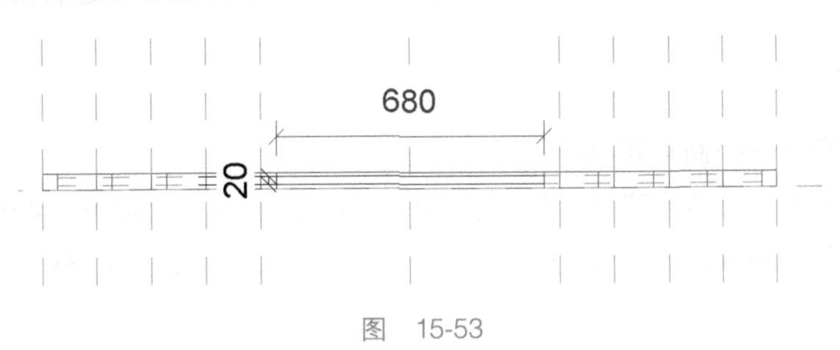

图 15-53

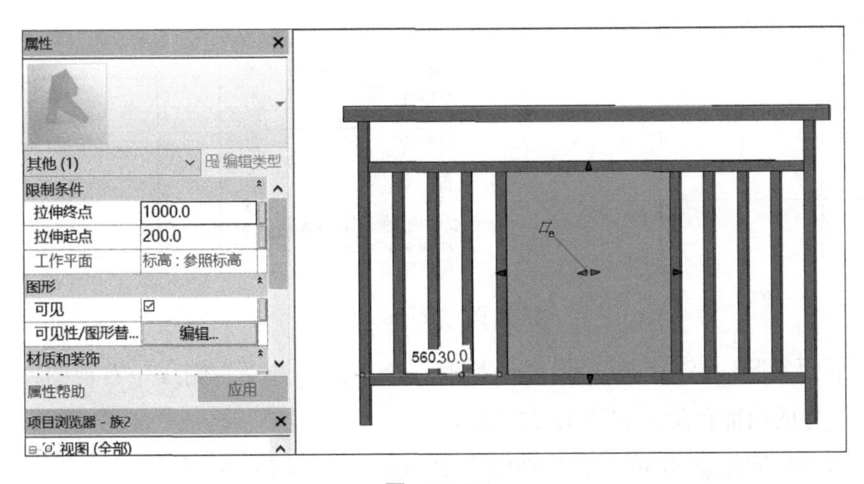

图 15-54

【例题 4】 图 15-55（a）为某凉亭模型的立面图和平面图，请按照图示尺寸建立凉亭实体模型［立体形状如图 15-55（b）所示］。

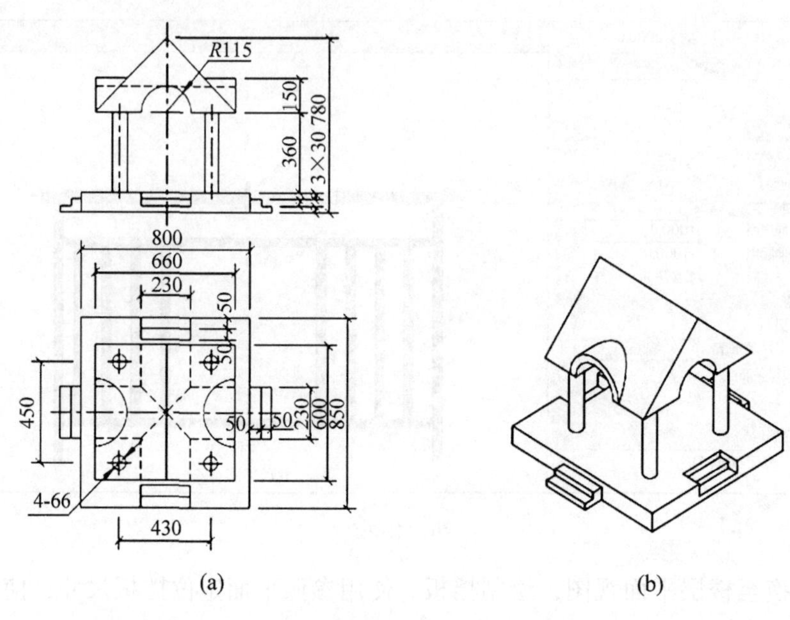

(a)　　(b)

图 15-55

解题思路：此题难度适中，可通过新建族，使用“拉伸”命令创建台阶、楼板、柱子、屋顶等构件。

创建过程：

（1）新建族——公制常规模型。

（2）定位板的尺寸线参照平面左右距离中心 400mm，上下距离中心 425mm 创建拉伸矩形，并把属性中拉伸终点改为 90mm，单击“完成”按钮，如图 15-56 所示。

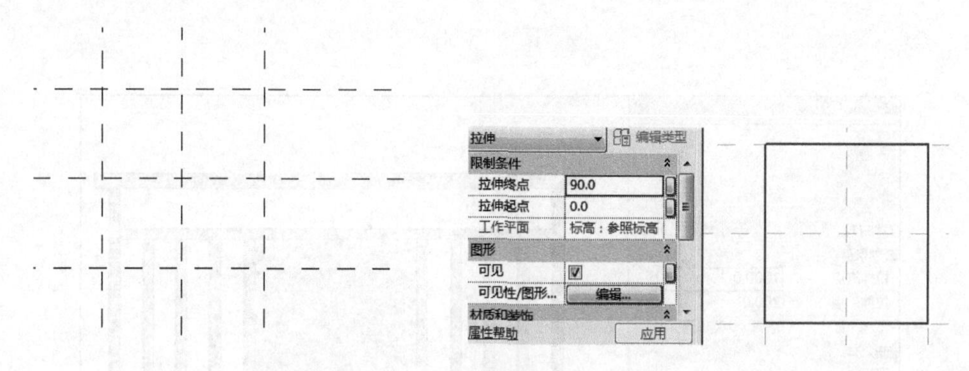

图 15-56

（3）平面参照标高中创建→设置→拾取一个平面→选择右侧线→右视图，开始用空心拉伸画上方的内部台阶，如图 15-57 所示。

（4）输入拉伸起点 515mm，拉伸终点 285mm，如图 15-58 所示。

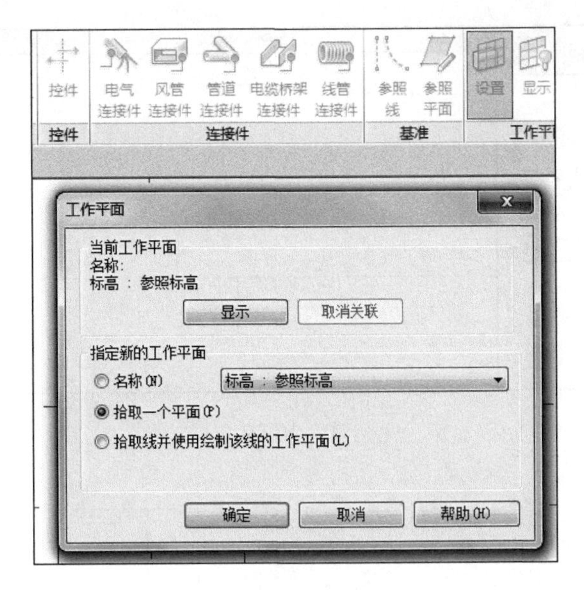

图 15-57

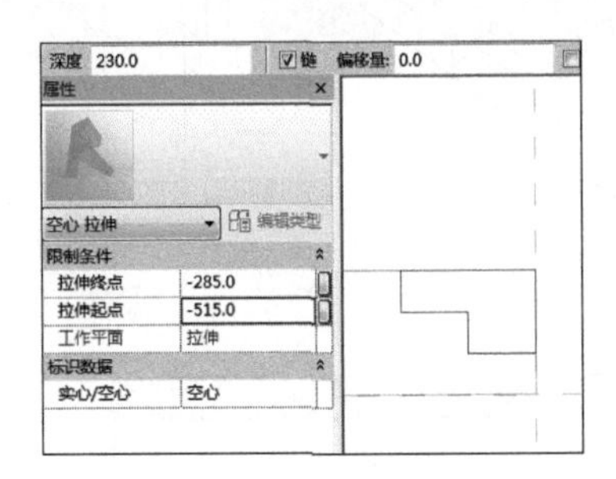

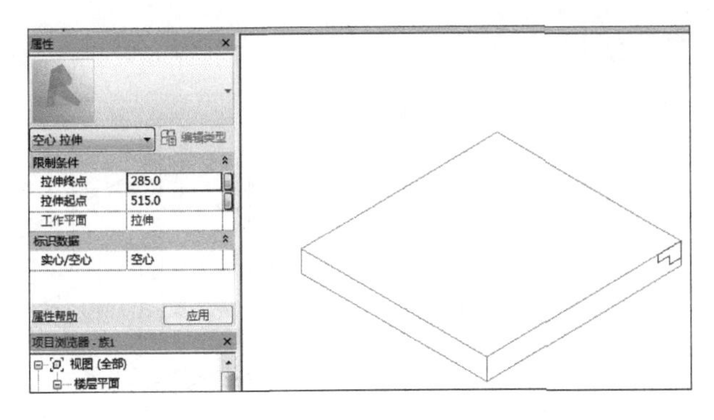

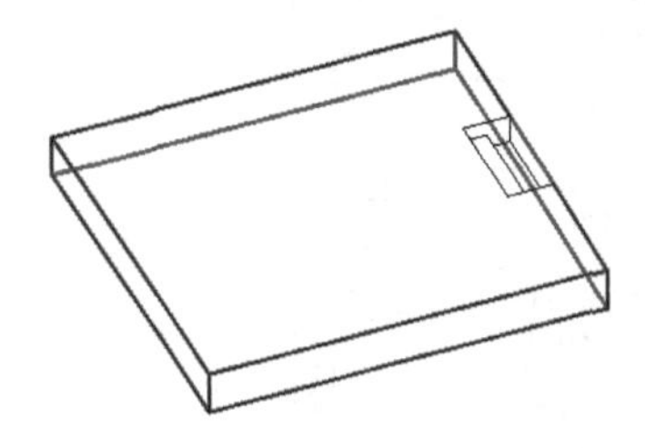

图 15-58

（5）平面参照标高中创建→设置→拾取一个平面→选择下侧线→后视图开始用拉伸画左右侧的外部台阶，输入拉伸起点 310mm，拉伸终点 540mm，如图 15-59 所示。

（6）平面参照标高中用“镜像”命令完成对边的台阶，如图 15-60 所示。

（7）平面参照标高中定位柱中心线上下线（850－450）/2=200mm，左右线（800－430）/2=185mm，如图 15-61 所示。

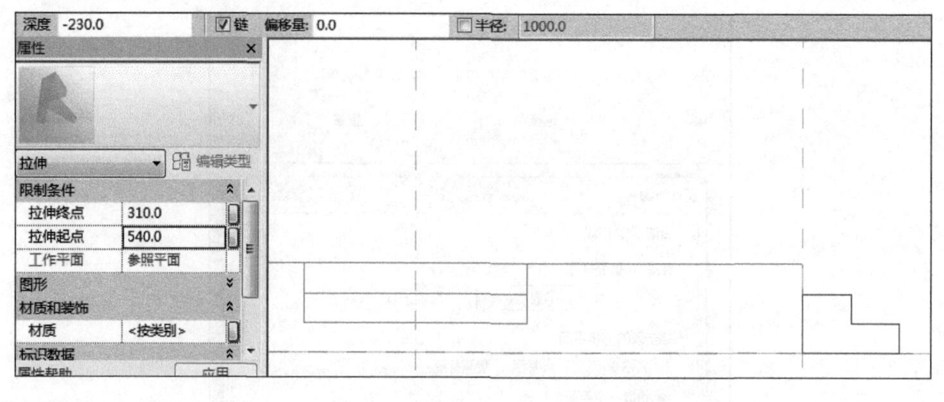

图 15-59

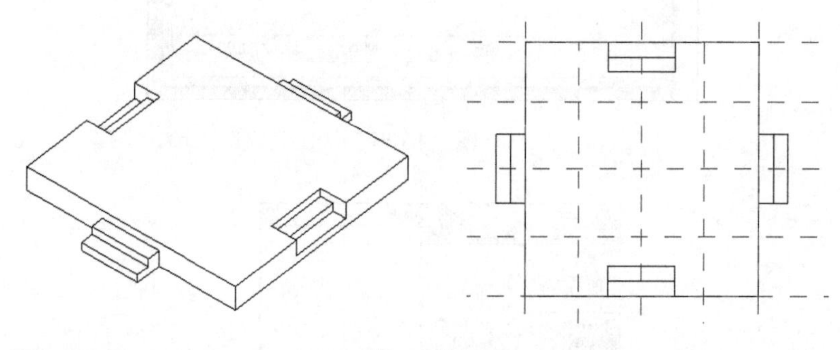

图 15-60

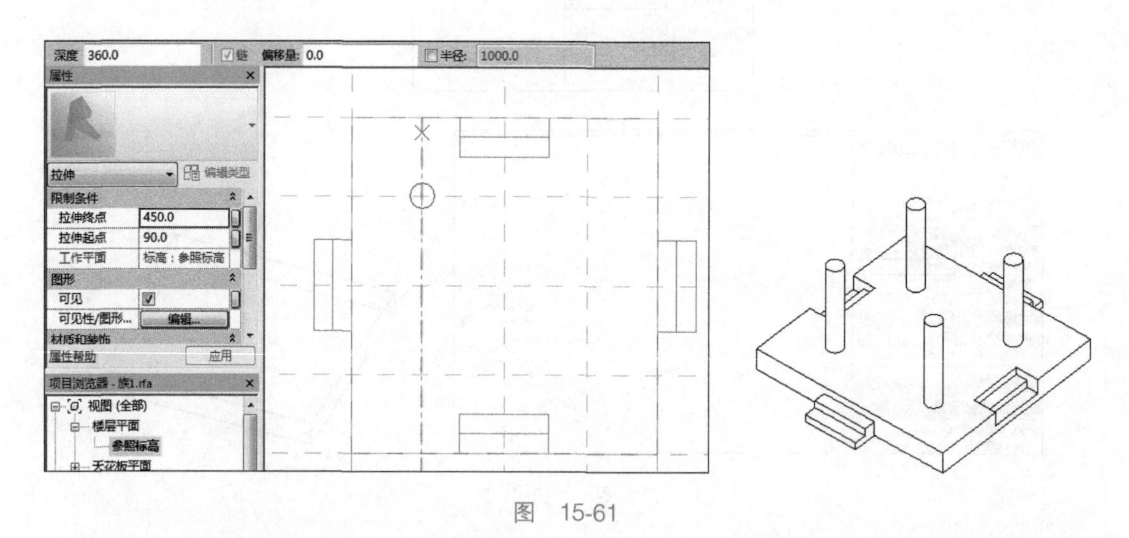

图 15-61

（8）拉伸圆半径为 33mm，输入拉伸起点 90mm，拉伸终点 450mm，用“镜像”命令完成另外三个圆柱。

（9）前视图画参照平面，距离板上表面分别为 360mm，再往上 150mm，再往上 180mm 拉伸三角形凉亭顶盖，输入拉伸起点 –300mm，拉伸终点 300mm，如图 15-62 所示。

（10）在右侧视图划半圆（半径 115mm）拉伸。

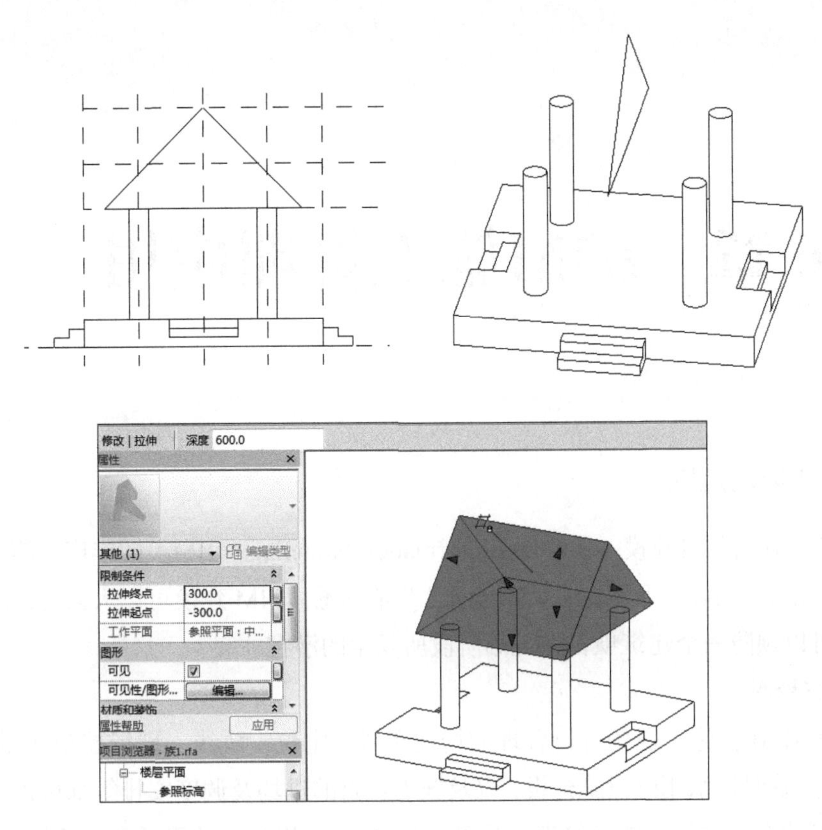

图 15-62

（11）在右侧视图划半圆（半径 105mm）空心拉伸。

（12）在前视图创建→空心拉伸→圆心端点弧画出半圆（半径 115mm），完成模型创建，如图 15-63 所示。

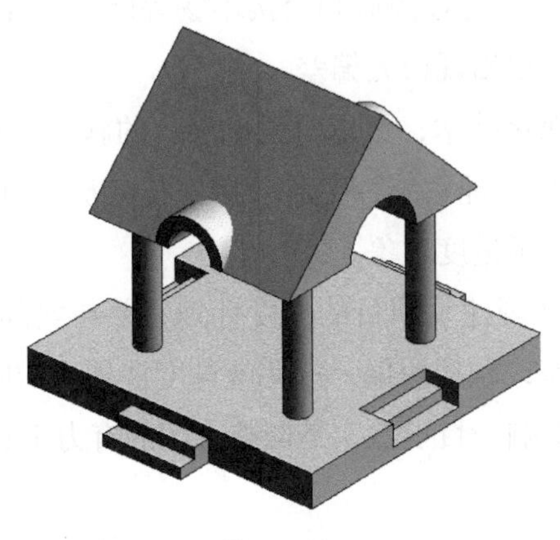

图 15-63

第 16 章　BIM施工管理应用

16.1　BIM 应用范围

近年来，建筑信息建模（Building Information Modeling，BIM）的推广实施速度之快，上到施工单位、设计院，下到业主，对它都已非常熟悉。BIM 建模可以大大提高工作效率，同时它也可以预防一个建筑项目在规划阶段所发生的潜在冲突。

1. 冲突检测

可利用 BIM 在施工现场进行合理的场地布置，定位，放线，现场控制网测量，施工道路、管线、临时用水用电设施建设，以及施工材料的进场及调度安排等都可以一目了然，以保证施工的有序进行。现场管理人员可以用 BIM 为相关人员展示和介绍场地布置、场地规划调整情况、使用情况，从而实现更顺畅地沟通。

2. 进度管理

传统的进度控制方法是基于二维 CAD，存在着设计项目形象性差、网络计划抽象、施工进度计划编制不合理、参与者沟通和衔接不畅等问题，往往导致工程项目施工进度在实际管理过程中与进度计划出现很大偏差。

采用 BIM 3D 虚拟可视化技术，可以对建设项目的施工过程进行仿真建模，建立 4D 信息模型的施工冲突分析与管理系统，实时管控施工人员、材料、机械等各项资源的进场时间，避免出现返工、拖延进度现象。

通过建筑模型，直观展现建设项目的进度计划，并与实际完成情况对比分析，了解实际施工与进度计划的偏差，合理纠偏，并调整进度计划。BIM 4D 模型使管理者对变更方案带来的工程量及进度影响一目了然，是调整进度的有力工具。

3. 成本管理

传统的工程造价管理是造价员基于二维图纸手工计算工程量，其过程存在很多问题：无法与其他岗位进行协同办公；工程量计算复杂费时；因设计变更、签证索赔、材料价格波动等造价数据时刻变化而难以控制；很难做到多次性计价；造价控制环节脱节；各专业之间冲突，项目各方之间缺乏行之有效的沟通协调机制。

这些问题导致采购和施工阶段大量增加工程变更，从而引起高成本返工、工期的延误和索赔等，直接造成工程造价大幅上升。BIM 技术在建设项目成本管理信息化方面有着传统技术不可比拟的优势，可提高工程量计算工作的效率和准确性，利用 BIM 5D 模型结合施工进度可以实现成本管理的精细化和规范化。

还可以合理安排资金、人员、材料和机械台班等各项资源使用计划，做好实施过程成本控制，并可有效控制设计变更，直接呈现变更导致的造价变化结果，有利于确定最佳方案。

此外，应用 BIM 技术，可以通过分析建筑物的结构配筋率来减少钢筋的浪费，与无线射频识别（Radio Frequency Identification，RFID）技术结合来加强建筑废物管理，回收建筑现场的可回收材料，以降低成本。

4. 质量管理

在传统的工作方式中，常以平、立、剖三视图的方式表达和展现建筑，容易造成信息割裂。由于缺乏统一的数据模型，易导致大量的有用信息在传递过程中丢失，也会产生数据冗余、无法共享等问题，从而使各单位人员之间难以相互协作。

BIM 具有信息集成整合，可视化和参数化设计的能力，可以减少重复工作和接口的复杂性。

利用 BIM 技术，可建立单一工程数据源，工程项目各参与方使用的是单一信息源，可有效地实现各个专业之间的集成化协同工作，充分提高信息的共享与复用，每一个环节产生的信息能够直接作为下一个环节的工作基础，确保信息的准确性和一致性，为沟通和协作提供底层支撑，实现项目各参与方之间的信息交流和共享。

利用软件服务和云计算技术，构建基于云计算的 BIM 模型，不仅可以提供可视化的 BIM 3D 模型，也可通过 WEB 直接操控模型。使模型不受时间和空间的限制，有效解决不同站点、不同参与方之间的通信障碍，以及信息的及时更新和发布等问题。

5. 变更和索赔管理

工程变更对合同价格和合同工期具有很大破坏性，成功的工程变更管理有助于项目工期和投资目标的实现。BIM 技术可通过模型碰撞检查工具尽可能完善设计和施工方案，从源头上减少变更的产生。

将设计变更内容导入建筑信息模型中，模型支持构建几何运算和空间拓扑关系，快速汇总工程变更所引起的相关的工程量变化、造价变化及进度影响就会自动反映出来。

项目管理人员可以这些信息为依据，及时调整人员、材料、机械设备的分配，有效控制变更所导致的进度、成本变化。最后，BIM 技术可以完善索赔管理，相应的补偿费用或者工期拖延皆一目了然。

6. 安全管理

许多安全问题在项目的早期设计阶段就已经存在，最有效的处理方法是在设计源头预防和消除。基于该理念，Kamardeen 提出一个通过设计防止安全事件的方法——PtD（Prevention through Design），该方法通过 BIM 模型构件元素的危害分析，给出安全设计的建议，对于那些不能通过设计修改的危险源进行施工现场的安全控制。

应用 BIM 技术对施工现场布局和安全规划进行可视化模拟，可以有效地规避运动中的机具设备与人员的工作空间冲突。

应用 BIM 技术，还可以自动对施工过程进行安全检查，评估各施工区域坠落的风险，在开工前就可以制订安全施工计划，确定何时、何地、采取何种方式来防止建筑安全事故，还可以对建筑物的消防安全疏散进行模拟。

当建筑发生火灾等紧急情况时，将 BIM 与 RFID、无线局域网络、超宽带实时定位系统（Ultra-Wideband Real Time Location Systems，UWBRTLS）等技术结合构建室内紧急导航系统，为救援人员提供复杂建筑中最迅速的救援路线。

7. 供应链管理

BIM 模型中包含建筑物整个施工、运营过程中需要的所有建筑构件、设备的详细信息，以及项目各参与方在信息共享方面的内在优势，在设计阶段就可以提前开展采购工作，结合 GIS、RFID 等技术有效地实现采购过程的良好供应链管理。

基于 BIM 的建筑供应链信息流模型具有在信息共享方面的优势，有效解决建筑供应链各参与方不同数据接口间的信息交换问题，电子商务与 BIM 的结合有利于建筑产业化的实现。

8. 运营维护管理

在建筑物使用寿命期间，BIM 技术可以有效地进行运营维护管理，通过使用其空间定位和记录数据的能力，将其应用于运营维护管理系统，可以快速准确定位建筑设备组件，对材料进行可接入性分析，选择可持续性材料，进行预防性维护，制订行之有效的维护计划。

BIM 与 RFID 技术结合，可将建筑信息导入资产管理系统，可以有效地进行建筑物的资产管理。BIM 还可进行空间管理，能合理高效使用建筑物空间。

16.2 BIM 软件应用

1. BIM 5D 软件

BIM 5D 软件以 BIM 三维模型和数据为载体，关联施工过程中的进度、合同、成本、质量、安全、图纸、物料等信息，为项目提供数据支撑，实现有效决策和精细管理，从而达到减少施工变更，缩短工期、控制成本、提升质量的目的。

该软件具有以下优势。

（1）虚拟建造，事前控制。通过 BIM 模型事先对工程项目进行模拟建设，进行各种虚拟环境条件下的分析，可以提前发现可能出现的问题，采取预防措施、事前控制，以达到优化设计、减少返工、节约工期、减少浪费、降低造价的目的。同时，预建造能生动形象地展示项目投标方案，提升中标率（图 16-1）。

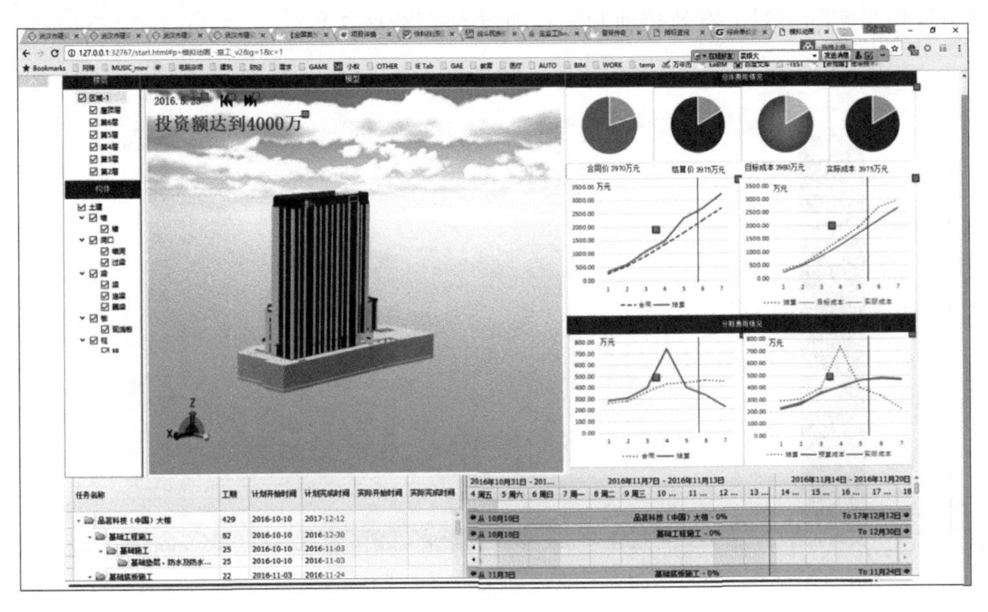

图　16-1

（2）全程跟踪，事中审计。利用 BIM 5D 软件，可以以模型为核心，快捷、直观地分析出当期费用、跟踪审计、进度款支付等，便于掌控整个项目成本和进度，为精准决策提供可靠依据，达到项目预控的目的。BIM 模型就是工程项目的数据中心，能有效提升核心数据的获取效率（图 16-2）。

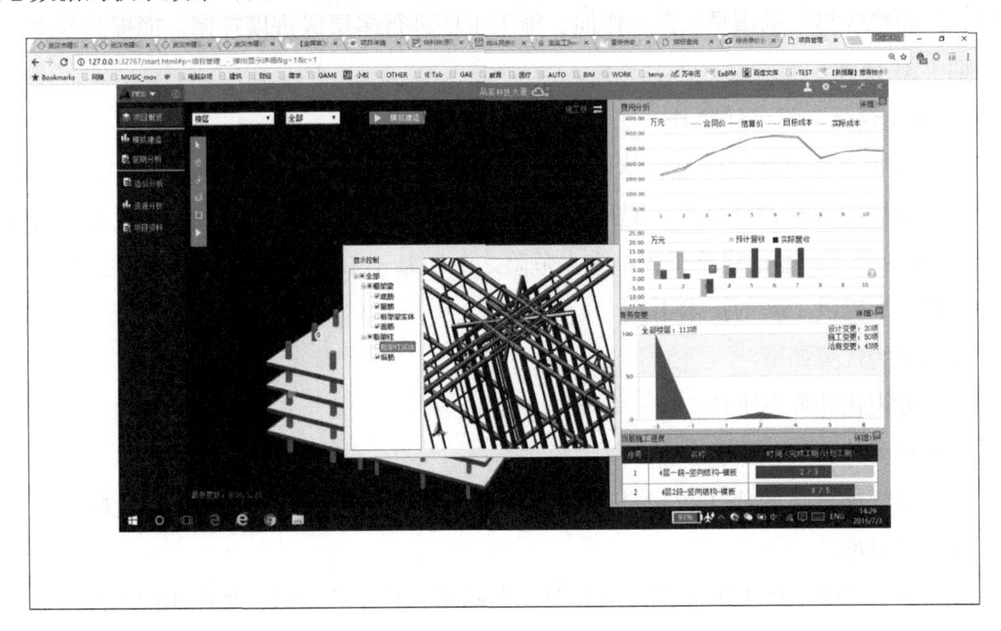

图　16-2

（3）资料管理，事后追溯。将现场照片、变更文档等资料与 BIM 模型进行关联，便于工程技术人员快速查看造价变更的依据，并提供各类型的数据报表，对工程量以及主材进行计划与实际核对，有效控地制物料和成本（图 16-3）。

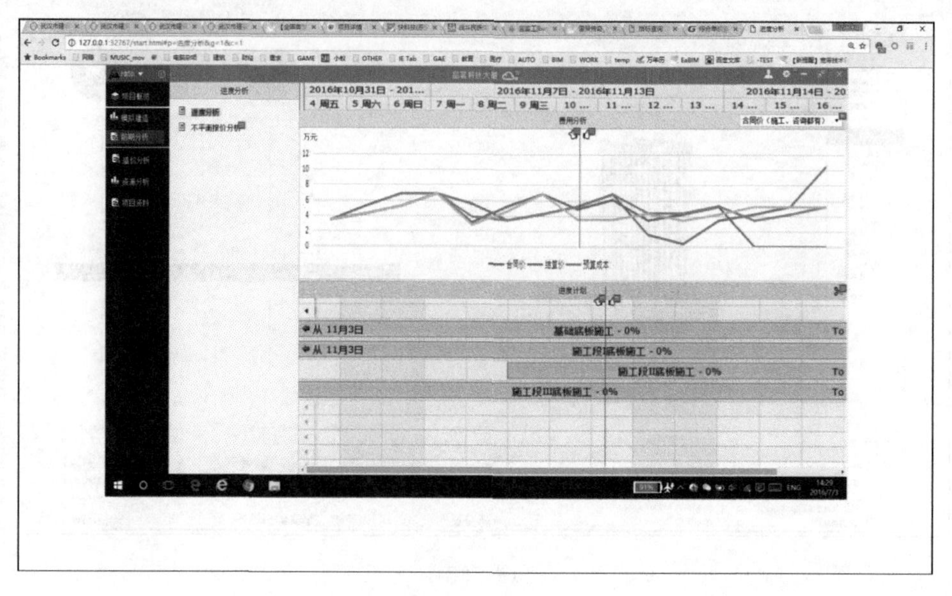

图 16-3

（4）节约成本，全局掌控。通过 BIM 模型动态展示，可以体现每个阶段的成本、进度以及人材机的使用量，让甲方更加直观地了解整个建造过程的资金使用量情况，节约资金的时间成本；准确的用料分析与费用控制，也为同期物料的采购数量提供准确的数据支持，进而减少材料的浪费；在工作面、施工工序进行多层级进度控制，能提高效率，缩短工期（图 16-4）。

2. BIM 模板工程设计软件

BIM 模板工程设计软件是一款可以做方案编制、高支模论证方案、方案可视化审核、模板成本估算的模板设计软件，是国内首款基于 BIM 的模板设计软件。模板工程占土建成本的 10%~15%，也是建筑工程中重大危险之一。基于 BIM 的模板设计软件给控制危险源和降低成本提供了新的技术手段。

该软件的优势如下。

（1）可视化计算书审核。

（2）自动计算书验算。

（3）可智能计算模板工程设计参数，智能识别高支模等，免去记忆各类规范和频繁试算调整的困难。

（4）可一键输出施工平面图、剖面图、大样图、整体施工图，如图 16-5 所示。

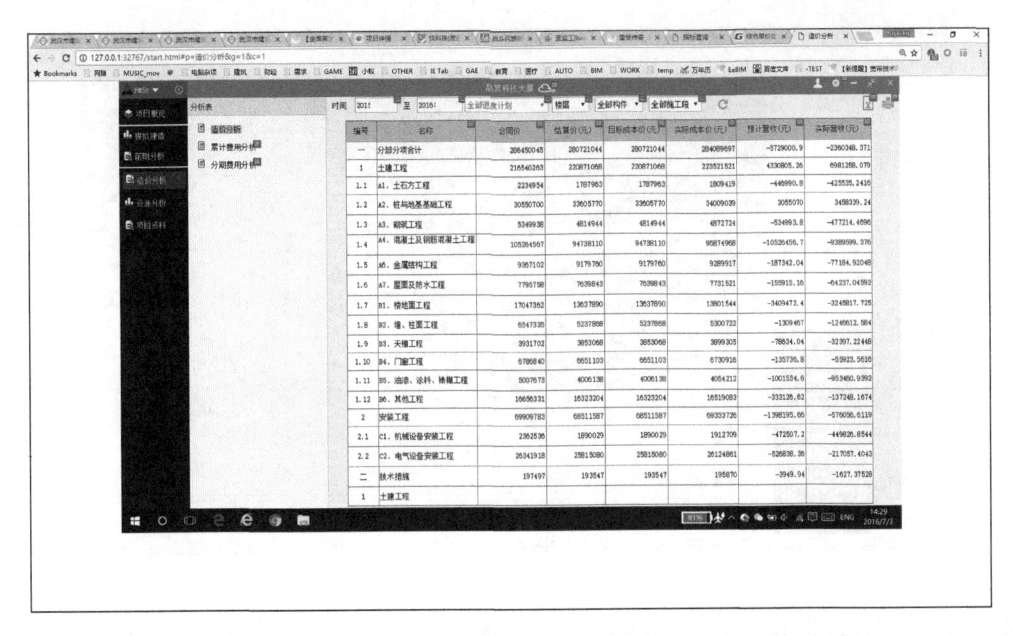

编号	名称	合同价	结算价(元)	目标成本价(元)	实际成本价(元)	预计营收(元)	实际营收(元)
一	分部分项合计	286450045	280721044	280721044	284089697	-5729000.9	-2360348.371
1	土建工程	216540263	220871068	220871068	223521521	4330805.26	6981258.079
1.1	A1．土石方工程	2234954	1787963	1787963	1809419	-446990.8	-425535.2416
1.2	A2．桩与地基基础工程	30550700	33605770	33605770	34009039	3055070	3458339.24
1.3	A3．砌筑工程	5349938	4814944	4814944	4872724	-534993.8	-477214.4696
1.4	A4．混凝土及钢筋混凝土工程	105264567	94738110	94738110	95874968	-10526456.7	-9389599.376
1.5	A6．金属结构工程	9367102	9179760	9179760	9289917	-187342.04	-77184.92048
1.6	A7．屋面及防水工程	7795758	7639843	7639843	7731521	-155915.16	-64237.04592
1.7	B1．楼地面工程	17047362	13637890	13637890	13801544	-3409472.4	-3245817.725
1.8	B2．墙、柱面工程	6547335	5237868	5237868	5300722	-1309467	-1246612.584
1.9	B3．天棚工程	3931702	3853068	3853068	3899305	-78634.04	-32397.22448
1.10	B4．门窗工程	6786840	6651103	6651103	6730916	-135736.8	-55923.5616
1.11	B5．油漆、涂料、裱糊工程	5007673	4006138	4006138	4054212	-1001534.6	-953460.9392
1.12	B6．其他工程	16656331	16323204	16323204	16519083	-333126.62	-137248.1674
2	安装工程	69909783	68511587	68511587	69333726	-1398195.66	-576056.6119
2.1	C1．机械设备安装工程	2362536	1890029	1890029	1912709	-472507.2	-449826.8544
2.2	C2．电气设备安装工程	26341918	25815080	25815080	26124861	-526838.36	-217057.4043
二	技术措施	197497	193547	193547	195870	-3949.94	-1627.37528
1	土建工程						

图　16-4

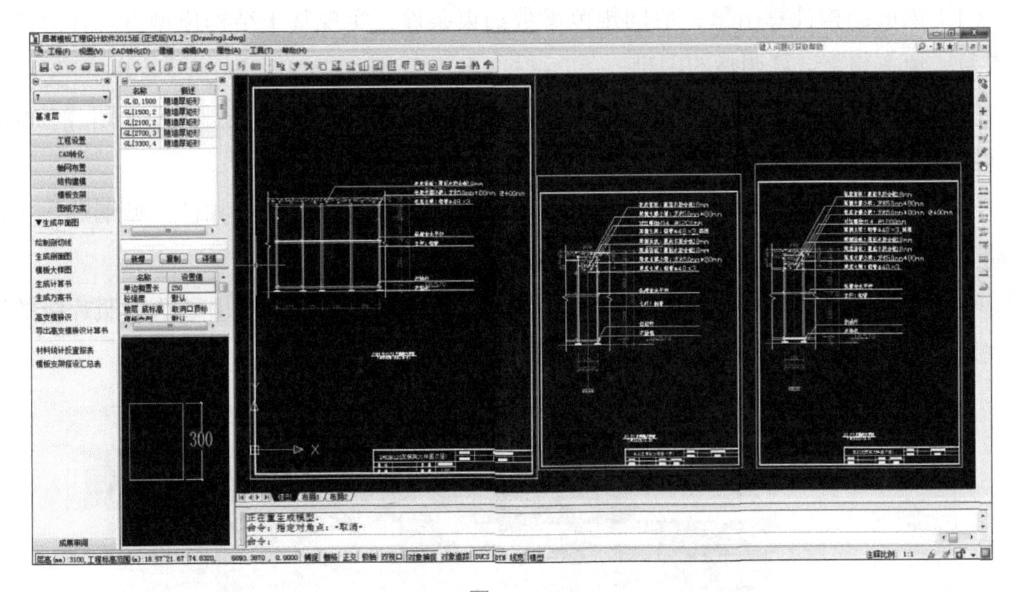

图　16-5

（5）可按楼层、结构类别精确统计出混凝土、模板、钢管、方木、扣件、顶托等的用量，做到模板分包或自营心中有数。

（6）可三维显示设计成果，整栋、整层、任意剖切三维显示可使投标、专家论证技术展示和三维交底时不再纸上谈兵，如图 16-6 所示。

3. BIM 脚手架工程设计软件

BIM 脚手架工程设计软件是一款可以做落地式脚手架和悬挑脚手架方案可视化审核、悬挑架工字钢智能布置、脚手架成本估算、脚手架方案论证、方案编制的脚手架设计软件。

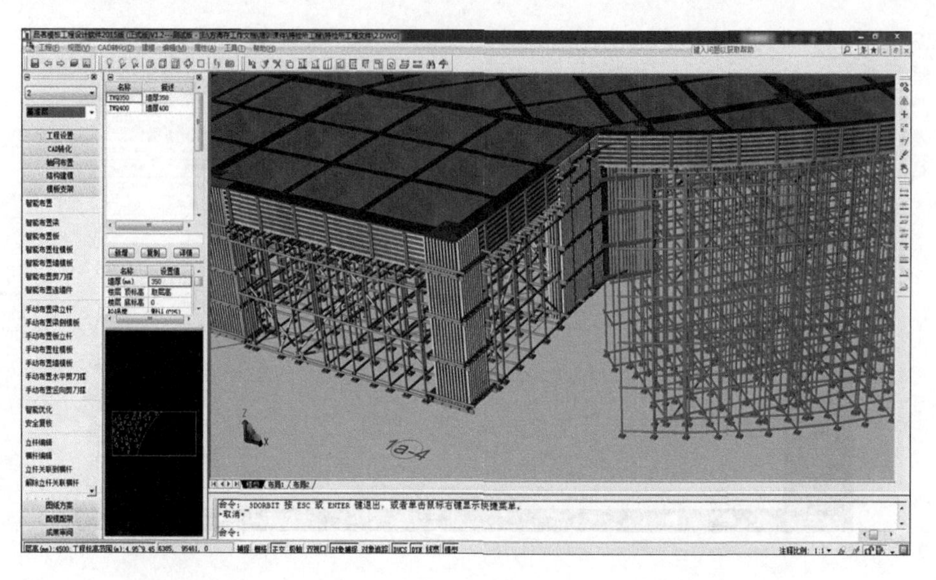

图 16-6

该软件的优势如下。

（1）内嵌结构计算引擎，协同规范参数约束条件，实现基于结构模型自动计算脚手架参数，免去频繁试算调整的困难。

（2）产品采用 BIM 理念技术打造，利用其可以出图性技术特点设计了平面图、剖面图、大样图自动生成功能，可以快速输出专业的整体施工图。

（3）材料统计功能可按楼层、结构类别统计出钢管、安全网、扣件、型钢等，支持自动生成统计表，可导出为 Excel 格式以便于实际应用。

（4）支持整栋、整层、任意剖面三维显示，通过内置三维显示引擎达到照片级的渲染效果，有助于技术交底和细节呈现，如图 16-7 和图 16-8 所示。

图 16-7

图 16-8

（5）可以快速对不同搭设方案进行最优化选择。

图 16-9~ 图 16-13 是对比图，左侧为软件三维效果，右侧为施工现场照片。

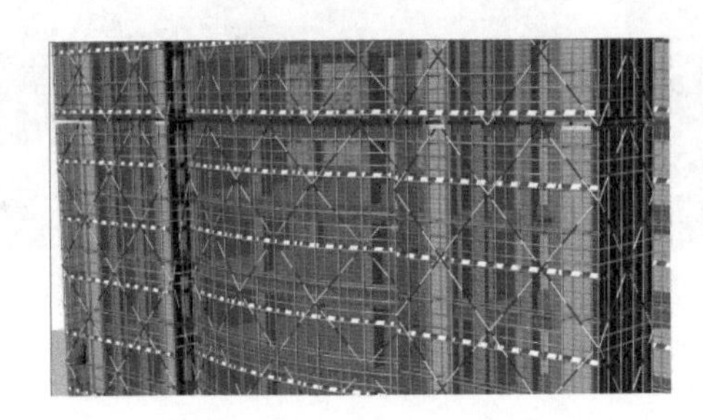

图 16-9

图 16-10

图 16-11

图 16-12

图 16-13

4. BIM 施工策划软件

BIM 三维施工策划软件基于 BIM 技术开发，可将传统二维平面布置图快速转化为三维平面布置图，同时可直接生成施工模拟动画。软件操作流程完全依据目前技术人员采用 CAD 绘制平面布置图的习惯打造。同时，软件中内置了大量临时板房、塔吊、施工电梯等构件，并支持用户 Revit、3dmax 等软件的导入，可大大提高绘图效率。运用内置安全软件临时设置安全计算模块，可对平面布置图中的防护棚、临水临电等进行智能计算分析，以确保平面布置图的准确落地。在布置完成后，可进行工程量的统计。

该软件的优势如下。

（1）三维场地布置：设置分阶段建模，通过总平面布置图识别转化和内置大量构件快速完成三维场布设计，如图 16-14 所示。

（2）施工模拟动画：通过关联时间形成 4D 模型，完成施工过程模拟，并支持实时渲染视频录制，如图 16-15 所示。

（3）文明标化：内置大量安全文明施工相关的参数化模型，满足多样化需求。

（4）土方开挖模拟及方案设计：可生成土方开挖模拟视频，并生成土方开挖施工图和各个构件的加工详图，如图 16-16 所示。

（5）材料用量：可计算临建工程量动态，精确把控临建成本。

图　16-14

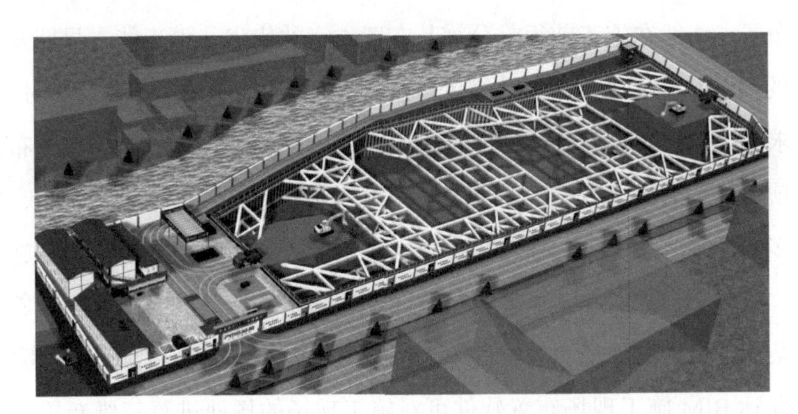

图　16-15

图　16-16

第 17 章　BIM场地布置应用

在传统模式下，施工场地布置策划是由编制人员依据现场情况及自己的施工经验指导现场的实际布置。一般在施工前很难分辨其布置方案的优劣，更不能在早期发现布置方案中可能存在的问题，施工现场活动本身是一个动态变化的过程，施工现场对材料、设备、机具等的需求也会随着项目施工的不断推进而变化。随着项目的进行，现场布置很有可能变得不适应项目施工的需求。这样一来，就得重新对场地布置方案进行调整，再次布置必然会发生更多的拆卸、搬运等程序，需要投入更多的人力、物力，进而增加施工成本，降低项目效益，布置不合理的施工场地，甚至会产生施工安全问题。所以，随着工程项目的大型化、复杂化，传统的静态、二维的施工场地布置方法已经难以满足实际需要。

应用广联达 BIM 施工现场布置软件可对施工现场的场地进行三维布置。同时，还可与广联达图形软件、广联达梦龙软件等一起导入广联达 BIM 5D 软件，对整个项目进行计算机信息化管理。

17.1　打开软件

方法一：双击桌面“广联达 BIM 施工现场布置软件”快捷图标，启动广联达 BIM 施工现场布置软件，出现如图 17-1 所示的启动界面。

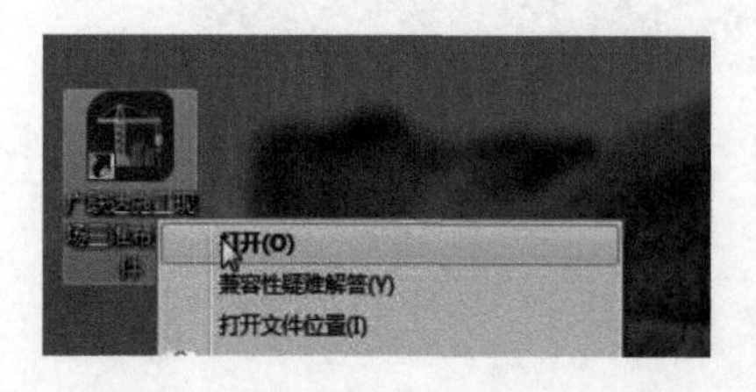

图　17-1

方法二：单击桌面左下角“Windows 图标”→单击“程序”→单击“广联达云施工”→单击“广联达 BIM 施工现场布置软件 V7.8”，即可启动广联达 BIM 施工现场布置软件。

1. 新建工程

若是新建工程，则单击“新建工程”按钮，系统将提示是否导入 CAD 图纸，如图 17-2 所示。

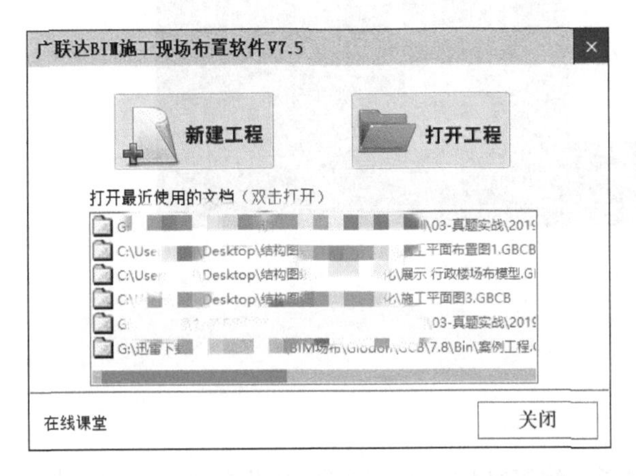

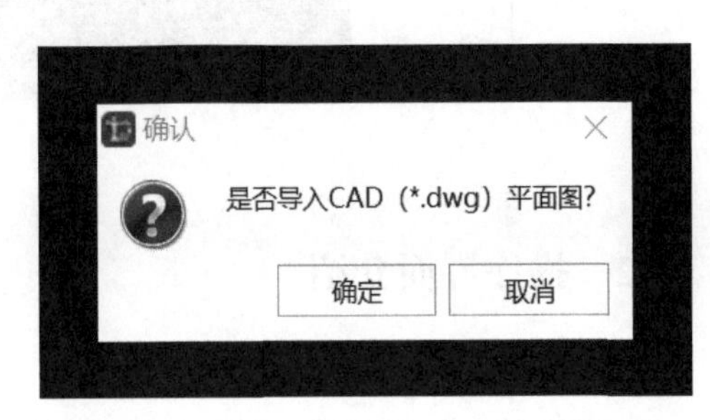

图　17-2

如果有 CAD 图纸，则直接单击“确定”按钮，指定一个插入点，单击，系统弹出路径选择对话框，找到对应 CAD 文件的路径，单击“打开”，界面出现如图 17-3 所示导入成功对话框，单击“确定”即可进入软件绘制界面。

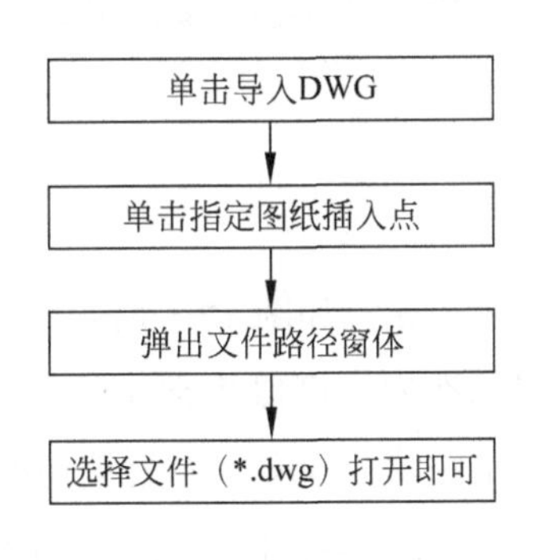

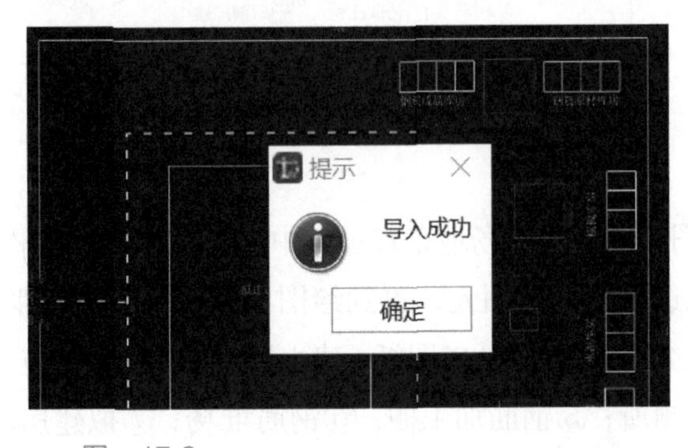

图　17-3

2. 打开工程

如果需要打开已经创建好的 BIM 现场布置图，则可通过单击“打开工程”按钮，选择需要打开的文件，即可直接进入绘制界面，如图 17-4 所示。

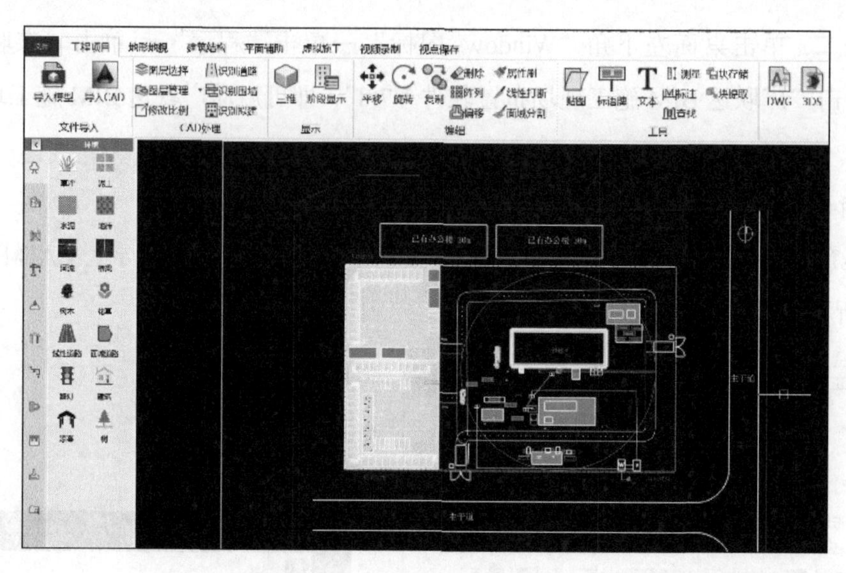

图 17-4

17.2 操作界面介绍

1. 菜单栏

菜单栏内包括文件、工程项目、地形地貌、建筑结构、平面辅助、虚拟施工、视频录制、时点保存等相关操作，也可进行二维、三维的视图转换，如图 17-5 所示。

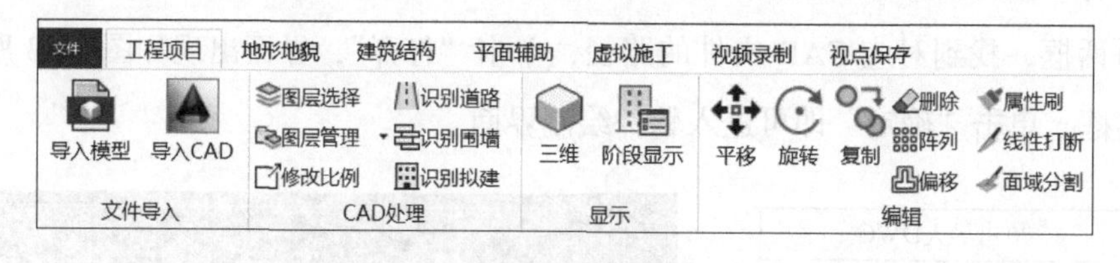

图 17-5

2. 图元库

“图元库”包括场地布置过程中需要绘制的各种构件的图元，如图 17-6 所示。在绘制时，先选择相应的图元，再到绘图区进行绘制。按照图元类型，可以将常见的图元分为以下几类：①导入 CAD 图纸、建立地形；②围墙、施工大门；③宿舍楼、办公楼；④食堂、仓库、厕所；⑤钢筋加工棚；⑥钢筋堆场；⑦拟建房屋、外脚手架；⑧塔吊、施工电梯；⑨道路、洗车池；⑩临电、消防、五牌一图。

3. 绘图区

界面中间为绘图区，所有需要绘制的构件，均在此区域内完成。

4. 属性区

对所有绘制的构件图元进行修改，均需通过操作属性栏来完成。

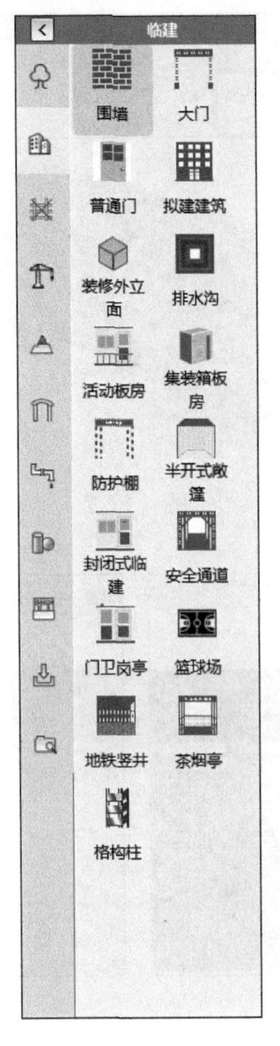

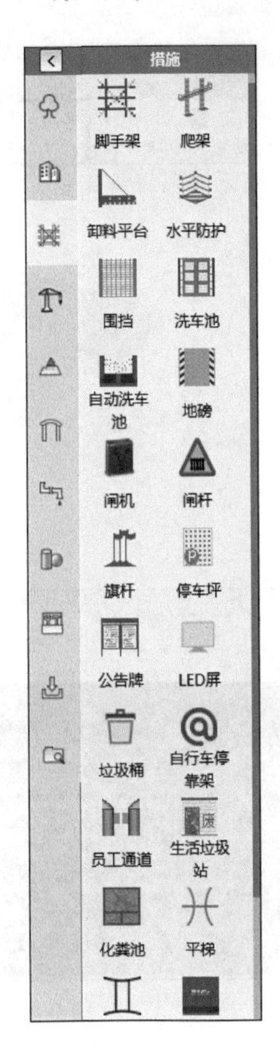

图　17-6

17.3　模型创建

1. 绘制地形

（1）切换到地形地貌页签，单击“平面地形”按钮，设置地表高度后，单击“确定”按钮。

（2）选择绘制方式（矩形绘制）。

（3）在 X 向动态输入框内输入数值，如“100000”，然后切换到 Y 向动态输入框，输入数值，如“500000”，然后按 Enter 键确认，完成绘制（三维查看），如图 17-7 所示。

2. 绘制板房

在左侧构建栏中，切换到“临建”（第 2 个）页签，选中构件“活动板房”（第 2 列第 3 个），在绘图区域左键指定第一个端点，向右移动鼠标，可以看到界面生成一间间活动板房，当到指定间数的时候，再次单击指定第二个端点，即可完成“活动板房的绘制”。绘制完成后，单击停靠窗口中的“动态观察”查看任意角度的三维显示效果，如图 17-8 所示。

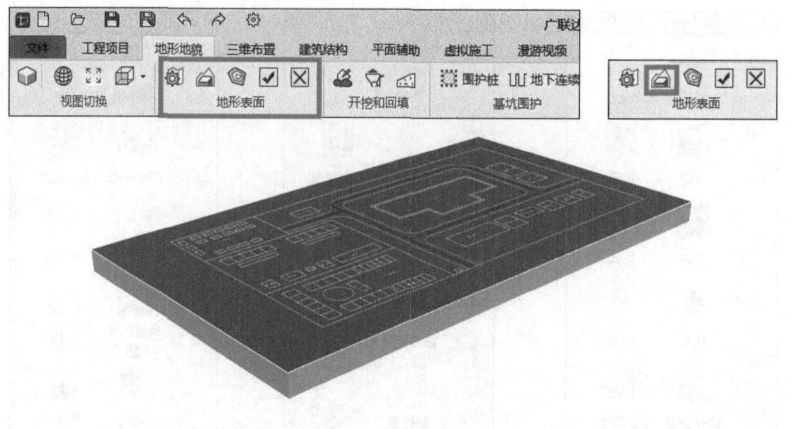

图 17-7

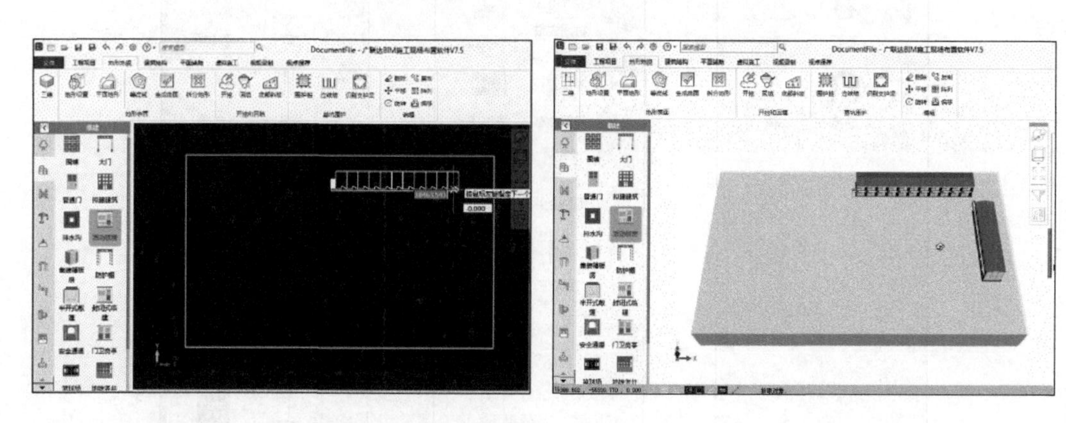

图 17-8

《建设工程施工现场环境与卫生标准》（JGJ 146—2013）第 5.1.5 条规定：宿舍内应保证必要的生活空间，室内净高不得小于 2.5m，通道宽度不得小于 0.9m，住宿人员不得小于 $2.5m^2$，每间宿舍居住人员不得超过 16 人。宿舍应有专人负责管理，床头宜设置姓名卡（宿舍内应设置单人铺，层铺的搭设不应超过 2 层）。

3. 绘制围墙

工地必须沿四周连续设置封闭围挡，围挡材料应选用砌体、彩钢板等硬性材料，并做到坚固、稳定、整洁和美观，如图 17-9 所示。

图 17-9

绘制围墙主要有以下两种方式。

方式一：在左侧构建栏，切换到“临建”（第 2 个）页签，选中构件“围墙”（第 1 列第 1 个），在绘图区单击指定矩形的第一个角点，移动鼠标拉框绘制矩形，在指定的位置再次单击指定矩形的对角点，当到指定个数的时候，再次单击指定第二个端点，即可完成围墙绘制。绘制完成后,单击停靠窗口中的“动态观察”查看任意角度的三维显示效果，二三维切换快捷键是 F2，如图 17-10 所示。

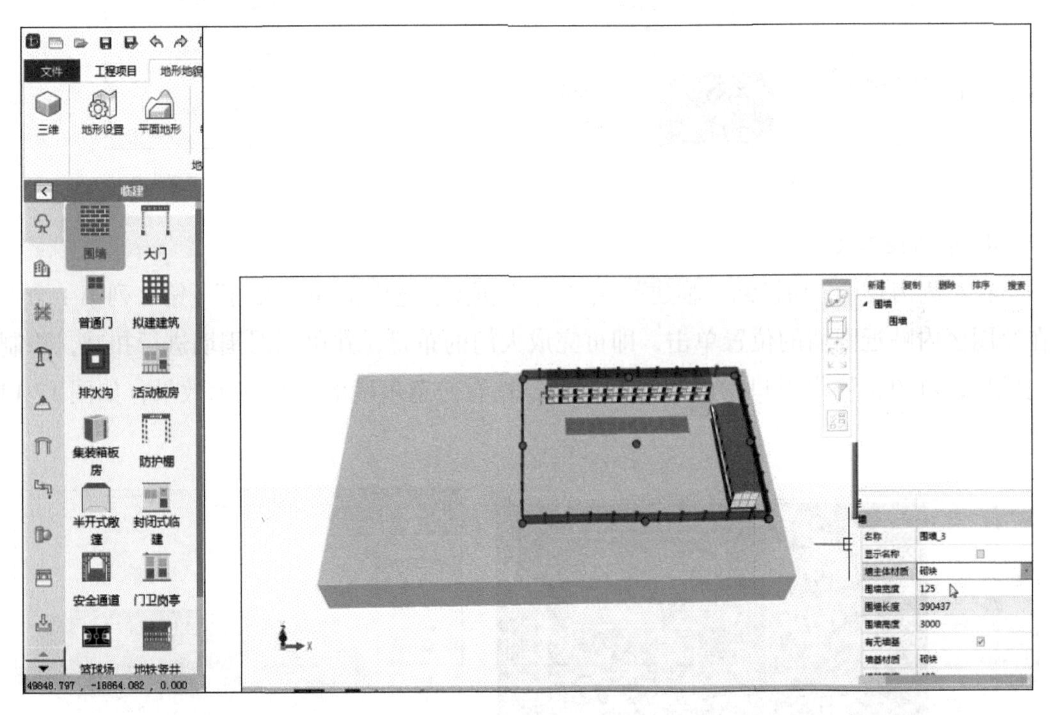

图　17-10

方式二：按 Esc 键，选择所有“围墙”线段，单击菜单栏“工程项目”→“识别围墙线”，将自动生成围墙线，如图 17-11 所示。

可对围墙进行高度、宽度、材质、标高的修改。单击，选中所有围墙单元，在属性栏中修改相应的参数即可，如图 17-12 所示。

通过修改围墙的属性，也可创建“文化墙”。在围墙属性栏中，单击“材质选择”，选择“更多”，也可插入自己制作的图片。绘制完毕后，单击“动态观察”图标，切换好视角，便可动态显示围墙。

《建筑施工安全检查标准》（JGJ 59—2011）第 3.2.3 条规定：文明施工，保证施工项目的检查评定，应符合下列规定。

（1）市区主要路段的工地应设置高度不小于 2.5m 的封闭围挡。

（2）一般路段的工地应设置高度不小于 1.8m 的封闭围挡。

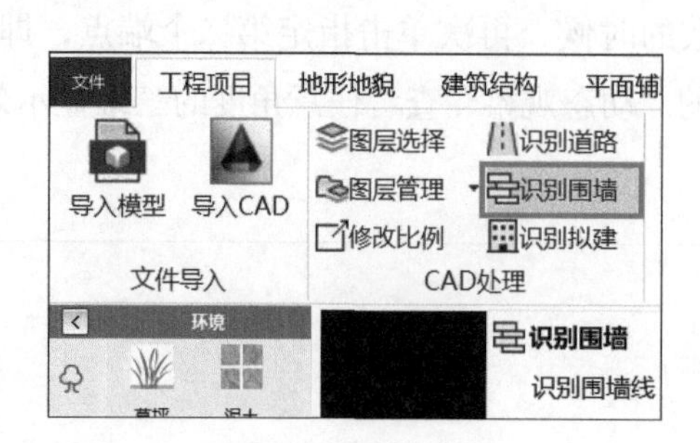

图 17-11

图 17-12

4. 绘制施工大门

在左侧构建栏，切换到“临建”（第 2 个）页签，选中构件“大门”（第 2 列第 1 个），在绘图区内贴近围墙的位置单击，即可完成大门的布置，并可以对围墙进行扣减，绘制完成后，可单击停靠窗口中的“动态观察”查看任意角度的三维显示效果，如图 17-13 所示。

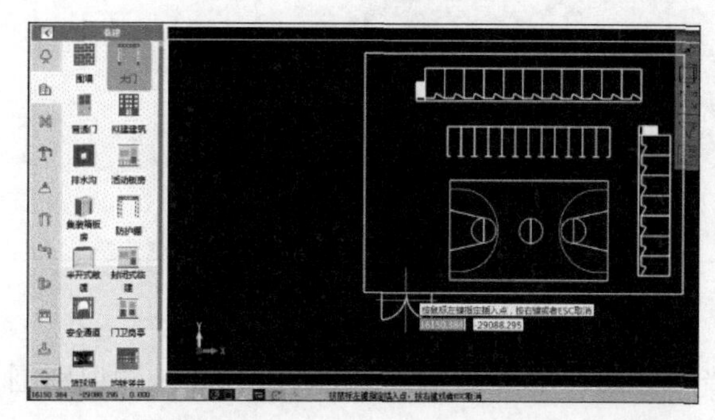

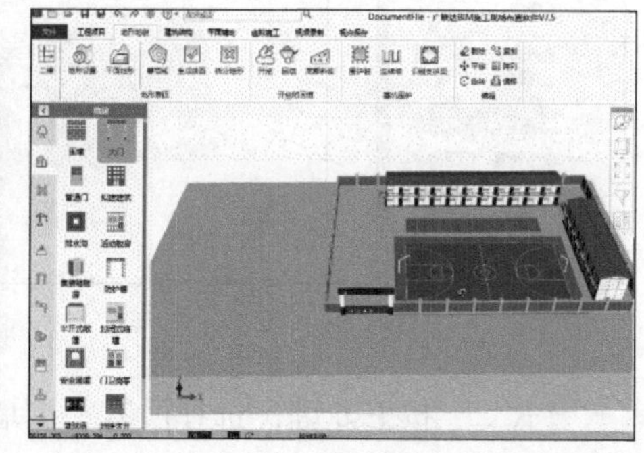

图 17-13

单击选中“施工大门”，便可在右侧的属性栏中修改其相应的参数，如图 17-14 所示。

如想修改工地大门横梁文字，可双击右侧属性栏“横梁文字”后的空白栏，在弹出的“文字设置”对话框中对工地大门横梁文字的颜色、字体、字号进行修改，如图 17-15 所示。

对于工地大门，还可修改其材质，如将材质修改为电动门，大门横梁文字设置为“上海建工集团”，立柱标语为默认标语，修改后的施工大门效果图如图 17-16 所示。

《建设工程施工现场消防安全技术规范》（GB 50720—2011）第 3.1.3 条规定：施工现场出入的设置应满足消防车通行的要求，并宜设置在不同方向，其数量不宜少于 2 个。当确有困难只能设置 1 个出入口时，应在施工现场内设置满足消防车通行的环形道路。

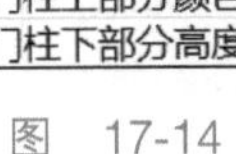

图 17-14

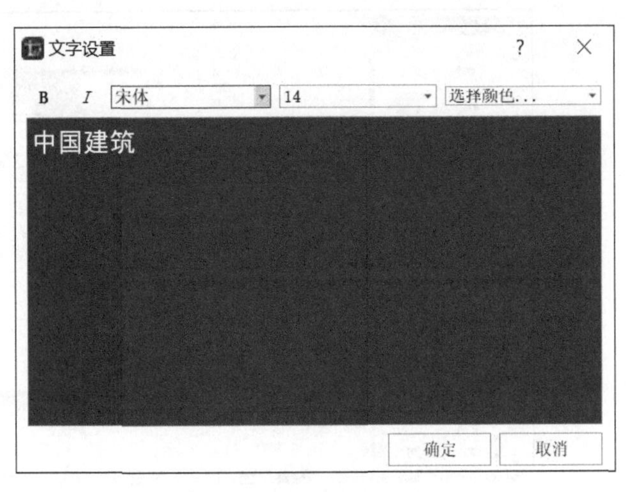

图 17-15

图 17-16

《建设工程安全生产管理条例》第三十一条规定：施工单位应当在施工现场建立消防安全责任制度，确定消防安全责任人，制订用火、用电、使用易燃易爆材料等各项消防安全管理制度和操作规程，设置消防通道、消防水源，配备消防设置和灭火器材，并在施工现场入口处设置明显标记。

5. 绘制道路

在左侧构建栏中，切换到“环境”（第 1 个）页签，选中构件“线性道路”（第 1 列第 5 个），单击绘图区域分别指定两个点，即可完成线性道路的绘制。当绘制的两条道路相交时，软件会自动生成路口，如图 17-17 所示。

施工运输道路的布置主要解决运输和消防两方面问题，其布置原则如下。

（1）当道路无法设置环形道路时，应在道路的末端设置回车场。

（2）道路主线路位置的选择应方便材料及构件的运输及卸料，当不能到达时，应尽可能设置支路线。

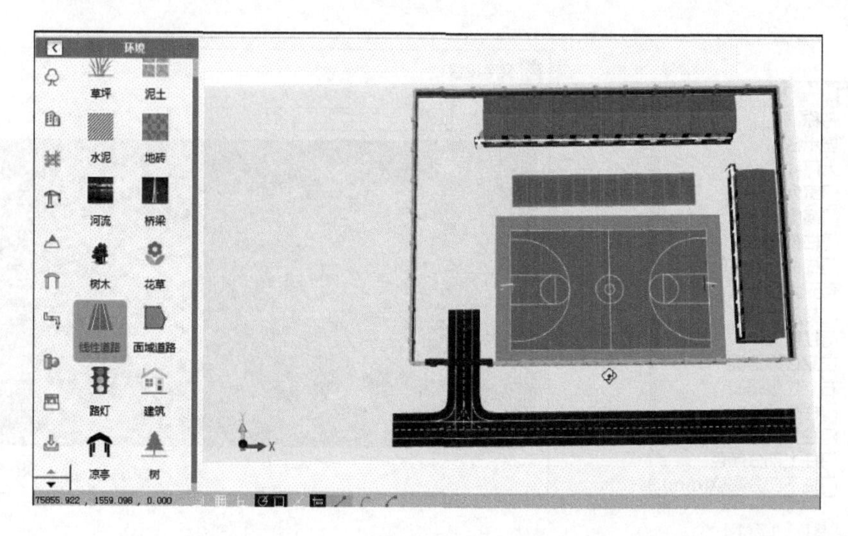

图 17-17

（3）道路的宽度应根据现场条件及运输对象、运输流量确定，并满足消防要求；其主干道应设计为双车道，宽度不小于 6m，次要车道为单车道，宽度不小于 4m。

《建设工程施工现场消防安全技术规范》（GB 50720—2011）第 3.3.2 条规定：临时消防车道的净宽度和净高度均不应小于 4m。

6. 绘制安全体验区

在左侧构建栏中，切换到“安全体验区”（第 6 个）页签，选中需要的构件，在绘图区域单击选择插入点，即可完成布置，如图 17-18 所示。

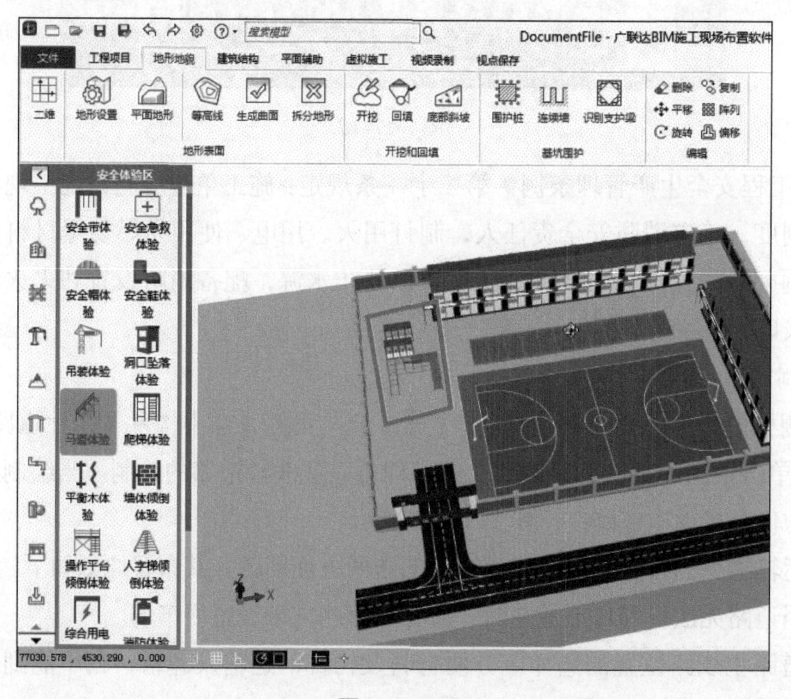

图 17-18

7. 绘制开挖与放坡

（1）切换到地形地貌页签，单击“开挖”按钮，在坡度设置窗体中设置“基底部标高”和“放坡角度”，单击“确定”按钮，然后根据需要单击指定两个以上的端点，即可完成开挖的绘制。也可以在下方状态栏中切换绘制方式，通过绘制弧线、矩形、圆形等方式绘制开挖。绘制完成后，可单击停靠窗口中的“动态观察”查看任意角度的三维显示效果，在工具栏中单击“二维”按钮即可切换回二维俯视视图，如图 17-19 所示。

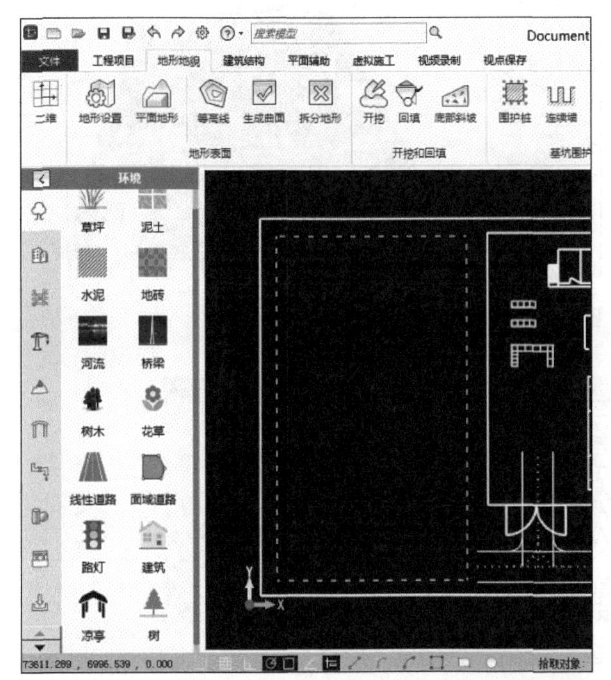

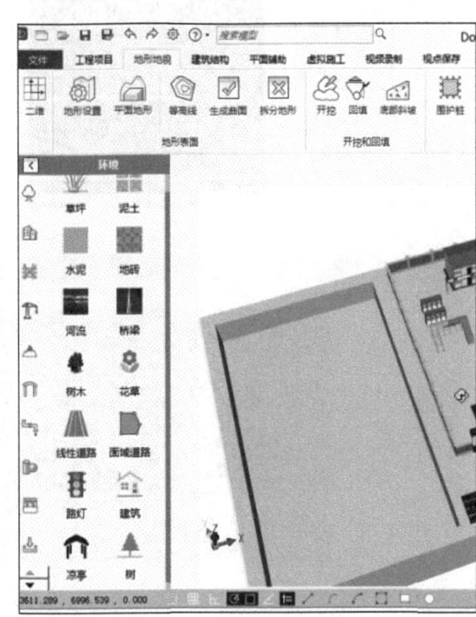

图　17-19

（2）在左侧构建栏中切换到“几何体”（第 8 个）页签，选中构件“楔形体”（第 1 列第五个），由下往上分别单击指定的两个点定出坡道的宽，然后向左移动鼠标，再单击指定一点定出坡道的长度，这样就完成了从右向左放坡的坡道的绘制，如图 17-20 所示。

8. 绘制堆场和加工棚

下面以钢筋堆场和钢筋加工棚为例说明绘制的方法。

（1）绘制“直筋堆场”及放置钢筋。在左侧图元库“材料及构件堆场”中选择“钢筋堆场”，切换到二维视图，进行对角点绘制。绘制完堆场后，单击“—放置直筋”即可将直筋添置到绘制好的堆场中，如图 17-21 所示。

（2）绘制“盘圆堆场”及放置盘圆钢筋。盘圆堆场的绘制方法与直筋堆场相同。盘圆堆场绘制完毕后，单击“放置圆筋”命令，即可将圆筋直接添置到绘制好的堆场中，如图 17-22 所示。

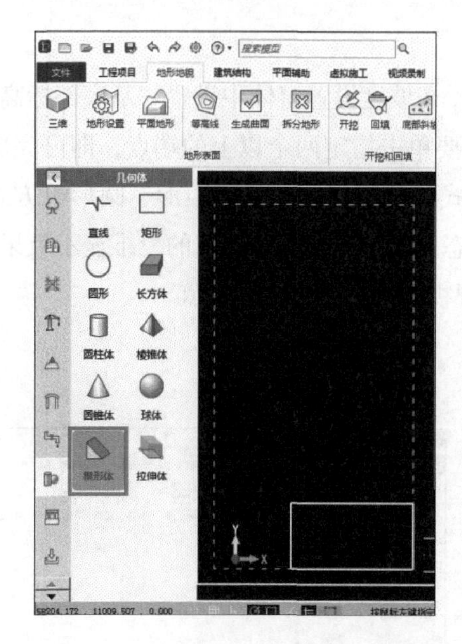

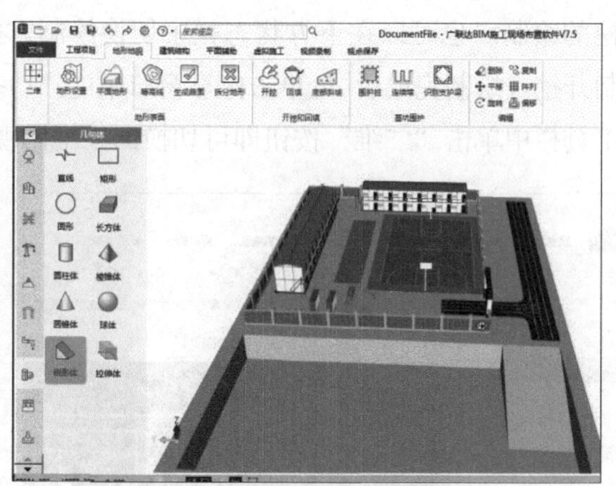

图 17-20

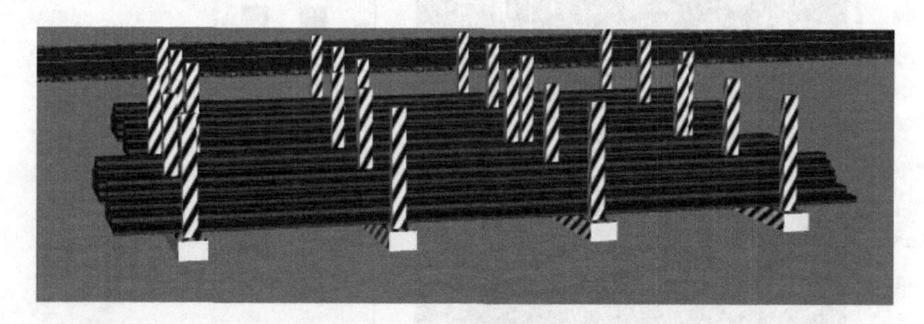

图 17-21

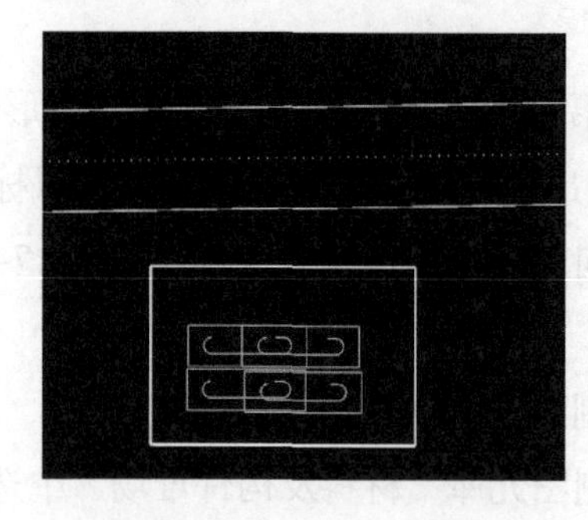

图 17-22

9. 绘制钢筋加工棚

在左侧构建栏中，切换到“临建”（第 2 个）页签，选中构件“防护棚”（第 1 列第 5 个），在绘图区域单击绘制矩形区域，即可完成防护棚的绘制，选中防护棚，可在右下角属性栏中修改防护棚的名称、标语图、用途等。

钢筋加工棚绘制完毕，即可将相关机械放置其中，在左侧构建栏中单击“机械”，选择“钢筋调直机”和“钢筋弯曲机”置于其中，如图 17-23 所示。

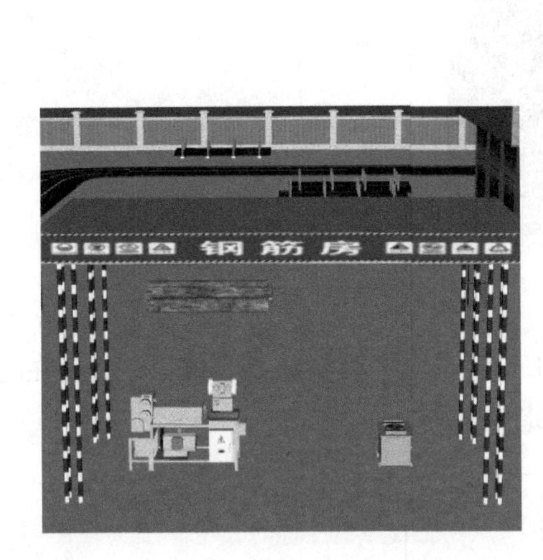

护棚	
名称	钢筋加工棚
显示名称	
长度(mm)	10851
宽度(mm)	5968
高度(mm)	5000
防护层高度(mm)	600
防护层材质	木板
延长柱长度(mm)	0
立柱颜色	红白
立柱样式	圆柱
标语图(左)	常用标语1
标语图(右)	常用标语2
标语图(前)	钢筋房
标语图(后)	钢筋房
横向立柱个数	2
纵向立柱个数	2
立柱根数	3
立柱直径(mm)	100
用途	钢筋加工场
角度	0
底标高(m)	0

图　17-23

10. 绘制塔吊

在左侧构建栏，切换到“机械”（第 4 个）页签，选中构件“塔吊”，在绘图区域单击选择插入点，即可完成布置。选中塔吊，单击选中吊臂端部的夹点进行拖动，到合适的位置单击，即可修改吊臂的长度和位置，如图 17-24 所示。

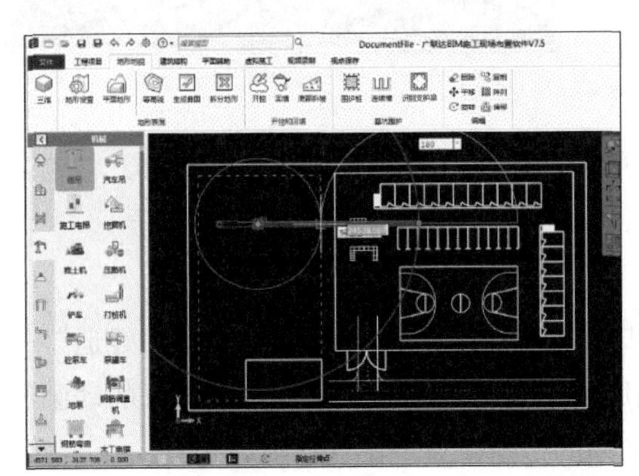

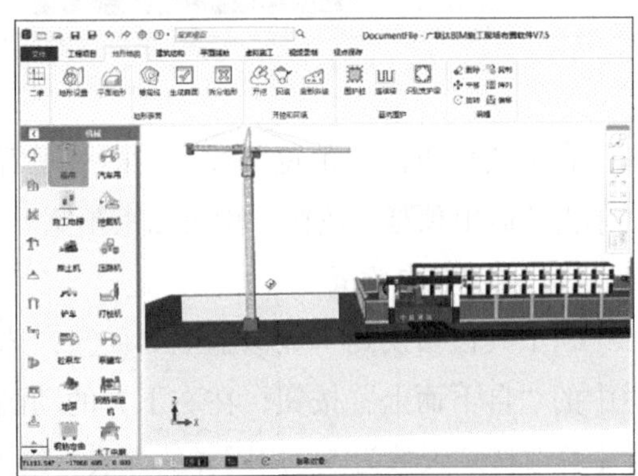

图　17-24

11. 绘制挖掘机

在左侧构建栏，切换到“机械”（第 4 个）页签，选中构件“挖掘机”，在绘图区域单击选择插入点，即可完成布置，如图 17-25 所示。

12. 路线漫游创建

在工具栏切换到“视频录制”页签，单击“动画设置”按钮，在动画类型中选择“路

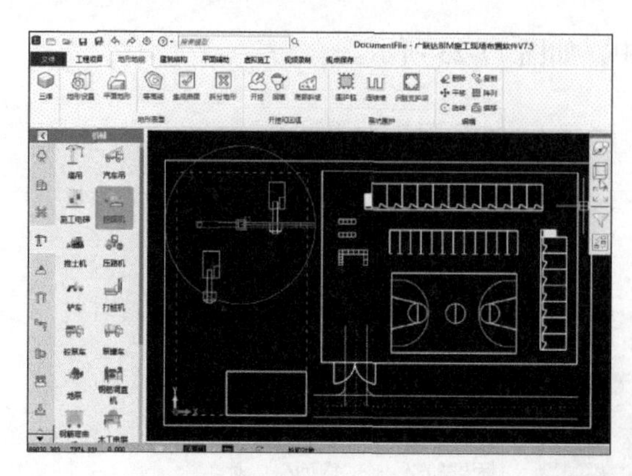
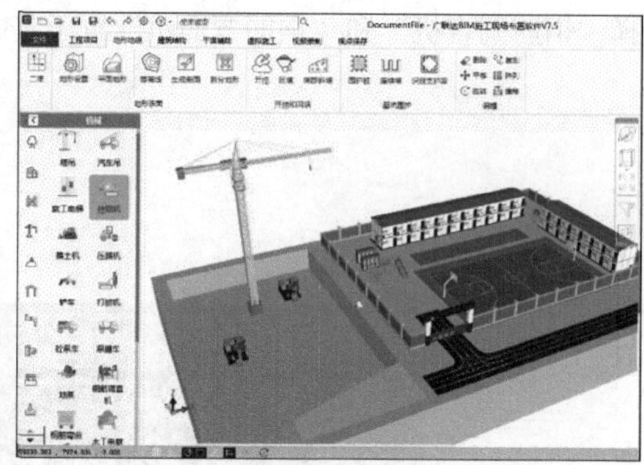

图 17-25

线漫游”后单击“确定”按钮，在工具栏单击“绘制路线”按钮，然后在绘图区域单击指定端点，即可完成线路的绘制，如图 17-26 所示。

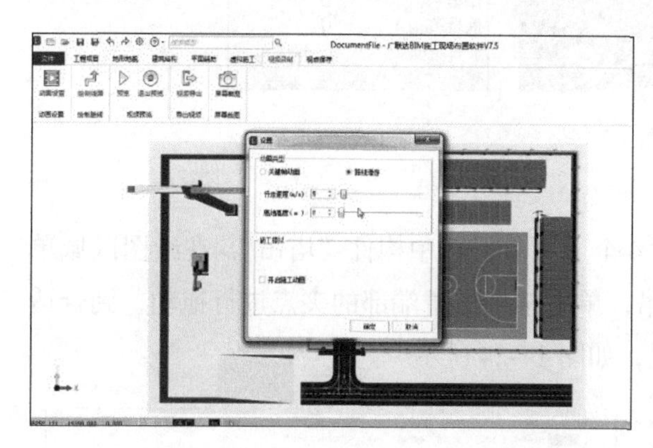
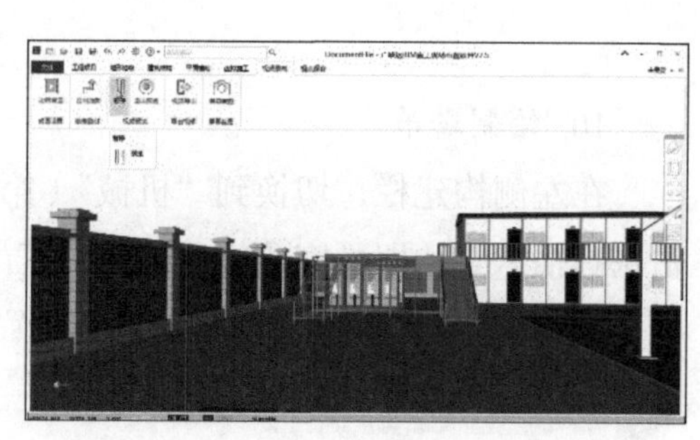

图 17-26

在工具栏单击“预览”按钮，即可观看所绘制的路线漫游情况。任何时候，在工具栏单击“退出预览”按钮，均可结束预览。

13. 虚拟施工设置

在工具栏切换到“虚拟施工”页签，选中 X 向板房，然后单击工具栏中“建造”一栏中的“自下而上”按钮，在右下方的动画序列列表中，选中此动画，在上方的动画属性中修改持续天数为 5。用同样的方法，给 Y 向的拟建建筑也设置动画。

选中塔吊，单击在工具栏中“活动”一栏中的“旋转”按钮，在右下方的动画序列列表中，选中此动画，在上方的动画属性中修改持续天数为 5，单击停靠窗口中的“动态观察”按钮，按住鼠标左键进行转动以调整到合理的角度，然后单击工具栏中的“预览”按钮，即可预览设置好的动画效果，如图 17-27 所示。

14. 关键帧动画设置

在工具栏切换到“虚拟施工”页签，单击停课窗口中的“动态观察”，然后按住鼠标左键将其调整到合理的角度，然后单击左下角带“+”的按钮，添加关键帧，在下方视频

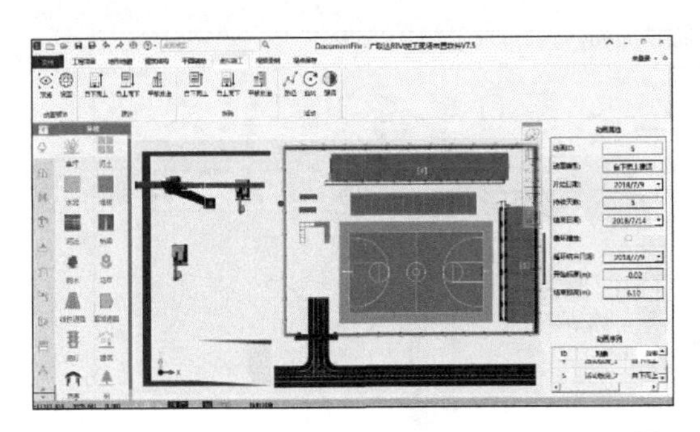
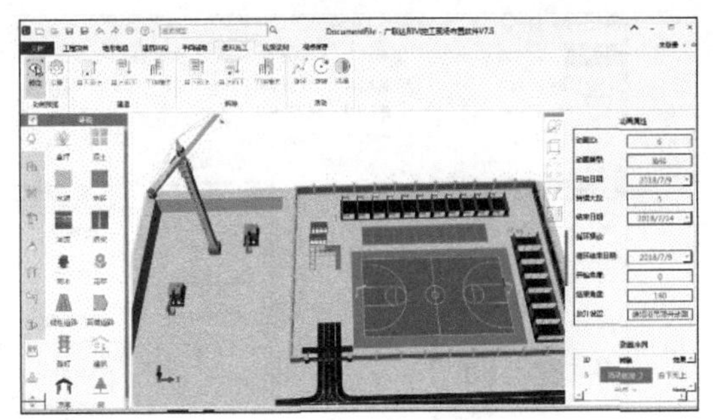

图　17-27

时间轴上向后拖动指针，然后重复上面的步骤调整角度，再次添加关键帧，也可以通过滚动滚轮对图形进行放大缩小后添加关键帧。单击工具栏中的“预览”按钮，即可预览设置好的关键帧动画效果，如图 17-28 所示。

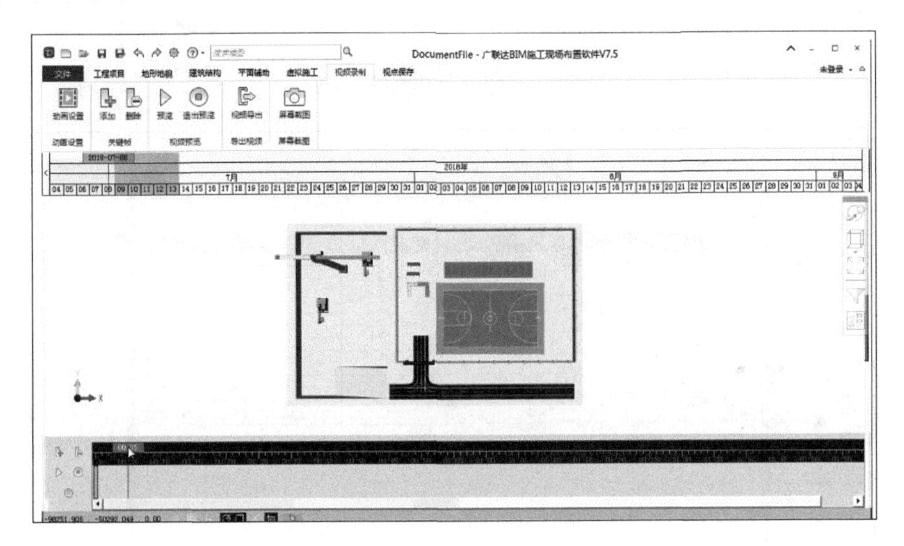

图　17-28

15. 渲染

单击软件最上方的齿轮状的“设置”按钮，切换到“3D 背景设置”页签，在最上方的“天空穹顶风格”中选择“云彩填充”，单击“确定”后即可查看云彩效果。再次单击“设置”按钮，切换到“3D 背景设置”页签，在最下方的“背景特效”中分别勾选“启动阴影光照效果”和“启动 SSAO 效果”，即可在三维中查看其显示效果，如图 17-29 所示。

16. 输出材料统计

单击工具栏切换到“工程项目”页签，单击成果输出栏中的“工程量”按钮，在弹出的窗体下方单击“导出到 Excel”按钮，指定保存路径，修改文件名称，单击“保存”按钮，即可完成统计表的导出，如图 17-30 所示。根据保存路径，找到保存的 Excel 文件，即可查看保存后的统计表。

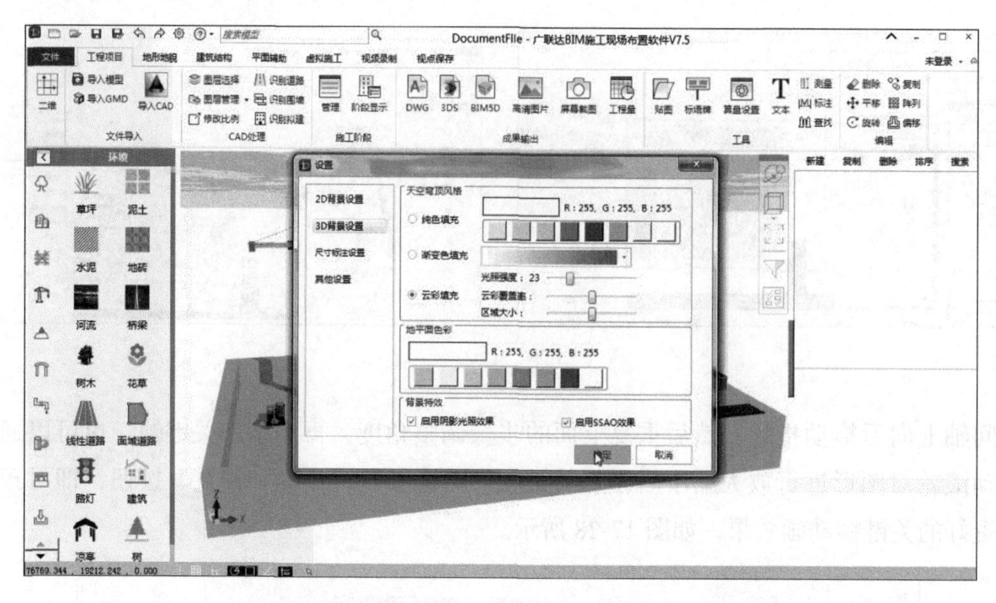

图 17-29

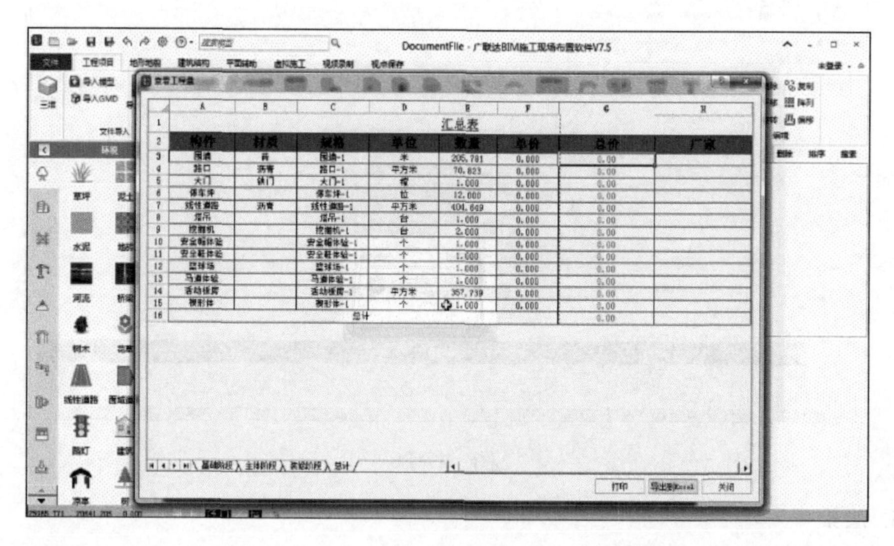

构件	材质	规格	单位	数量	单价	总价	厂家
围墙	砖	围墙-1	米	205.781	0.000	0.00	
路口	沥青	路口-1	平方米	70.823	0.000	0.00	
大门	铁门	大门-1	樘	1.000	0.000	0.00	
停车坪		停车坪-1	位	12.000	0.000	0.00	
线性道路	沥青	线性道路-1	平方米	404.649	0.000	0.00	
塔吊		塔吊-1	台	1.000	0.000	0.00	
挖掘机		挖掘机-1	台	2.000	0.000	0.00	
安全帽体验		安全帽体验-1	个	1.000	0.000	0.00	
安全鞋体验		安全鞋体验-1	个	1.000	0.000	0.00	
篮球场		篮球场-1	个	1.000	0.000	0.00	
马道体验		马道体验-1	个	1.000	0.000	0.00	
活动板房		活动板房-1	平方米	357.739	0.000	0.00	
楔形体		楔形体-1	个	1.000	0.000	0.00	
总计						0.00	

图 17-30

17. 导出 CAD

单击工具栏切换到“工程项目”页签，单击“成果输出”栏中的“DWG”按钮，界面提示“导出 DWG/DXF 成功”后，单击“确认”按钮，即可完成 CAD 图的导出，根据保存路径，找到保存的 DWG 文件，打开即可查看保存后的 CAD 图，如图 17-31 所示。

18. 视点保存

单击工具栏切换到“视点保存”页签，单击“绘制切面”按钮，在弹出窗口内，修改剖切面标高，然后单击“确定”按钮。单击确定一个点后，拉框绘制，在指定的位置再次单击确定矩形的对角点，即可完成切面的绘制。

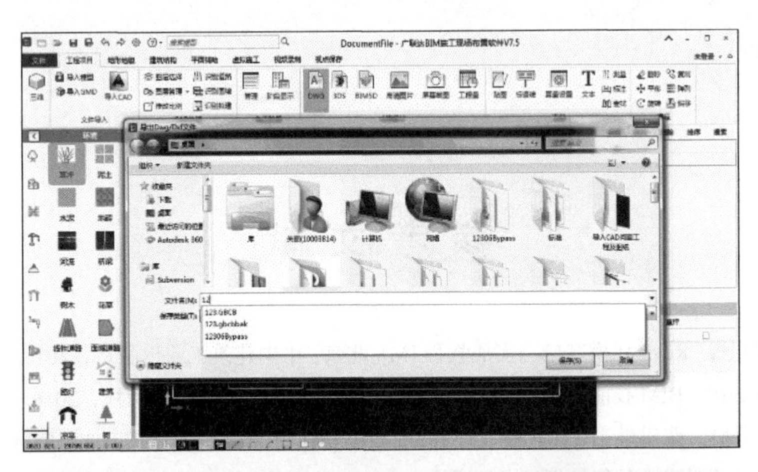

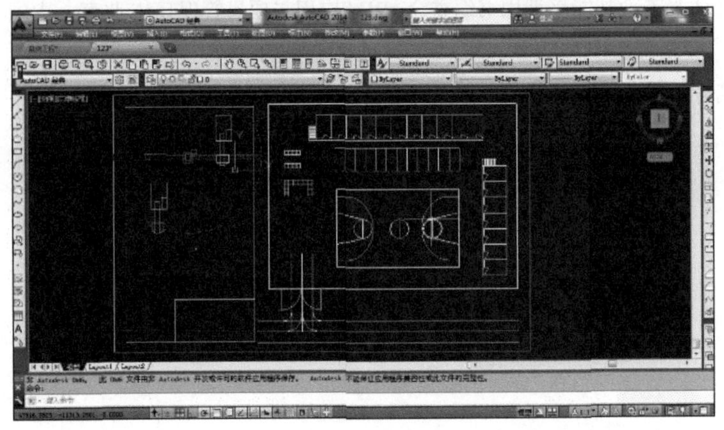

图　17-31

在工具栏勾选“隐藏切面”，即可对切面进行隐藏控制，单击停靠窗口中的“动态观察”按钮，按住鼠标左键调整到合理的角度，滚动鼠标滚轮调整图形大小，均调整完成后，单击工具栏中的“保存视点”按钮，即可保存一个视点。

当图形角度或者大小变化之后，单击右侧视点管理列表中保存的视点，即可快速切换到此视点的角度和大小，如图 17-32 所示。

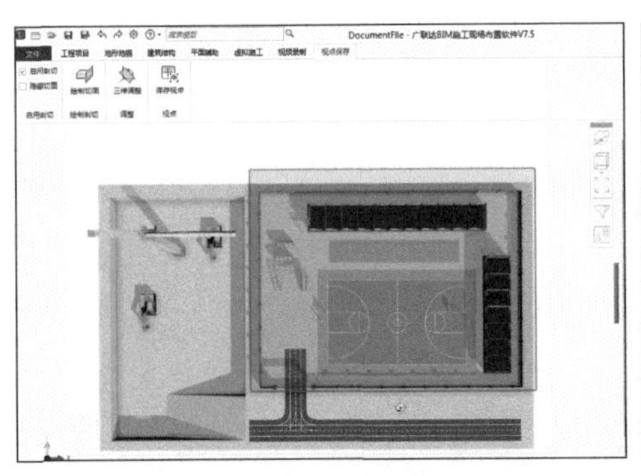

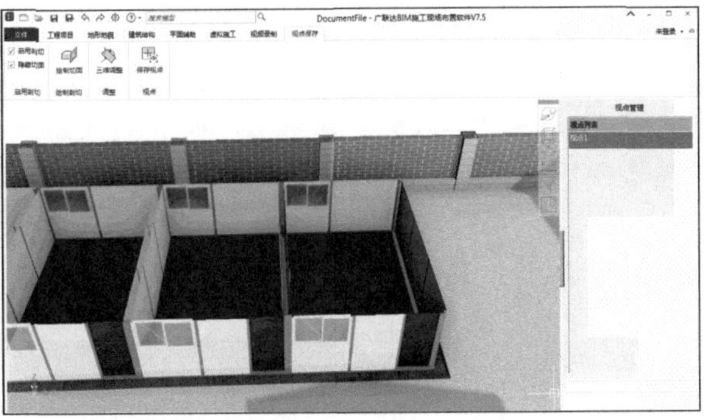

图　17-32

参 考 文 献

[1] 陈长流，寇巍巍 . Revit 建模基础与实战教程 [M]. 北京：中国建筑工业出版社，2018.

[2] 益埃毕教育 . 全国 BIM 技能一级考试 Revit 教程 [M]. 北京：中国电力出版社，2016.

[3] 高大勇，郭泽林，张琳琳 . BIM 建模设计 Revit 教程 [M]. 北京：中国建筑工业出版社，2018.

[4] BIM工程技术人员专业技能培训用书编委会 . BIM 应用与项目管理 [M]. 北京：中国建筑工业出版社，2016.

[5] 刘云平 . 建筑信息模型 BIM 建模技术 [M]. 北京：化学工业出版社，2020.